零基础学

Scratch少儿编程

小学课本中的Scratch创意编程

白宏健◎编著

机械工业出版社
China Machine Press

图书在版编目（CIP）数据

零基础学 Scratch 少儿编程：小学课本中的 Scratch 创意编程 / 白宏健编著．—北京：机械工业出版社，2019.10

ISBN 978-7-111-64053-0

I. 零… II. 白… III. 程序设计 – 少儿读物 IV. TP311.1-49

中国版本图书馆 CIP 数据核字（2019）第 243001 号

为了让内容更加丰富有趣，本书尝试从三大方面讲解 Scratch 3.0 的知识。第 1 章介绍 Scratch 是什么以及 Scratch 中的界面功能；第 2 ～ 13 章将通过案例学习 Scratch 中常用方块的使用方法；第 14 ～ 20 章帮助读者完成较高难度的复杂案例。

本书每一章都是一个小而美的案例，知识点从易到难，一步步带领读者走进绚丽多彩的编程世界中。本书案例丰富多彩，从动画到游戏，从音乐美术到物理数学，让学生在享受编程乐趣的同时，不知不觉地学会使用计算机思维去了解世界，解决生活中的实际问题。本书提供详细的视频讲解，逐步还原具体的思考和编码过程，让学生从中获得经验和技巧。

本书适合 7 ～ 17 岁学生学习使用，也适合少儿创意编程指导教师参考使用。

零基础学 Scratch 少儿编程：
小学课本中的 Scratch 创意编程

出版发行：机械工业出版社（北京市西城区百万庄大街 22 号 邮政编码：100037）

责任编辑：赵亮宇　　责任校对：李秋荣

印　　刷：中国电影出版社印刷厂　　版　　次：2020 年 1 月第 1 版第 1 次印刷

开　　本：185mm×260mm 1/16　　印　　张：16

书　　号：ISBN 978-7-111-64053-0　　定　　价：89.00 元

客服电话：（010）88361066 88379833 68326294　　投稿热线：（010）88379604

华章网站：www.hzbook.com　　读者信箱：hzit@hzbook.com

前　言

未来世界瞬息万变，这使得我们的孩子们需要具备多项能力。其中不可缺少的一项，便是对软件的理解、运用能力。什么是软件呢？举个例子，微信是软件，支付宝也是软件，智能手机中的所有 APP 都是软件。尽管不熟悉软件的精确概念，但是软件已经在我们的生活中无处不在了。很多国家都已经将软件素质教育纳入中小学必修课程，国内也已经开始了这方面的探索研究。

笔者将多年的知识积累和实务工作经验浓缩成这本书奉献给你。书中采用了大量案例分析，行文深入浅出、图文并茂，将枯燥生硬的理论知识用诙谐幽默、浅显直白的语言娓娓道来。本书抛开深奥的理论化条文，除了必备的基础理论知识介绍外，不会贪多求全，而是强调实务操作、快速上手，不囿于示意与演示。本书案例丰富多彩，从动画到游戏，从音乐、美术到物理、数学，让你在趣味中不知不觉形成计算机思维，去了解世界，解决生活中的实际问题。本书提供详细的视频讲解，一步步还原具体的思考和编码过程，让你从中获得经验和技巧。

因受作者水平和成书时间所限，本书难免存在疏漏和不当之处，敬请指正。

本书特色

1. 案例贯穿式学习

以小案例讲解为基础，在实战演练中学习 Scratch 核心模块。通过对一个个案例的学习、演练，逐步掌握 Scratch 各个模块的使用方法。

2. 知识讲解精练易懂

对知识点的讲解贴近生活，通俗易懂，能引领读者快速入门，配合丰富多彩、流行有趣的实例，可以达到巩固所学知识的效果。

3. 案例讲解视频

随书赠送 50 课时的教学讲解视频，全方位、细致地讲解知识点。

4. 读者交流学习

可以加入 QQ 群：21948169，里面有众多编程爱好者，大家可以在群中讨论问题、分享经验、结交朋友，更快、更好地学习。

本书内容及体系结构

第 1 章　认识 Scratch

Scratch 是 MIT（麻省理工学院）开发的一套新的程序语言，可以用来创造交互式故事、动画、游戏、音乐和艺术，很适合 8 岁以上的儿童使用。使用这种积木组合式的程序语言，完全不用背指令，让学习变得更轻松，并充满乐趣。

第 2 章　外观模块：猫和老鼠的故事

大家都听过猫和老鼠的故事吧，本章我们将使用 Scratch 制作一个猫和老鼠见面聊天的故事。通常聊天的时候，都是一问一答，时间上会有短暂的停顿。那么接下来，就学习 Scratch 中对话的方法，完成 Tom（猫的名字）和 Jerry（老鼠的名字）的故事。

第 3 章　事件模块：变色汽车

很多同学都非常喜欢汽车，那么一起来使用 Scratch 软件制作一个变色汽车的动画吧。在这个案例中，我们将使用键盘中的“→”键、“←”键和空格键控制一辆汽车的前进和后退。同时，汽车在移动的过程中，颜色也不断发生着变化。怎么样，是不是觉得很有意思呢？

第 4 章　碰撞模块：疯狂外星人

外星人的故事一般都在电影中上演，本章我们就使用 Scratch 制作一个疯狂外星人的动画吧。与电影不同的是，这个外星人的一举一动都由键盘上的“↑”键、“↓”键和空格键来控制。怎么样？一起来完成吧。

第 5 章　广播模块：散步的小狗

本章我们将学习 Scratch 中的广播模块。当我们使用鼠标单击舞台上的按钮时，将向小狗发送不同的广播信号，当小狗接收到不同的广播信号后，我们就可以控制小狗的运动了。

第 6 章　声音模块：跳街舞

本章我们将学习 Scratch 当中的声音模块。当舞蹈老师听到 pop 声的时候，将做出一系列舞蹈动作；当舞蹈老师听到 ya 声的时候，将向上跳动。

第 7 章　调音模块：森林小马

本章我们将学习 Scratch 当中的调音模块。当单击森林小马的时候，小马发出欢喜的叫声，并且开始向前奔跑。随着不断地奔跑，小马的叫声不断增大，看起来相当高兴。

第 8 章　音乐模块：弹钢琴

本章我们将学习 Scratch 当中的弹奏模块。首先在舞台中绘制出钢琴的黑白键盘，然后给每一个琴键添加声音，最后当弹奏时，键盘的大小会发生变化，这样就完成了一款 Scratch 钢琴的制作。

第 9 章　画笔模块：画多边形

本章我们将学习 Scratch 当中的画笔模块。通过画笔模块，我们可以在舞台上画画，同时可以输入任意数字，让画笔画出对应的多边形。

第 10 章　运动模块：俄罗斯方块

大家听说过“俄罗斯方块”的游戏吧？本章将使用 Scratch 当中的移动模块制作一个功能简单的“俄罗斯方块”游戏。使用键盘中的按键，可以在舞台中随意移动俄罗斯方块的位置，并且可以旋转方块等。

第 11 章　游戏：大象吃橘子

橘子从天而降，砸到了大象的身上。为了不让大象被砸到，你可以使用键盘上的“←”键和“→”键让大象在舞台中左右移动，这样大象就不会被橘子砸到了。

第 12 章　游戏：小猫抢香蕉

一只饥饿的小猫发现香蕉后，就急不可耐地跑过去要吃。小猫跟随着鼠标移动，碰到香蕉后发出声音，并且会说“真好吃”。香蕉也会随机显示在舞台的任意位置上，而且香蕉的颜色也时刻发生着变化。

第 13 章　游戏：警车比赛

警察局要组织一场警车比赛。比赛规则是在最短的时间内，首先到达红旗所在位置的警车将获胜。如果警车在沿途中碰到蓝色标线，将重新开始。

第 14 章　音乐：动物音乐会

同学们，你们还记得动物园里各种动物的声音吗？比如猴子、老虎的声音等。让我们使用 Scratch 软件把这些动物们召集起来，制作一场别具风格的动物钢琴音乐会吧！

第 15 章　美术：认识图形

我们使用 Scratch 软件再制作一个有趣好玩的案例——使用鼠标单击不同的图形，画笔就会自动画出相应的图形，比如三角形或圆形等。单击“再试一次”按钮，将清空画板，可以重新画。

第 16 章　美术：小小绘画板

同学们在美术课中都会用到各种颜色的画笔，本章我们就使用 Scratch 软件来制作一个绘画板，这个绘画板可以变换画笔的颜色，也可以调整画笔的粗细，还具有橡皮擦和清空画板的功能。

第 17 章　英语：Happy Birthday

“祝你生日快乐，祝你生日快乐，祝你生日快乐，祝你生日快乐。”同学们，知道这是什么歌曲吗？对，是《生日歌》。当你过生日的时候，爸爸妈妈就会给你唱这首歌，但是你会用英文唱《生日歌》吗？本章就将使用 Scratch 软件给可爱的小象制作一首英文的《生日歌》。

第 18 章　英语：At the zoo

同学们，你们喜欢小动物吗？今天我们就去动物园看一看，都有哪些可爱的小动物呢？你们知道小动物的英文名字是什么吗？本章就将使用 Scratch 软件制作一个看图说英文名字的案例。

第 19 章　数学：九九乘法表

同学们应该都学习过九九乘法表吧，那么你们都是如何记忆九九乘法表的呢？本章将使用 Scratch 软件制作一个学习九九乘法表的游戏。通过赛车比赛的方式，充满趣味地学习九九乘法表。

第 20 章　数学：认识时间

“溜溜圆，光闪闪，两根针，会动弹。一根长，一根短，滴答滴答转圈圈”。同学们，猜一猜，这是什么东西呢？对，这就是“钟表”，通过钟表，我们就能知道此时此刻的具体时间。那么如何用 Scratch 制作一个钟表呢？本章将给出答案。

本书读者对象

- ❑ 7～17 岁的青少年
- ❑ 少儿编程指导教师
- ❑ 其他对少儿编程有兴趣的各类人员

目　　录

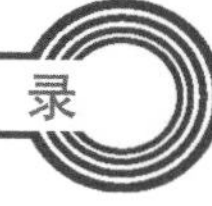

第 1 章　认识 Scratch

Scratch 是 MIT（麻省理工学院）开发的一套新的程序语言，可以用来创造交互式故事、动画、游戏、音乐和艺术，很适合 8 岁以上的儿童使用。使用这种积木组合式的程序语言，完全不用背指令，让学习变得更轻松，并充满乐趣。

本章学习目标：

- ❑ 了解什么是 Scratch。
- ❑ 学习使用 Scratch 在线版和 Scratch 离线版。
- ❑ 了解 Scratch 界面的基本功能。

1.1　初识 Scratch

目前国内外少儿创意编程的发展如火如荼，Scratch 少儿创意编程便是其中之一。那么什么是 Scratch 呢？它能做什么，又适合哪些人学习呢？接下来，我们简单地介绍一下这方面的内容。

1.1.1　Scratch 是什么

Scratch 是一种入门级别的图形化编程语言，可以免费学习、使用。实际编码时可以像搭积木一样，将五颜六色的方块来回拖动组合，制作丰富多样的应用程序，比如动画、故事、游戏、美术和音乐等，其操作界面如图 1.1 所示。

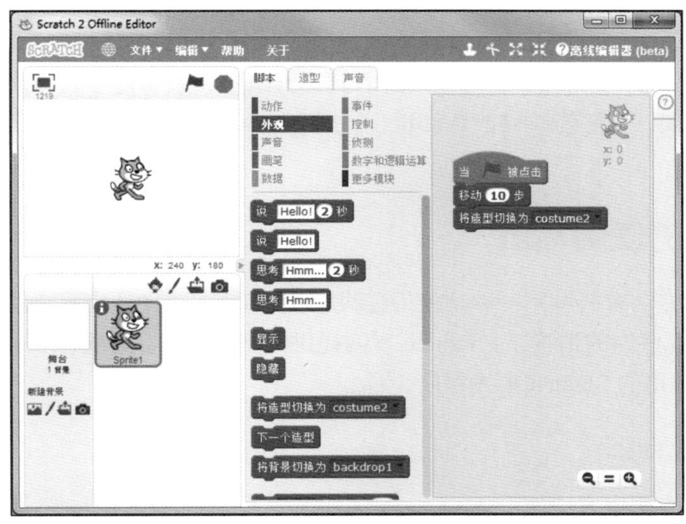

图 1.1　Scratch 的操作界面

1.1.2 Scratch 适合哪些人学习

开发 Scratch 的初衷是让 8～16 岁的青少年更容易地学习创意编程，使孩子们在编程过程中理解和学习重要的计算机相关概念，培养他们的计算机创意思维，也就是使用计算机的思考方式分析和解决生活中的问题。图 1.2 展示了 Scratch 编程的创作过程。

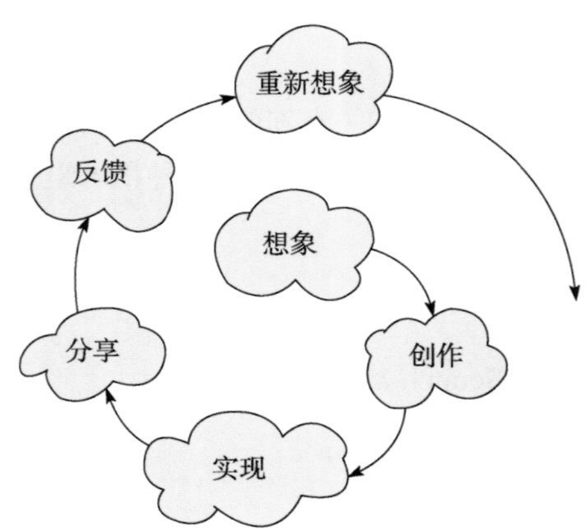

图 1.2 Scratch 编程的创作过程

随着 Scratch 的不断发展，使用 Scratch 的人群不再局限于青少年，越来越多的各种年龄层的人都开始使用 Scratch 作为计算机编程的入门语言。根据 Scratch 官网统计，已经有超过 150 个国家在中学和大学的编程基础教育中开始使用 Scratch 语言。

1.1.3 Scratch 难学吗

Scratch 是为初学者设计的编程语言，所以一点也不难学，它有以下三个优点：

- ❑ 与实际编程中的文本型语言相比，Scratch 不存在输入拼写错误问题，而是通过方块间组合的方式编程，学习者能够更加容易地控制各种命令，比如条件控制、循环控制等。
- ❑ 使用 Scratch 制作应用程序，可以即时看到运行结果，应用程序的测试和修改非常容易。
- ❑ 程序运行期间，也不影响修改和测试，让学习者可以时刻根据新的创意，反复修改和验证程序。

1.2 Scratch 的使用方法

Scratch 的使用方法有两种：一种是使用在线版 Scratch，一种是使用离线版 Scratch。在线版 Scratch 是指在连接互联网的情况下，Scratch 官网提供的网页版本；离线版 Scratch 是指已下载的不用连接互联网即可使用的 Scratch 离线程序。

1.2.1 在线版 Scratch

在线版 Scratch 的使用方法如下：

（1）注册 Scratch 官网的会员。打开浏览器（推荐最新的谷歌浏览器），在地址栏中输入

https://scratch.mit.edu/，按 Enter 键，就可以进入 Scratch 的官网了，如图 1.3 所示。

图 1.3　Scratch 官网界面

（2）单击官网界面右上角的“加入 Scratch 社区”链接，注册 Scratch 社区的会员，如图 1.4 所示。

图 1.4　单击“加入 Scratch 社区”链接

（3）输入用户名称和密码，注意用户名称只能使用英文、数字和下划线，单击“下一步”按钮，如图 1.5 所示。

图 1.5　注册 Scratch 账号

（4）填写出生年月、性别和国家信息，单击“下一步”按钮，如图 1.6 所示。

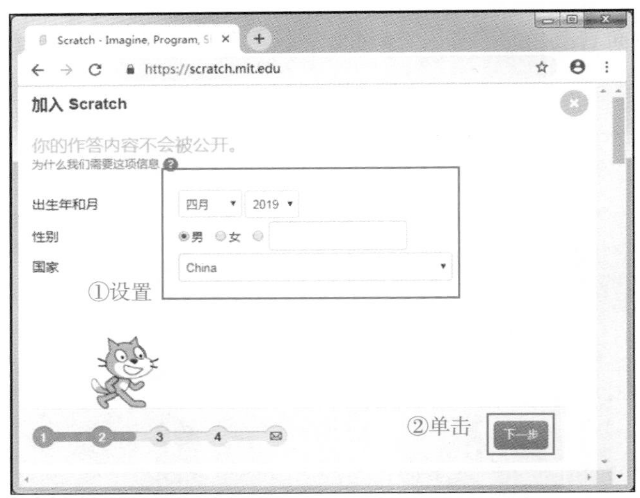

图 1.6　填写出生年月、性别和国家信息

（5）输入两个相同的邮箱地址，单击“下一步”按钮，如图 1.7 所示。

（6）这样 Scratch 会员就注册成功了，如图 1.8 所示。

（7）单击左上角菜单中的“创建”链接，就可以开始使用 Scratch 创建应用程序了，如图 1.9 所示。

（8）打开后的界面如图 1.10 所示。

图 1.7　填写两个相同的邮箱地址

图 1.8　注册会员成功

1.2.2　离线版 Scratch

很多时候我们无法连接互联网，这时就可以使用离线版 Scratch 进行编程创作。离线版 Scratch 的功能与在线版的相同。下载使用离线版 Scratch 的具体操作步骤如下：

（1）打开浏览器（推荐最新的谷歌浏览器），在地址栏中输入 https://scratch.mit.edu/，按 Enter 键，进入 Scratch 的官网，下拉到界面最下方的菜单中，单击“离线编辑器”链接，如图 1.11 所示。

（2）进入后，选择适合自己计算机操作系统的版本。因为本书使用的计算机是 Windows 操作系统，这里单击“下载”按钮即可，如图 1.12 所示。

（3）双击下载后的文件，运行结果如图 1.13 所示。

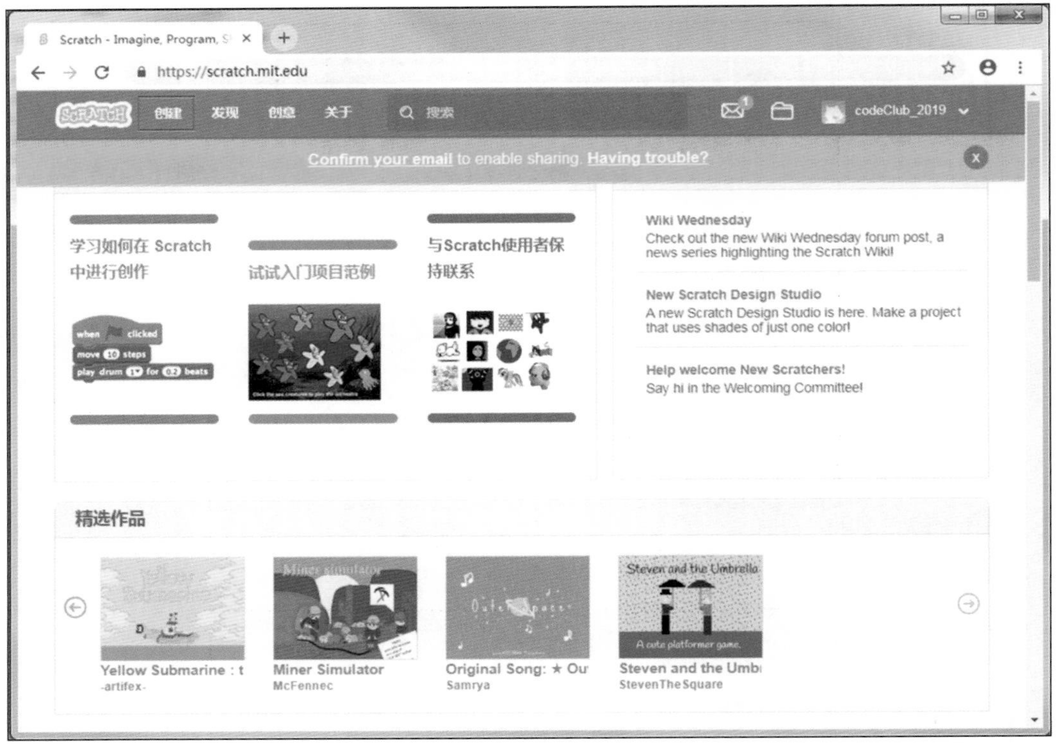

图 1.9　创建 Scratch 项目

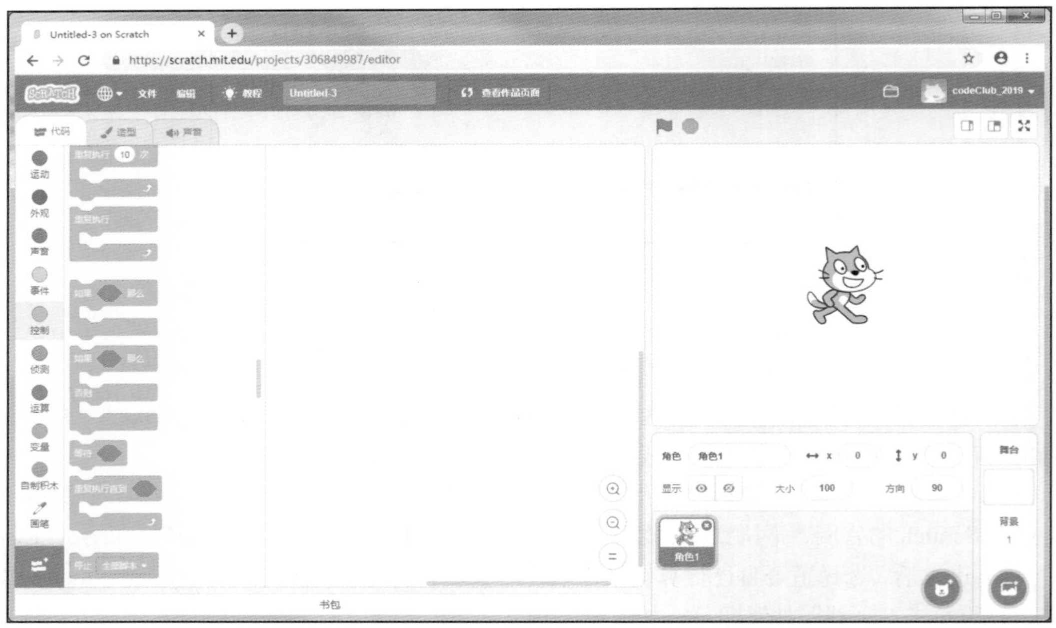

图 1.10　在线版 Scratch 界面

图 1.11　单击“离线编辑器”链接

图 1.12　单击“下载”按钮

说明　离线版Scratch 3.0的版本字体稍小，如果需要使用较大字体，建议使用Scratch 3.0在线版。

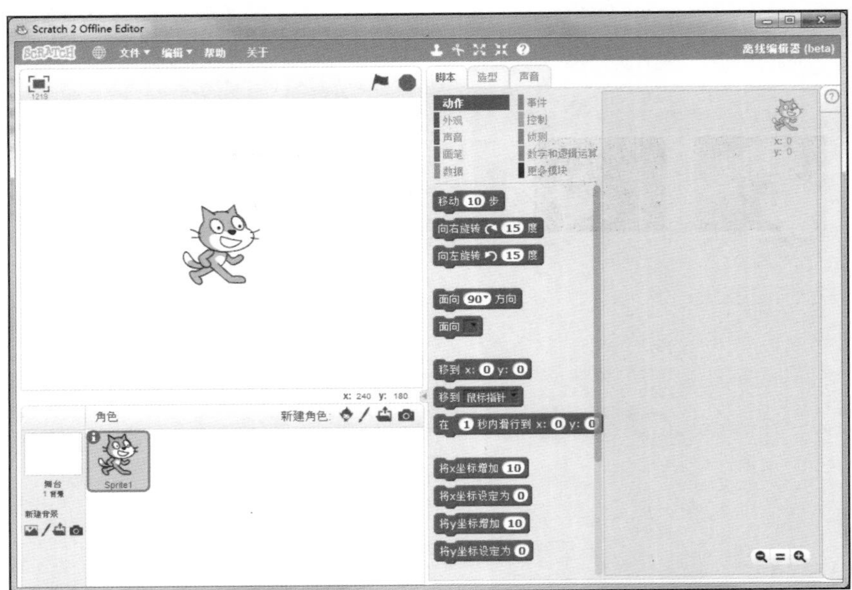

图 1.13 离线版 Scratch 界面

1.3 Scratch 界面介绍

下面简单介绍一下 Scratch 界面中的各个区域，如图 1.14 所示。

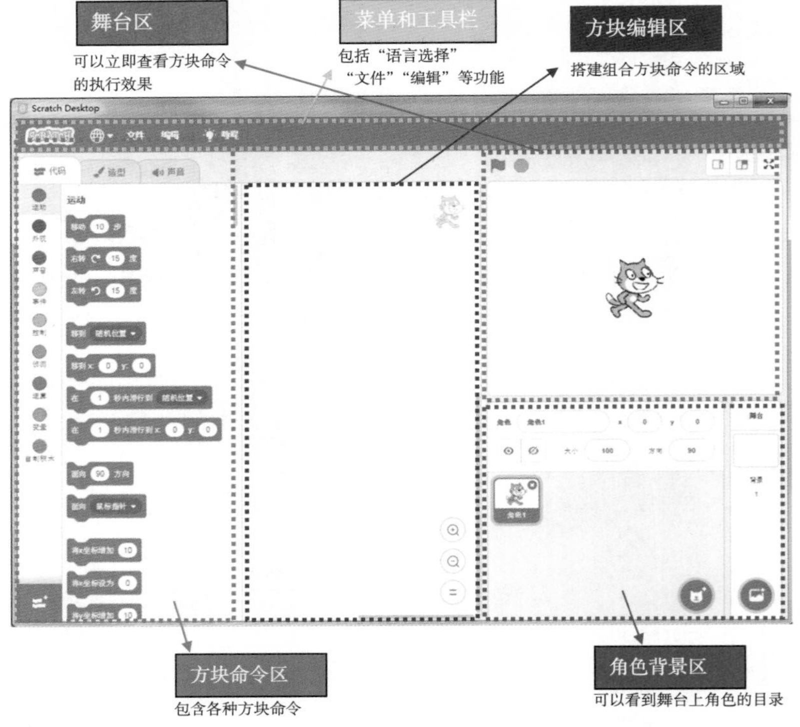

图 1.14 Scratch 的界面

舞台区的功能如图 1.15 所示。

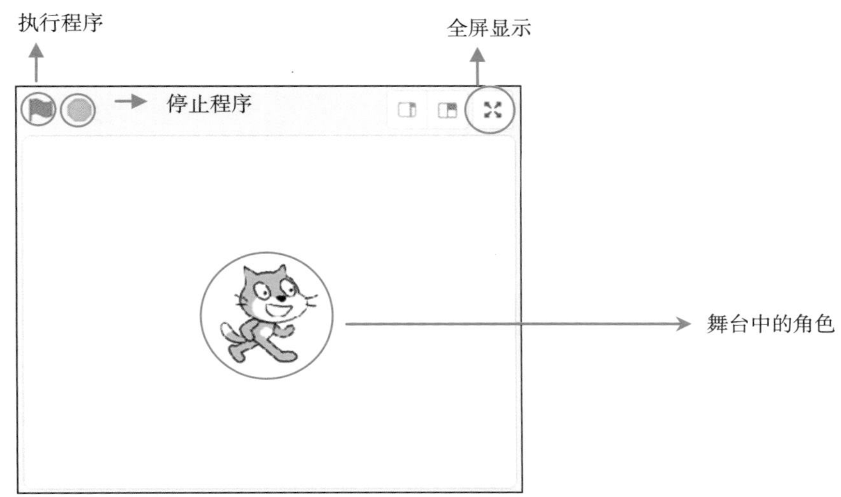

图 1.15　舞台区的各个功能

方块编辑区的功能如图 1.16 所示。

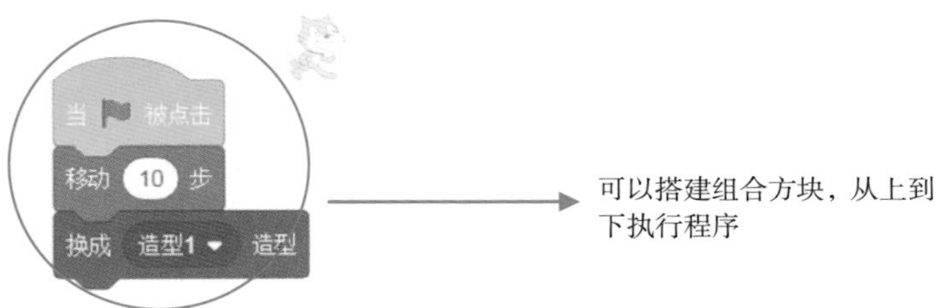

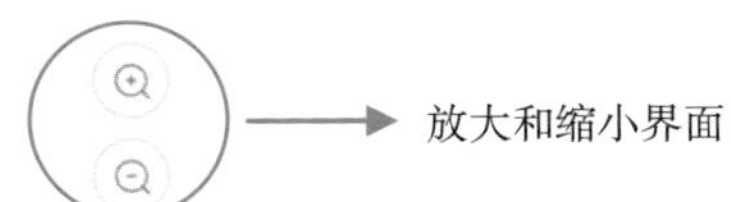

图 1.16　方块编辑区的各个功能

方块命令区的功能如图 1.17 所示。

1.4　总结

通过本章的学习，同学们应该了解 Scratch 是什么和为什么要学习 Scratch，学会如何使用 Scratch 在线版和离线版，掌握 Scratch 界面中的基本功能。从下一章开始，将带领大家走进 Scratch 编程世界。

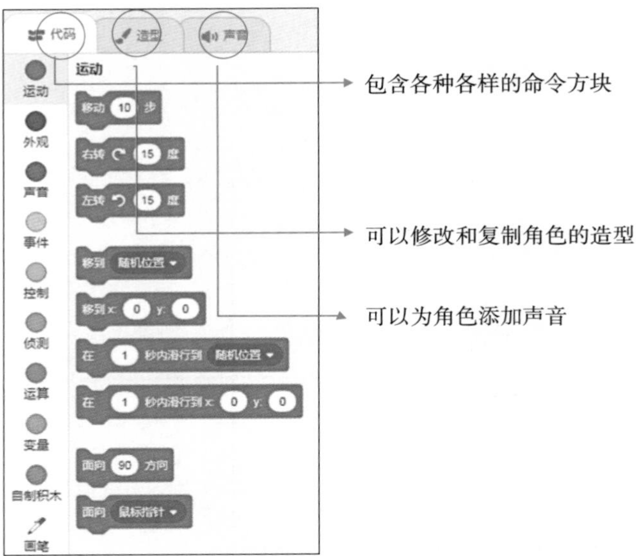

图 1.17　方块命令区的各个功能

第 2 章　外观模块：猫和老鼠的故事

大家都听过猫和老鼠的故事，本章将使用 Scratch 实现猫和老鼠见面聊天的功能。通常聊天时都是一问一答，时间上会有短暂的停顿。接下来就开始学习如何用 Scratch 实现对话，完成猫（Tom）和老鼠（Jerry）的故事。

本章学习目标：

- ❑ 学习如何让 Tom 和 Jerry 见面聊天。
- ❑ 学习实现对话功能用到的方法。

2.1　案例介绍

Scratch 中的外观模块是经常使用的模块，像漫画一样，可以让角色在舞台中说话，还可以改变角色和背景的造型、角色的大小等。本章将重点介绍如何使用 Scratch 中的外观模块。

2.1.1　界面预览

图 2.1 所示的界面效果展示了 Tom 和 Jerry 一问一答的过程。

图 2.1　猫和老鼠聊天的界面

图 2.1　（续）

2.1.2　方块说明

图 2.2 所示是关于 Tom 的关键方块代码解读，2.3.1 节将给出方块代码的详细解读。

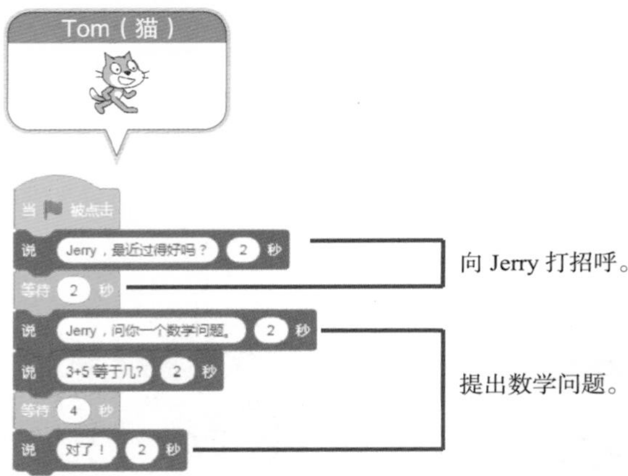

图 2.2　Tom 的方块解读

如图 2.3 所示是对 Jerry 的关键方块代码解读，2.3.1 节将给出方块代码的详细解读。

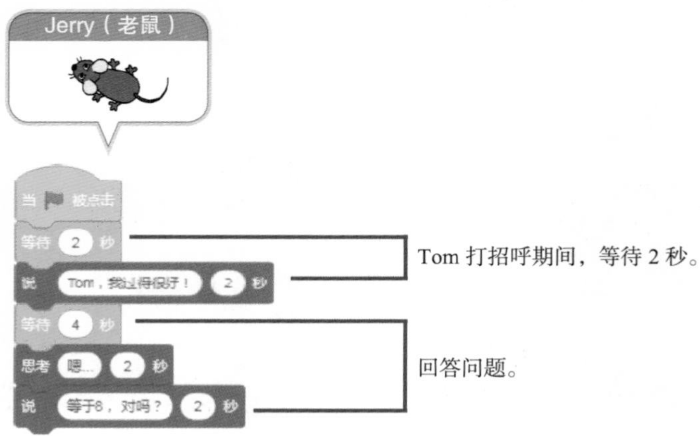

图 2.3　Jerry 的方块解读

2.2　动手试一试

下面开始使用 Scratch 软件搭建方块，实现猫和老鼠聊天的界面效果，逐步讲解具体的编程步骤。我们将从猫和老鼠闪亮登场、猫和老鼠打招呼、2 秒对话间隔时间、增加对话内容和添加舞台背景 5 个方面进行讲解。

2.2.1　猫和老鼠闪亮登场

【本小节源代码：资源包\C2\1.sb3】

首先，我们将故事中的主人公（猫和老鼠）添加到舞台中，为猫和老鼠分别起个名字，设置猫和老鼠在舞台中的位置，为接下来的对话做好准备。具体操作步骤如下：

（1）打开 Scratch 软件，观察图 2.4 所示的界面，在舞台下方的角色区域可以看到一只可爱的小猫。Scratch 把这样的小猫叫作“角色”。我们首先改变一下小猫的名字，找到小猫角色上方的角色选项。

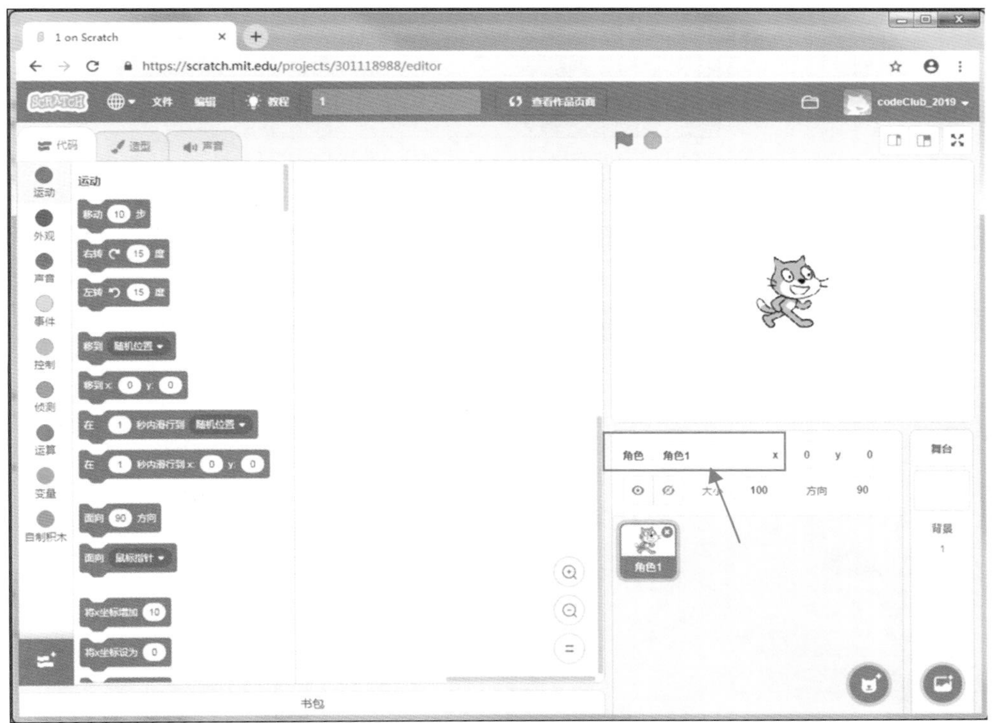

图 2.4　Scratch 中的小猫角色

（2）在输入框中输入 Tom，就将小猫的名字修改为 Tom 了，如图 2.5 所示。

（3）在舞台中，单击小猫角色，就可以拖动小猫到舞台中的任意位置，如图 2.6 所示。

（4）接下来添加老鼠角色。找到舞台下方的“选择一个角色”图标并单击，在弹出的角色库窗口中，单击上方菜单中的“动物”标签，然后单击选中一幅老鼠图片，具体操作步骤如图 2.7 所示。

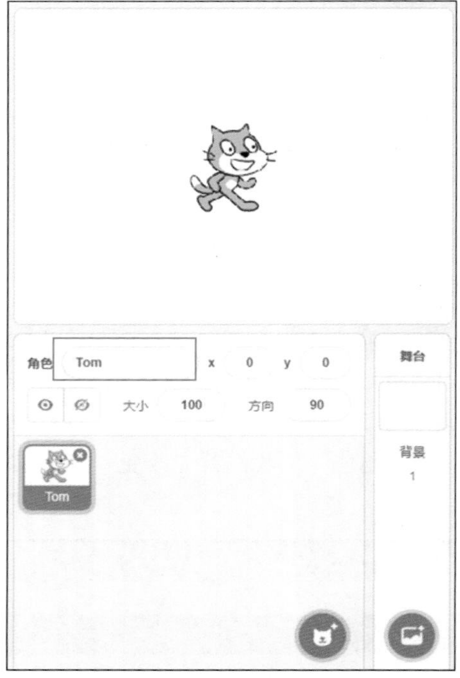

图 2.5　修改小猫的名字

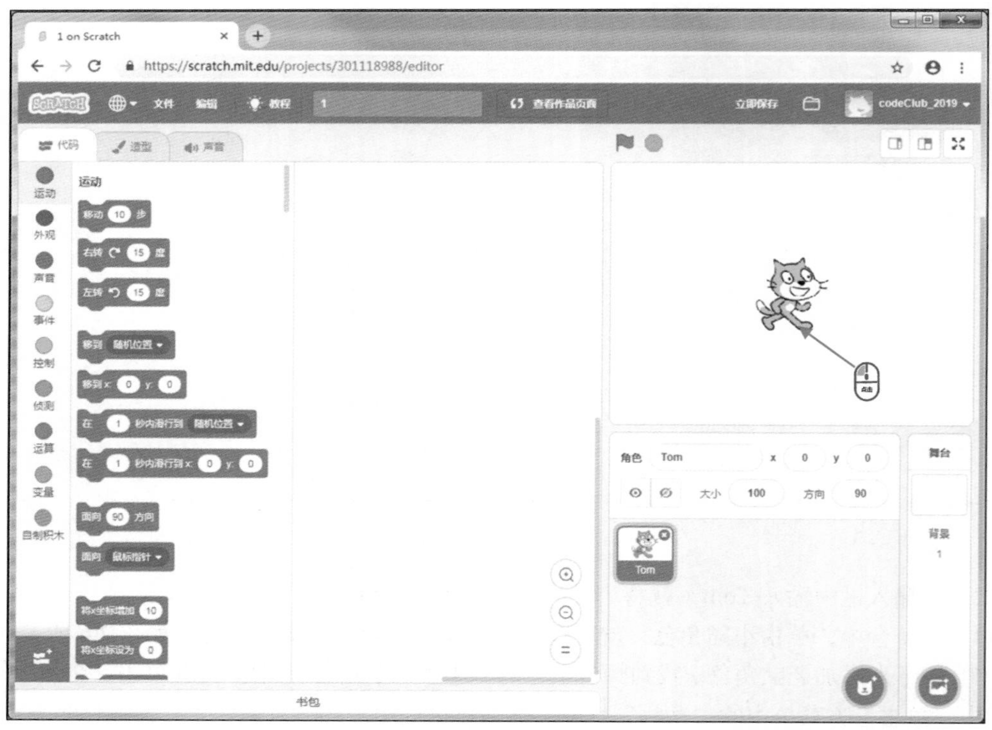

图 2.6　拖动小猫到舞台中的任意位置

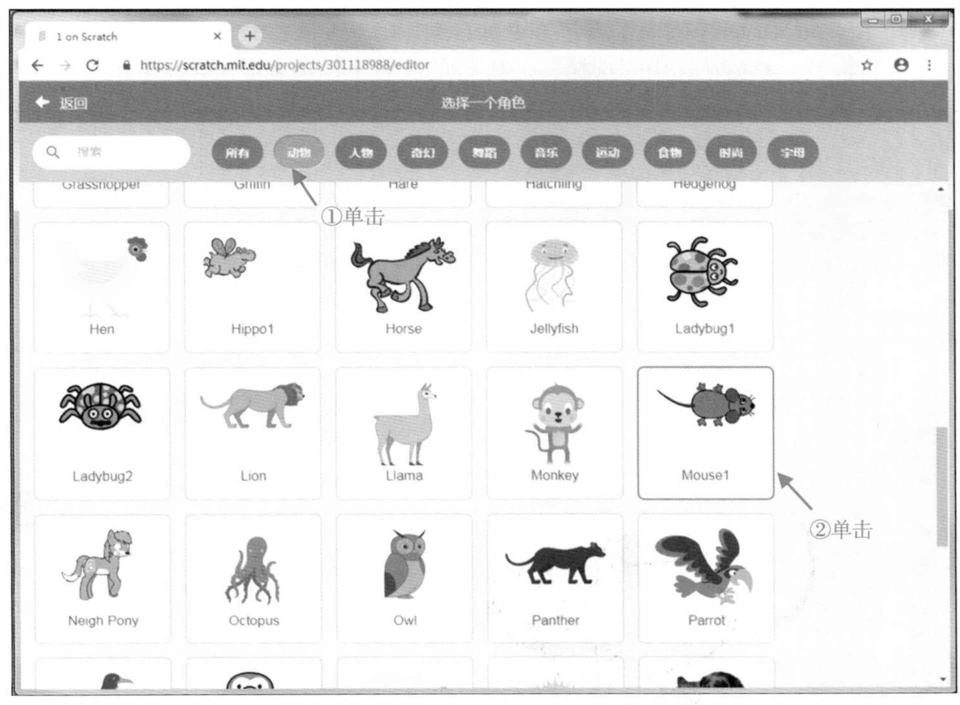

图 2.7　添加老鼠的操作步骤

（5）将老鼠的名字修改为 Jerry，修改的方法可参照步骤（2），如图 2.8 所示。

图 2.8　修改老鼠的名字

（6）为了使 Tom 和 Jerry 的对话看起来更加自然，接下来调整一下 Jerry 的造型。首先单击面板上的“造型”标签，然后在选中“选择”工具的状态下框选老鼠 Jerry，如图 2.9 所示。

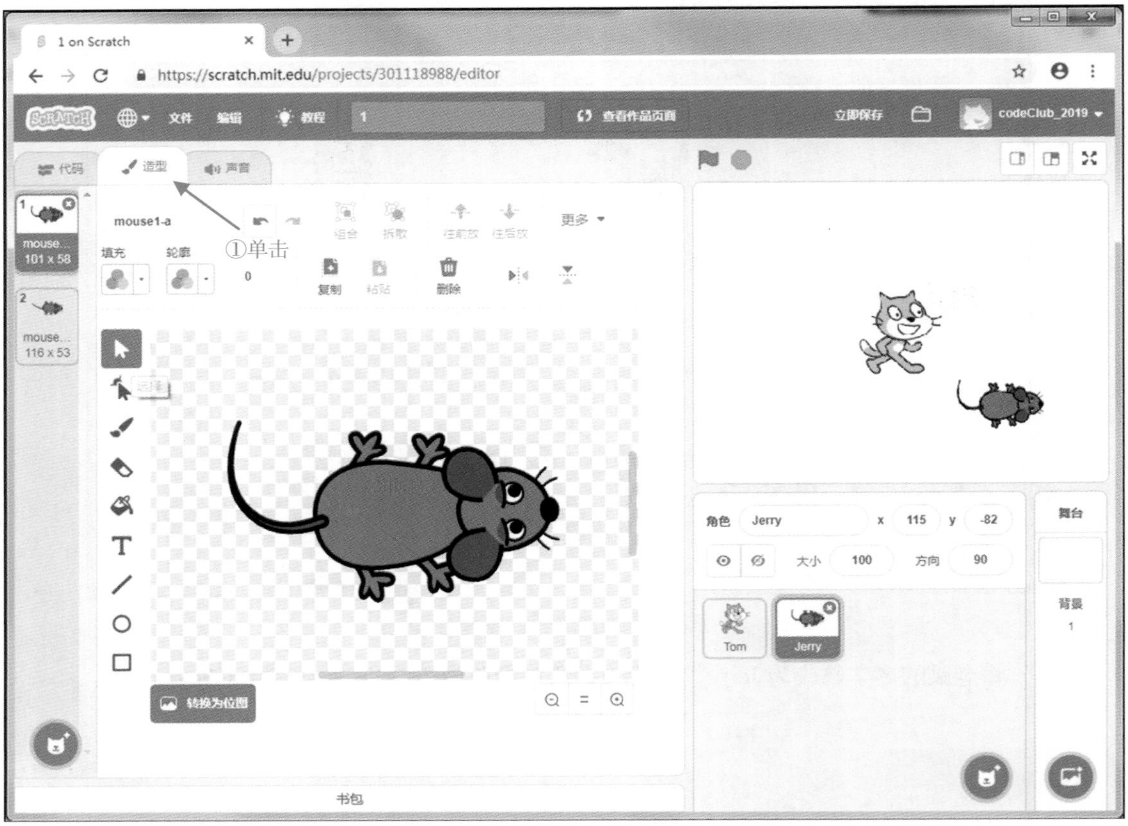

图 2.9　编辑老鼠 Jerry

（7）选中 Jerry 后，会出现 8 个调节点。按住鼠标左键拖曳最下方的调节点向右旋转，便可以调节 Jerry 的方向了，如图 2.10 所示。

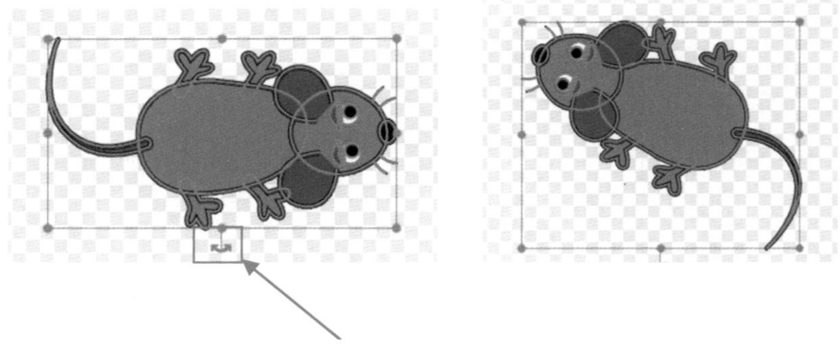

图 2.10　调节 Jerry 的方向

（8）添加完 Tom 和 Jerry 后，舞台效果如图 2.11 所示。

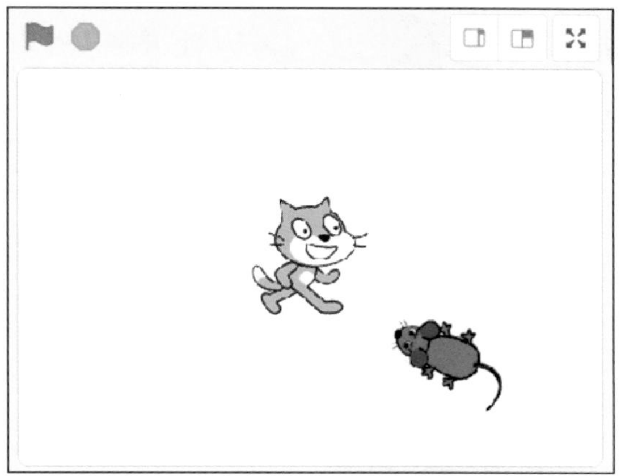

图 2.11　Tom 和 Jerry 开始准备聊天

2.2.2　猫和老鼠打招呼

【本小节源代码：资源包\C2\2.sb3】

我们的主人公 Tom 和 Jerry 登上舞台后，第一次见面应该互相打声招呼。接下来，我们就开始制作 Tom 和 Jerry 打招呼的场景。具体操作如下：

（1）首先让 Tom 向 Jerry 打招呼。单击选中 Tom 角色，然后单击面板中的“代码”标签，接着单击“事件”方块组，最后用鼠标将方块 当 被点击 拖曳到右侧的方块搭建区域，具体操作如图 2.12 所示。

图 2.12　给 Tom 添加事件方块

（2）单击“外观”方块组，找到 说 你好！ 2 秒 方块，并将其拖曳到方块搭建区域中 当 被点击 方块的下方。拖曳到位时，方块间会自动进行连接，如图 2.13 所示。

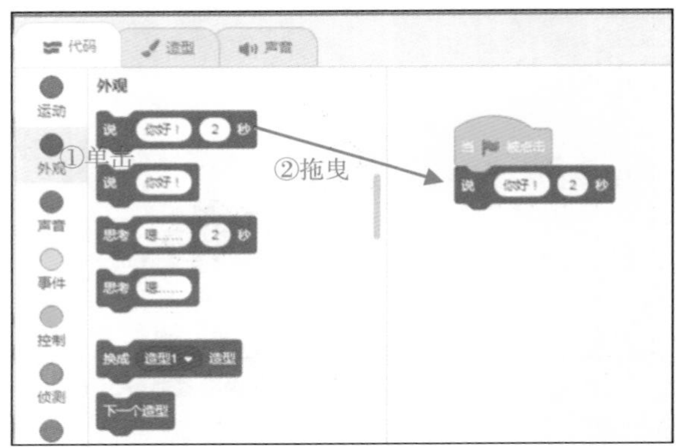

图 2.13　给 Tom 添加对话方块

（3）单击“你好！”，然后按键盘中的 Delete 按键将其删除，再输入“Jerry，最近好吗？”，如图 2.14 所示。

（4）接下来，给 Jerry 添加对话内容。具体操作方法与 Tom 的基本相似，只不过 Jerry 回答的内容不同，操作后的界面如图 2.15 所示。

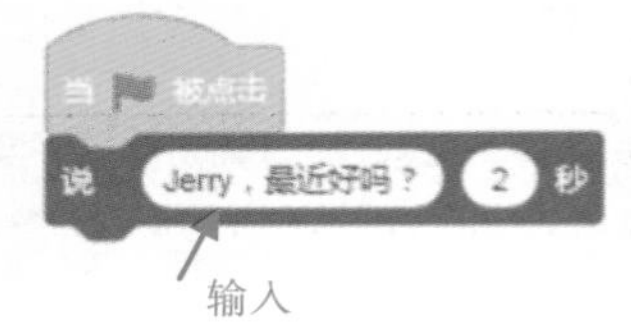

图 2.14　给 Tom 输入打招呼的内容

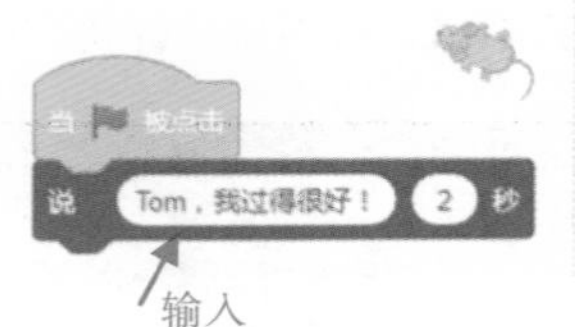

图 2.15　给 Jerry 添加打招呼的内容

（5）完成后，单击图标，可以看到 Tom 和 Jerry 对话的场景。单击图标，可以结束动画效果，如图 2.16 所示。

图 2.16　执行舞台动画

2.2.3　2 秒对话间隔时间

【本小节源代码：资源包\C2\3.sb3】

从前面的执行效果来看，由于会同时显示 Tom 和 Jerry 的对话内容，看起来不像在对话，如果在 Tom 说话的同时，Jerry 等待 2 秒后再说话，似乎更加自然一些。那么应该如何搭建方块呢？这里就需要用到“等待”方块了，操作步骤如下：

（1）首先选中 Jerry 角色，如图 2.17 所示。

（2）单击“控制”方块组，找到 等待 1 秒 方块。将其放在 当 🏴 被点击 方块和 说 Tom，我过得很好！ 2 秒 方块之间，如图 2.18 所示。

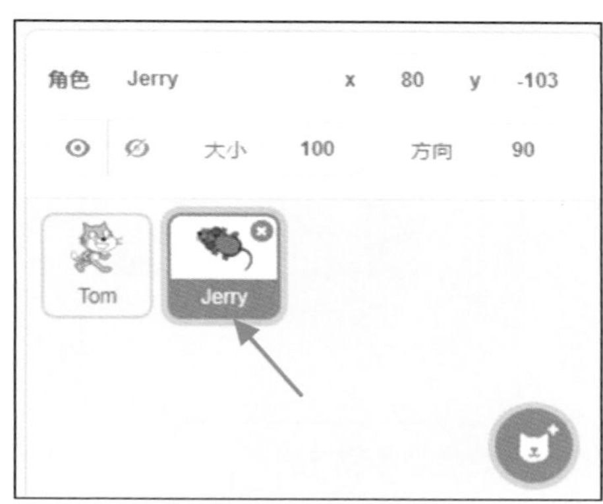

图 2.17　选中 Jerry 角色

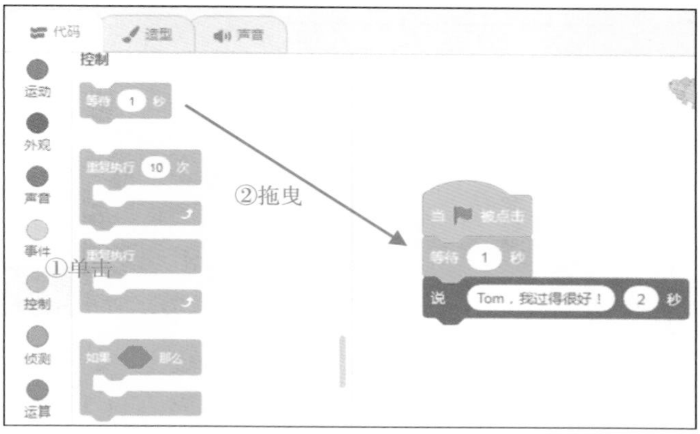

图 2.18　给 Jerry 角色添加等待方块

（3）Tom 说话用了 2 秒，所以，Jerry 最好等待 2 秒。将“等待 1 秒”修改为“等待 2 秒”，如图 2.19 所示。

（4）完成后，单击🏴图标，可以看到 Tom 和 Jerry 的对话变得自然了。单击⬣图标，可以结束动画效果，如图 2.20 所示。

图 2.19　修改 Jerry 角色的等待时间

2.2.4　增加对话内容

【本小节源代码：资源包\C2\4.sb3】

接下来，继续为 Tom 和 Jerry 添加对话内容。出一个简单的数学问题怎么样呢？由 Tom 提问，Jerry 回答。具体操作步骤如下：

（1）首先鼠标选中 Tom 角色，如图 2.21 所示。

（2）单击“控制”方块组，找到 等待 1 秒 方块，将其拖放在 说 Jerry，最近好吗？ 2 秒 方块的下面，并且修改为“等待 2 秒”，如图 2.22 所示。

（3）单击“外观”方块组，找到 说 你好！ 2 秒 方块，将其拖放在 等待 2 秒 方块的下面，并且将“你好”修改为“Jerry，问你一个数学问题”，再拖曳 说 你好！ 2 秒 方块，放在 说 Jerry，问你一个数学问题 2 秒 方块的下面，将内容修改为“3+5 等于几？”，如图 2.23 所示。

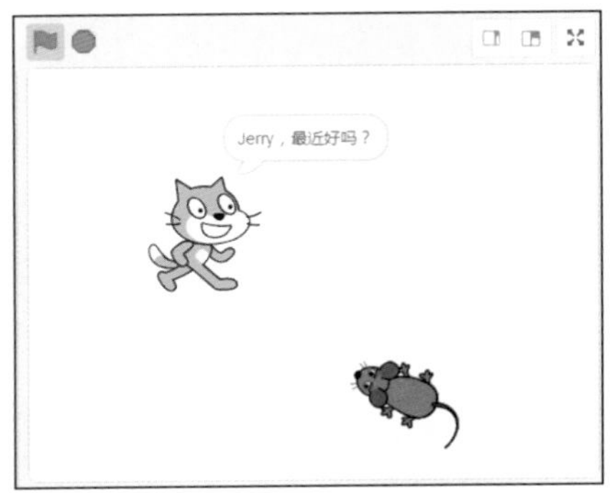

图 2.20　Tom 和 Jerry 的对话效果

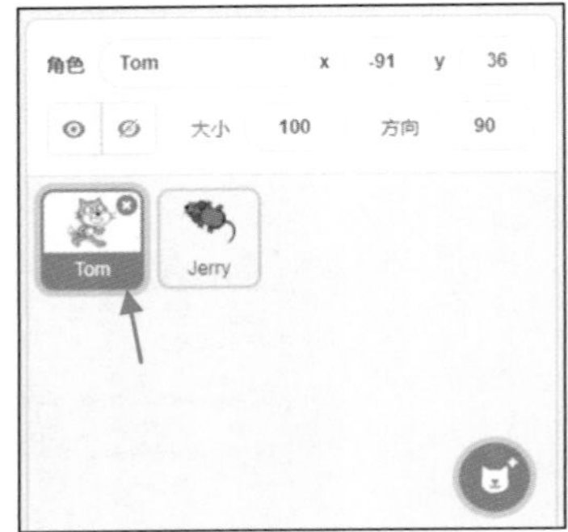

图 2.21　选中 Tom 角色

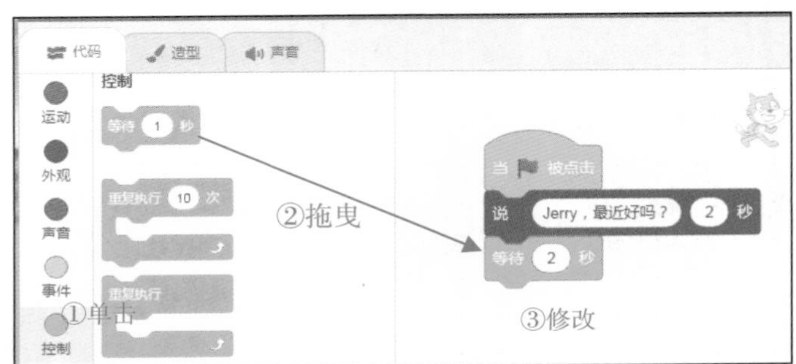

图 2.22　给 Tom 角色添加等待方块

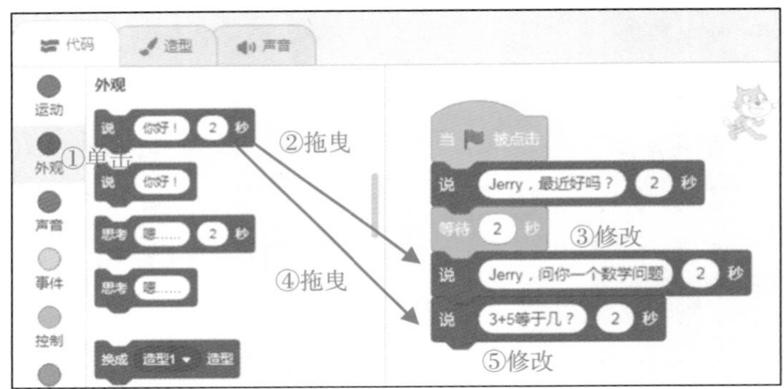

图 2.23　给 Tom 角色添加对话

（4）为 Jerry 添加对话。添加对话的方法与 Tom 的基本相似，具体搭建方块如图 2.24 所示。

（5）再为 Tom 添加对话内容，具体搭建方块如图 2.25 所示。

2.2.5　添加舞台背景

【本小节源代码：资源包\C2\5.sb3】

接下来，为 Tom 和 Jerry 的对话添加一个舞台背景。具体操作步骤如下：

（1）找到舞台下方的“选择一个背景”图标，单击该图标，在弹出的背景库中找到一张喜欢的图片并单击确定，如图 2.26 所示。

图 2.24　给 Jerry 角色添加对话内容

图 2.25　给 Tom 角色添加对话内容

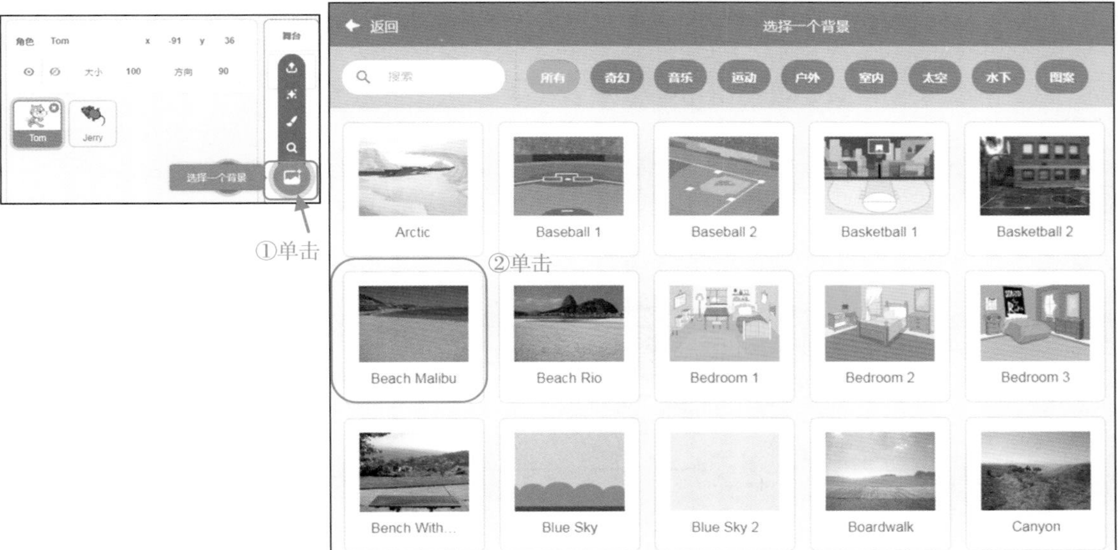

图 2.26　添加舞台背景

舞台背景添加后的界面效果如图 2.27 所示。

（2）保存项目。选择上方菜单中的“文件”→“立即保存”命令即可，如图 2.28 所示。

图 2.27　舞台背景效果

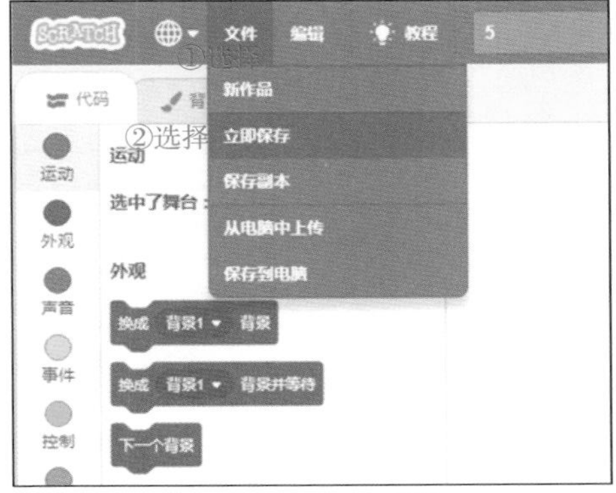

图 2.28　保存项目

说明　“立即保存”表示把项目存在了Scratch官方网站的服务器上。如果想将项目保存到自己的计算机中，找到“保存到电脑”选项即可。后面的章节中均采取“立即保存”的方式，不再说明。

2.3 总结

通过本章的学习，同学们可以掌握 Scratch 中外观模块的使用方法。通过外观模块，可以像播放动画片一样显示猫和老鼠的对话内容，同时配合时间控制方块，就可以模拟猫和老鼠见面聊天的情景了。

2.3.1 整理方块

下面将 Tom 和 Jerry 的方块整理一下，如图 2.29 和图 2.30 所示。

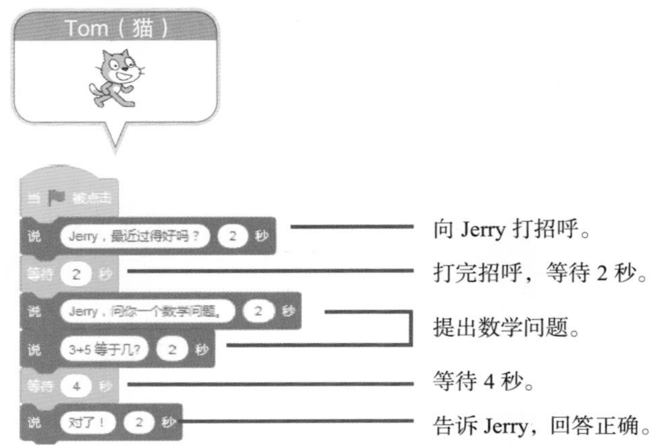

图 2.29 Tom 的方块详解

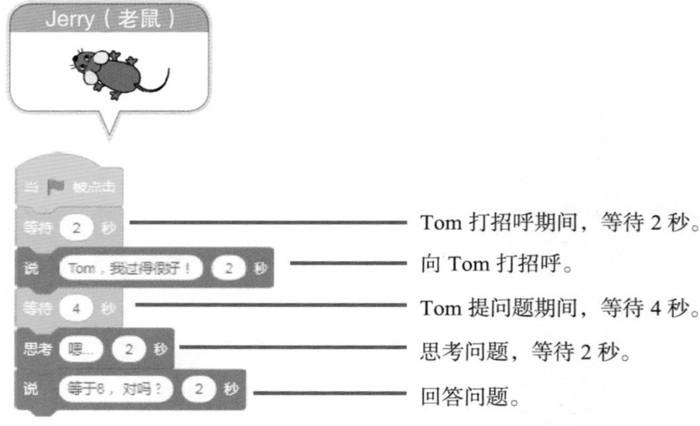

图 2.30 Jerry 的方块详解

2.3.2 学方块，想一想

同学们，看一看图 2.31 中的方块，熟悉吗？想一想它们都有什么作用？

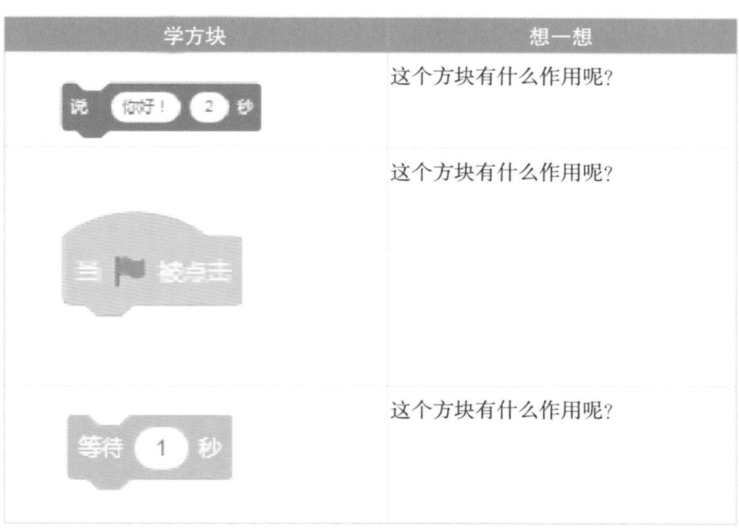

学方块	想一想
说 你好！ 2 秒	这个方块有什么作用呢？
当 被点击	这个方块有什么作用呢？
等待 1 秒	这个方块有什么作用呢？

图 2.31　学方块，想一想

2.4　挑战一下

【本小节源代码：资源包\C2\挑战.sb3】

接下来，请同学们挑战如图 2.32 所示的例子。还是 Tom 和 Jerry 的对话，不过这次 Jerry 向 Tom 提出了一个乘法问题，Tom 能回答正确吗？挑战一下试试吧！

图 2.32　“挑战一下”示例的界面

第 3 章　事件模块：变色汽车

很多同学都非常喜欢汽车，下面使用 Scratch 软件制作一个变色汽车的动画吧。在这个案例中，我们将使用键盘中的“→”键、“←”键和空格键控制一辆汽车进行前进和后退，同时，在汽车移动的过程中，汽车的颜色也不断发生着变化。怎么样，是不是觉得很有意思呢？下面一起来完成这个案例吧！

本章学习目标：

- ❑ 控制汽车的前进与后退。
- ❑ 根据行驶方向，改变汽车的颜色。

3.1　案例介绍

Scratch 中的事件模块主要包括鼠标事件和键盘事件等。鼠标事件，就是当用鼠标单击舞台中的角色时，可以让角色做相应的动作或产生相应的反应；键盘事件，就是按键盘的键位时，可以让舞台中的角色做出相应的动作或改变。

3.1.1　界面预览

按住键盘上的“→”键，汽车开始向右移动，并且汽车颜色变成绿色，如图 3.1 所示。

按住键盘上的“←”键，汽车开始向左移动，并且汽车颜色变成红色，如图 3.2 所示。

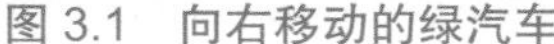

图 3.1　向右移动的绿汽车

图 3.2　向左移动的红汽车

按住键盘上的空格键，汽车回到起点，并且汽车颜色变成蓝色，如图 3.3 所示。

图 3.3　回到起点的蓝汽车

3.1.2　方块说明

图 3.4 是对汽车角色的关键方块代码解读，3.3.1 节中将对方块代码进行详细解读。

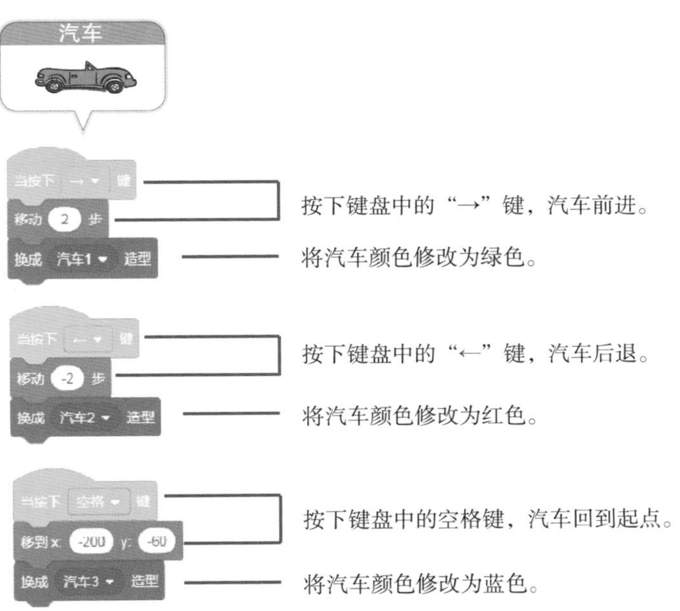

图 3.4　变色汽车的方块解读

3.2　动手试一试

下面开始使用 Scratch 软件搭建方块，实现"变色汽车"的界面效果。在这个过程中，我们会逐步讲解具体的编程步骤。我们将从汽车前进、汽车后退、改变汽车颜色、汽车回到起点和添加舞台背景 5 个方面进行讲解。

3.2.1 汽车前进

【本小节源代码：资源包\C3\1.sb3】

首先，按住键盘上的“→”键，让汽车前进，向右移动。具体操作步骤如下：

（1）打开 Scratch 软件，找到舞台下方的小猫角色，单击右上角的 图标，将舞台中默认的小猫角色删除，如图 3.5 所示。

图 3.5 删除默认的小猫角色

（2）找到舞台下方的“选择一个角色”图标 并单击，在弹出的窗口中，选中汽车图片 Convertible 2，如图 3.6 所示。

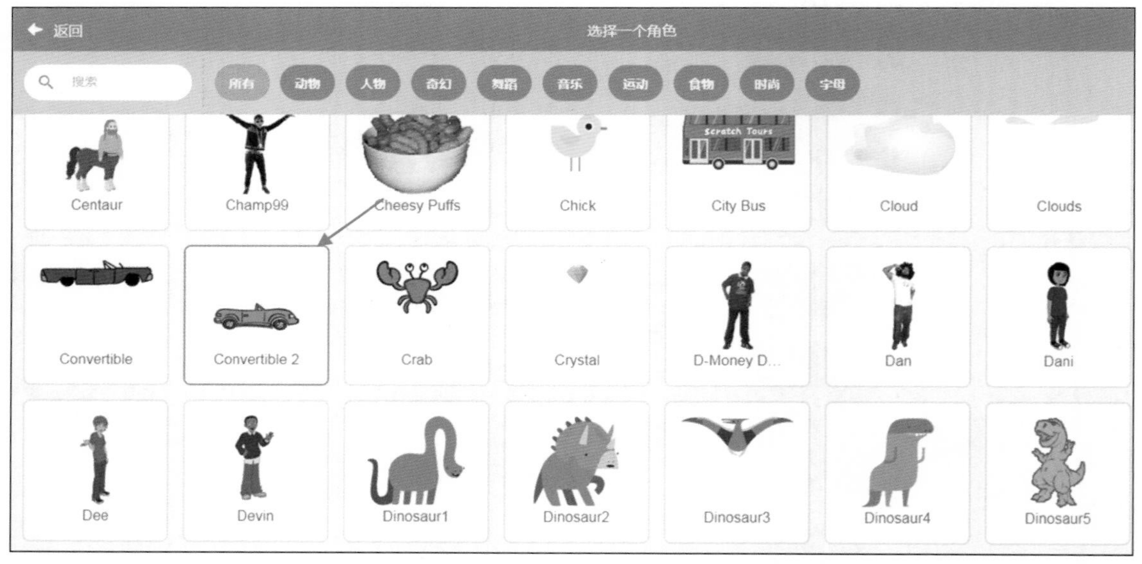

图 3.6 添加汽车的操作步骤

（3）修改角色的名称。在如图 3.7 所示的输入框中输入“汽车”，就可以将 Convertible 2 修改为“汽车”了。

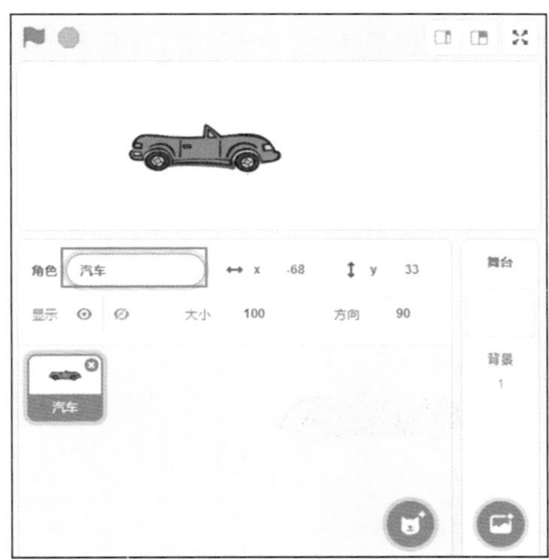

图 3.7　改变角色的名称

（4）为汽车搭建方块。单击“事件”方块组，将 当按下 空格 键 方块拖曳到方块编辑区，单击“空格”旁边的 图标，在弹出的选项中选择“→”，如图 3.8 所示。

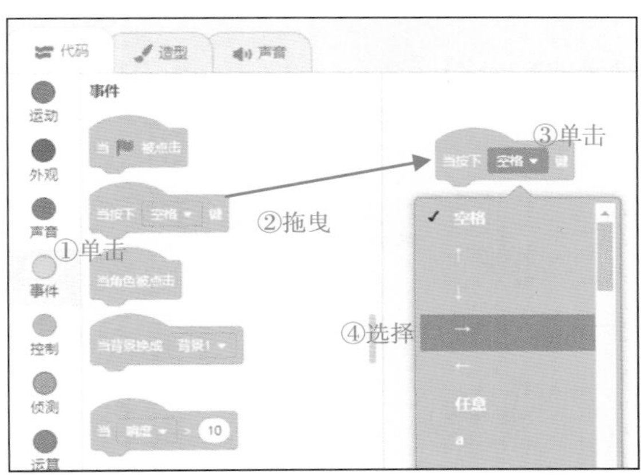

图 3.8　为汽车添加事件方块

（5）单击“运动”方块组，将 移动 10 步 方块拖曳到 当按下 → 键 方块的下方，将 10 修改成 2，如图 3.9 所示。

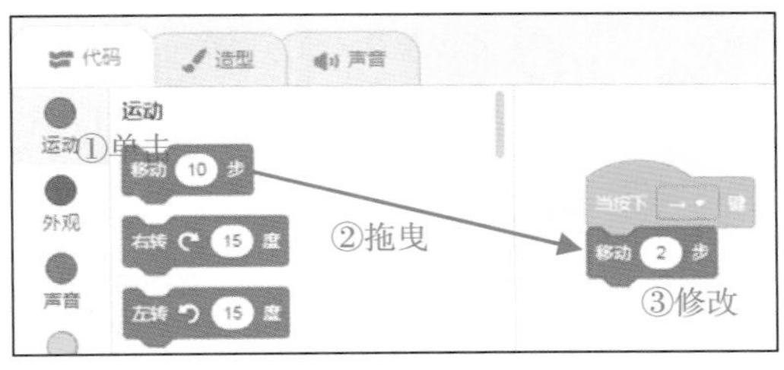

图 3.9　为汽车添加运动方块

（6）完成后，单击图标，按住键盘上的“→”键，可以看到汽车向右移动。单击图标，可以结束动画效果，如图 3.10 所示。

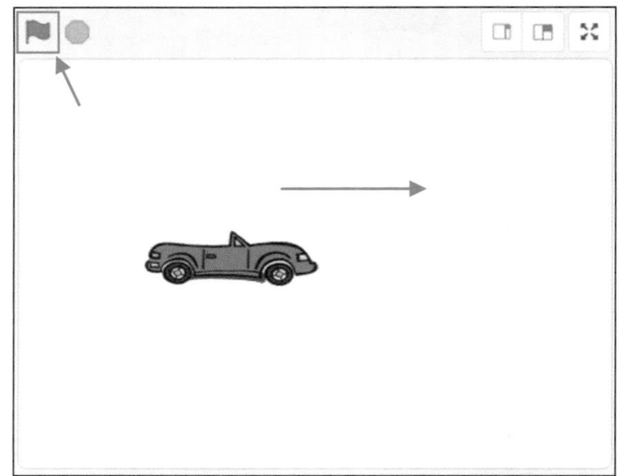

图 3.10　执行舞台动画

3.2.2　汽车后退

【本小节源代码：资源包\C3\2.sb3】

与汽车前进的操作相似，接下来，我们按住键盘上的“←”键，让汽车后退，即向左移动。具体操作步骤如下：

（1）单击“事件”方块组，将方块拖曳到方块编辑区，单击“空格”旁边的图标，在弹出的选项中选择“←”，如图 3.11 所示。

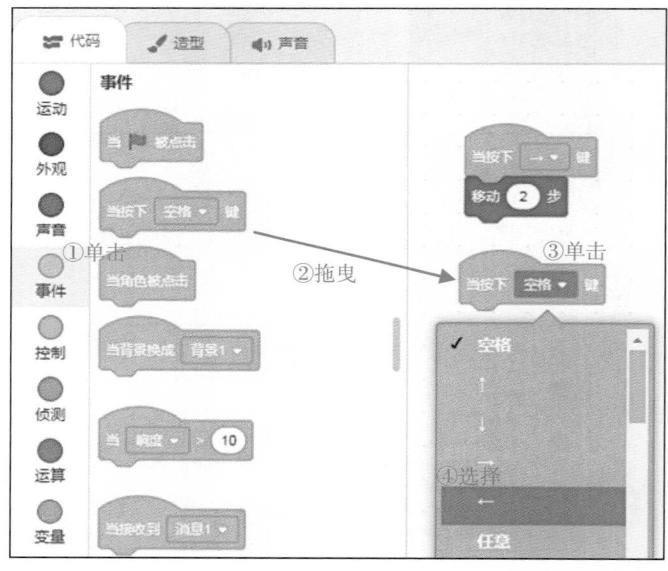

图 3.11　为汽车添加事件方块

（2）单击“运动”方块组，将 移动 10 步 方块拖曳到 当按下 ← 键 方块的下方，将 10 修改成-2，如图 3.12 所示。

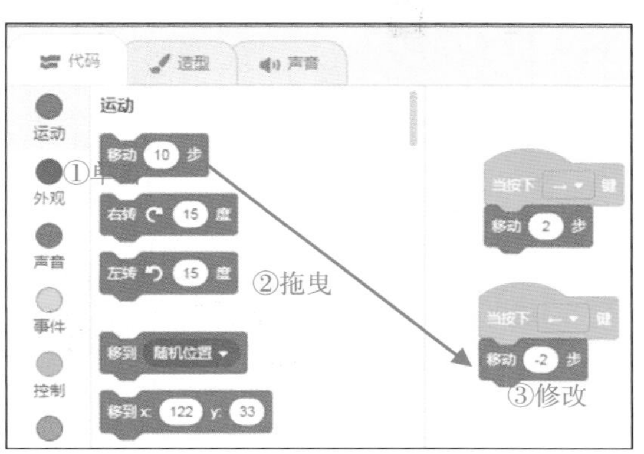

图 3.12　为汽车添加运动方块

说明　向右移动时，在移动步数前使用“+”；向左移动时，在移动步数前使用“-”。

（3）完成后，单击 图标，按住键盘上的“←”键，可以看到汽车向左移动。单击 图标，可以结束动画效果。

3.2.3　改变汽车颜色

【本小节源代码：资源包\C3\3.sb3】

前面通过键盘上的“→”键和“←”键，我们可以控制汽车的前进和后退。接下来，根据汽车移动的方向，我们来给汽车变换一下颜色。具体操作步骤如下：

（1）单击“造型”标签，将汽车的造型名称 Convertible 3 修改为“汽车 1”，右击汽车，在弹出的快捷菜单中选择“复制”命令，如图 3.13 所示。

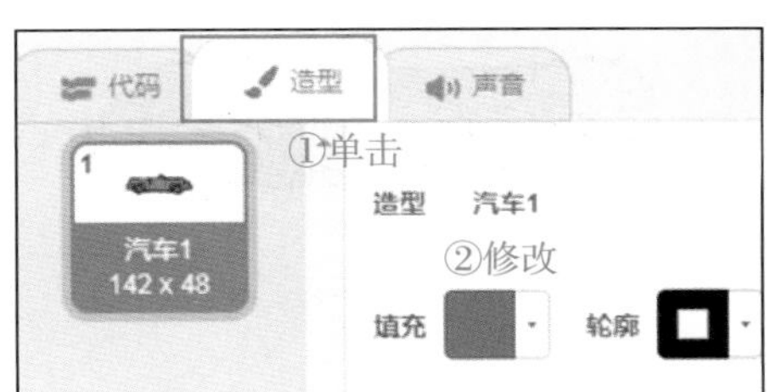

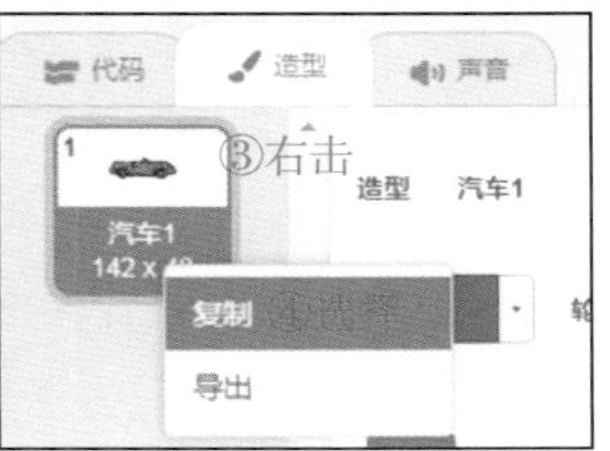

图 3.13　修改“汽车”的造型

（2）通过步骤（1）的操作，会自动生成“汽车 2”，使用同样的方法，再复制出“汽车 3”，如图 3.14 所示。

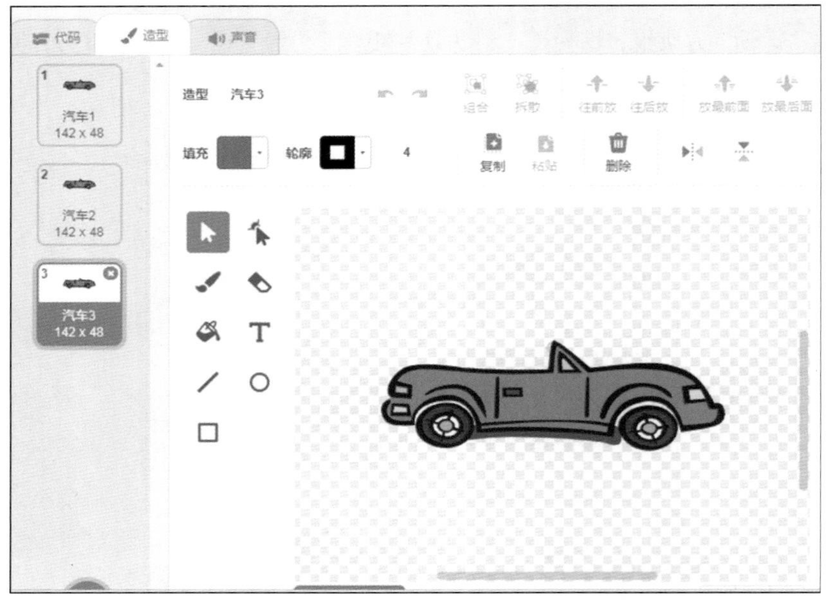

图 3.14　复制出“汽车 2”和“汽车 3”

（3）改变汽车的颜色。选中“汽车 2”，单击左侧工具栏中的 图标，为形状填色。选择颜色库中的红色，单击小车车身的部位，具体如图 3.15 所示。

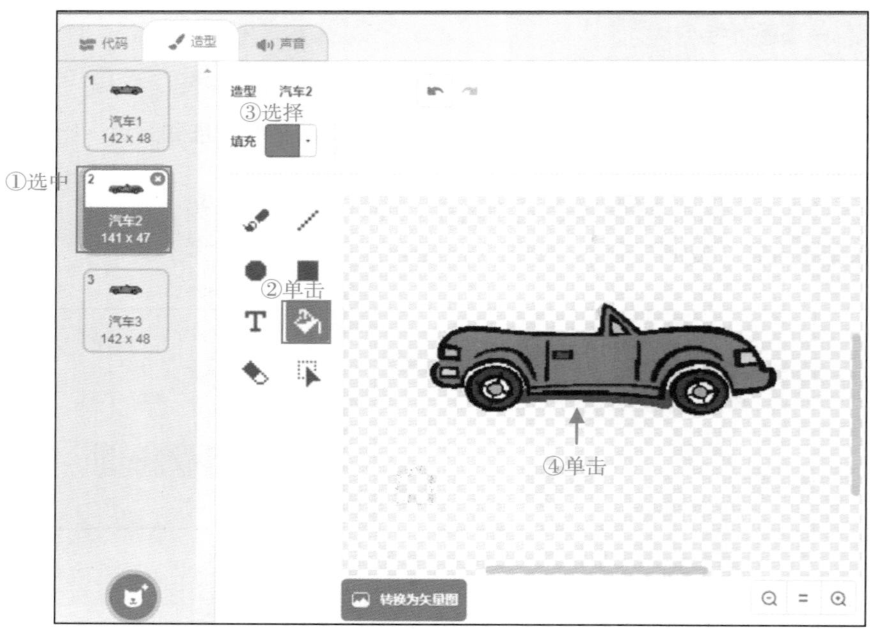

图 3.15　修改“汽车 2”的颜色

（4）使用相同的方法，将“汽车 3”的颜色修改为蓝色，如图 3.16 所示。

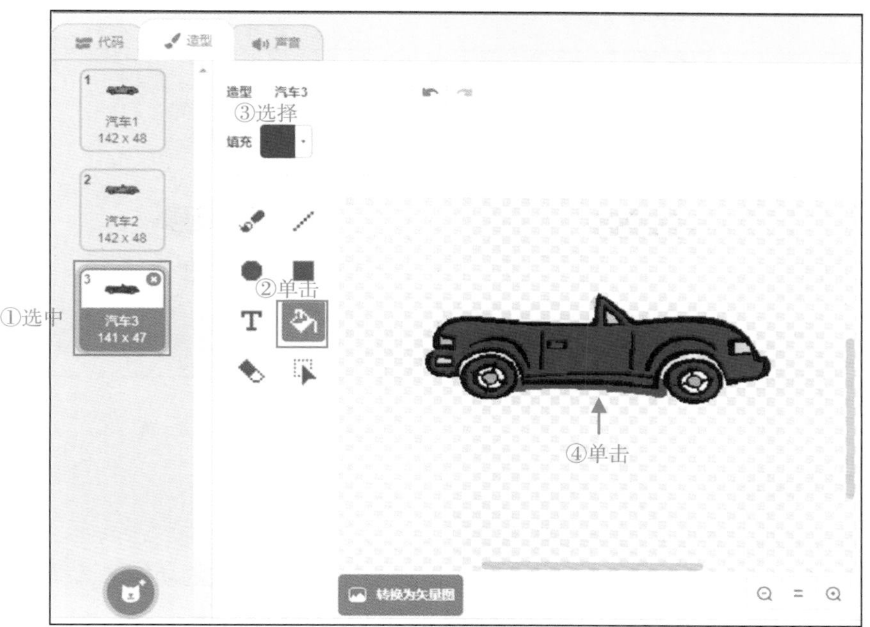

图 3.16　修改“汽车 3”的颜色

（5）单击代码中的“外观”方块组，将“换成 汽车1 造型”方块拖放到“移动 2 步”方块的下方，将造型切换为“汽车 1”，如图 3.17 所示。

（6）使用同样的方法，单击代码中的“外观”方块组，将“换成 汽车1 造型”方块拖放到“移动 -2 步”方块的下方，将造型切换为“汽车 2”，如图 3.18 所示。

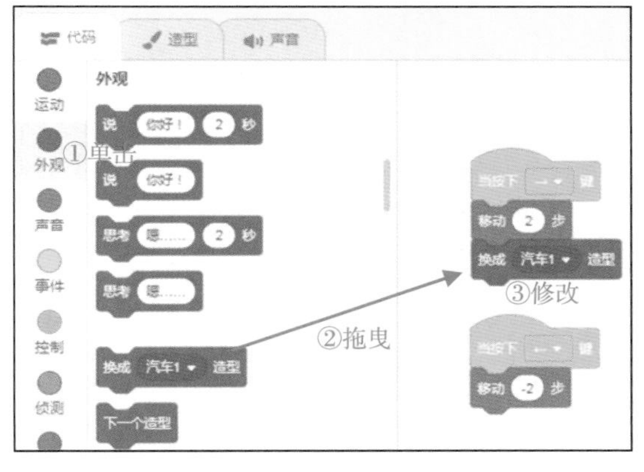

图 3.17　切换“汽车 1”造型

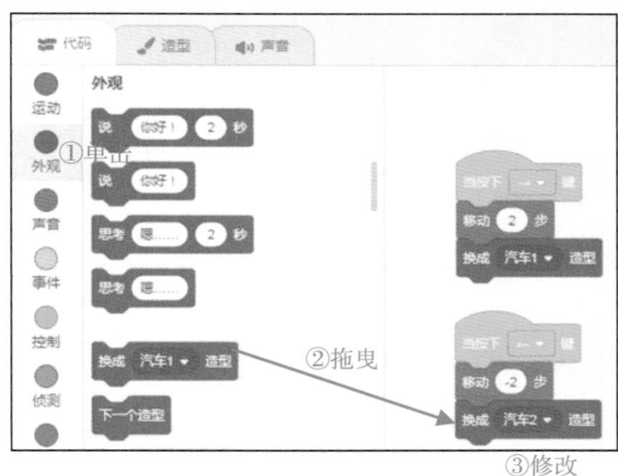

图 3.18　切换“汽车 2”造型

（7）完成后，单击▶图标，通过按住键盘上的“→”键和“←”键，可以看到汽车的颜色发生了变化。单击●图标，可以结束动画效果，如图 3.19 所示。

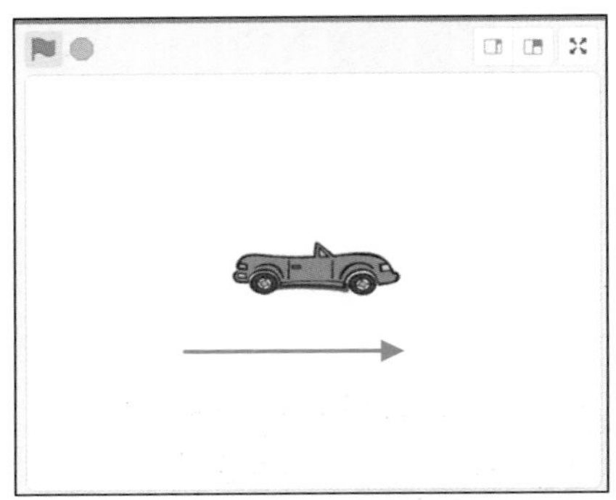

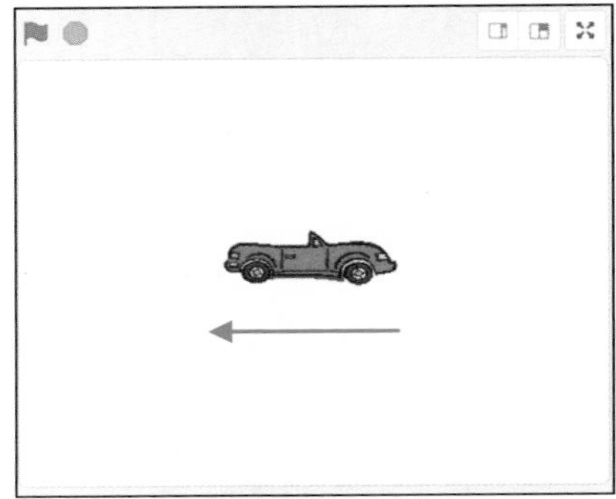

图 3.19　执行舞台动画

3.2.4　汽车回到起点

【本小节源代码：资源包\C3\4.sb3】

汽车可以前进、后退，也可以改变颜色了，再加入一个回到起点的功能怎么样？接下来实现按键盘中的空格键，让汽车回到起点。具体操作步骤如下：

（1）单击代码中的“事件”方块组，将 当按下 空格 键 方块拖曳到右侧的方块编辑区，如图 3.20 所示。

（2）单击代码中的“运动”方块组，将 移到x: 0 y: 0 方块拖放到 当按下 空格 键 方块的下方，将 x 和 y 的值分别修改为-200 和-60，如图 3.21 所示。

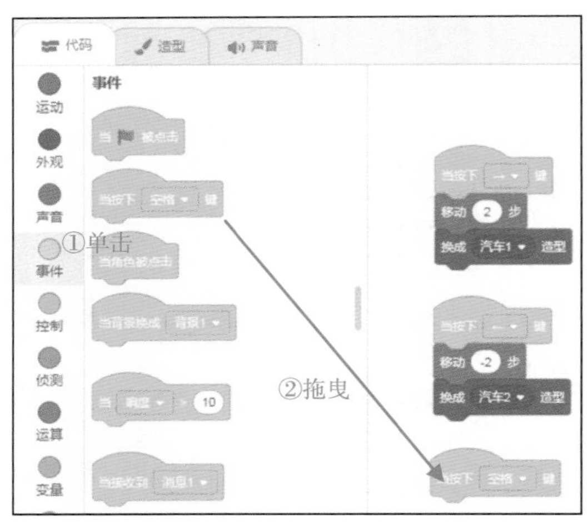

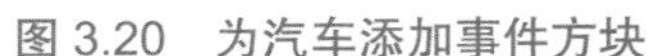

图 3.20　为汽车添加事件方块

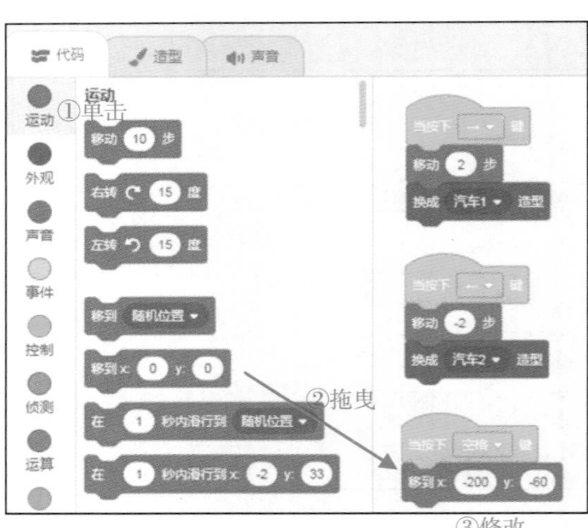

图 3.21　为汽车添加运动方块

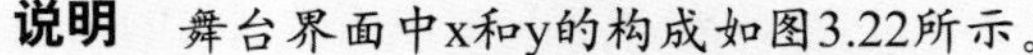

说明　舞台界面中x和y的构成如图3.22所示。

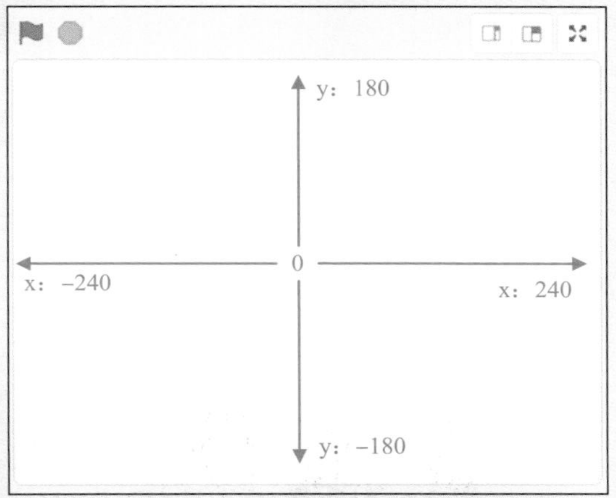

图 3.22　舞台界面中 x 和 y 的界限

（3）单击代码中的“外观”方块组，将 将造型切换为 汽车3 方块拖放到 移到 x: -200 y: -60 方块的下方，将造型切换为“汽车 3”，如图 3.23 所示。

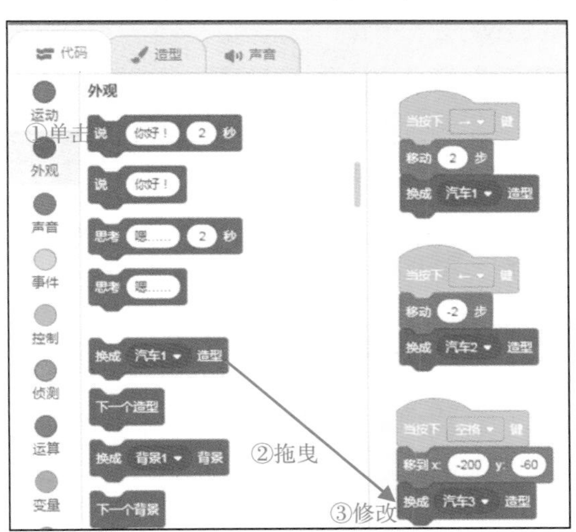

图 3.23　为汽车添加外观方块

3.2.5　添加舞台背景

【本小节源代码：资源包\C3\5.sb3】

最后，为舞台添加一个你喜欢的背景吧。具体操作步骤如下：

（1）单击舞台下方的“选择一个背景”图标，在弹出的界面中选择一张喜欢的图片，如图 3.24 所示。

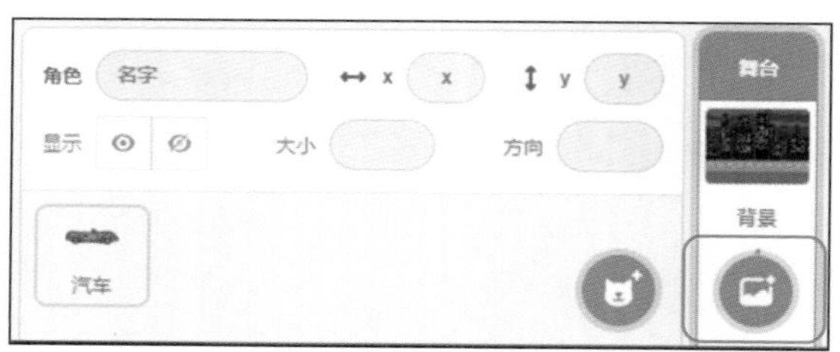

图 3.24 添加舞台背景

添加舞台背景后的界面效果如图 3.25 所示。

图 3.25 舞台背景效果

（2）保存项目。选择 Scratch 软件上方菜单中的“文件”→“立即保存”命令即可，如图 3.26 所示。

图 3.26 保存项目的操作过程

3.3 总结

通过本章的学习，同学们可以掌握 Scratch 中事件模块的使用方法。使用事件模块中的键盘事件，比如按键盘上的“↑”“↓”“←”“→”等方向键，就可以控制汽车在舞台中的运动方向。

3.3.1　整理方块

下面将“变色汽车”的方块整理一下，如图 3.27 所示。

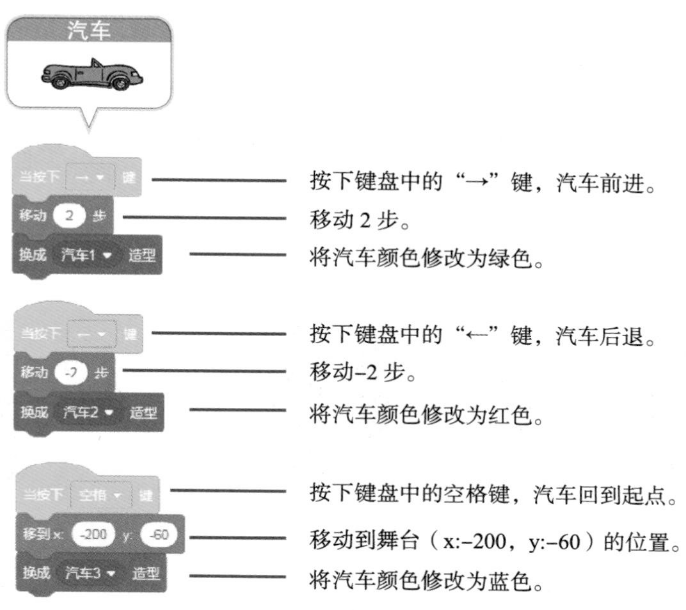

图 3.27　变色汽车的方块详解

3.3.2　学方块，想一想

同学们，看一看图 3.28 中的方块是否熟悉，想一想它们都有什么作用？

学方块	想一想
移到 x: -200 y: -60	这个方块有什么作用呢？
当按下 空格 键	这个方块有什么作用呢？
换成 汽车3 造型	这个方块有什么作用呢？

图 3.28　学方块，想一想

3.4 挑战一下

【本小节源代码：资源包\C3\挑战.sb3】

接下来，请同学们挑战下面的例子——变色企鹅，如图 3.29 所示，具体要求如下：

- 使用空格键，让企鹅回到原点。
- 使用“→”键，让企鹅前进。
- 使用“←”键，让企鹅后退。
- 使用“↓”键，让企鹅顺时针旋转。
- 使用“↑”键，让企鹅逆时针旋转。

图 3.29 “挑战一下”示例的界面

第 4 章　碰撞模块：疯狂外星人

外星人的故事一般都在电影中上演，本章我们将使用 Scratch 制作一个疯狂外星人的动画。与电影不同的是，这个外星人的一举一动都由键盘上的“↑”键、“↓”键和空格键来控制。怎么样，一起来完成吧。

本章学习目标：

- ❑ 学习如何让外星人进行旋转和碰撞。
- ❑ 学会根据外星人的运动状态改变背景。

4.1　案例介绍

在本案例中，按键盘中的“↑”键，外星人角色可以向上移动，同时将舞台背景换成宇宙背景；按键盘中的“↓”键，外星人将向下移动，舞台背景切换成海底背景；按键盘中的空格键，外星人回到舞台中间，进入树林背景。

4.1.1　界面预览

初始画面如图 4.1 所示，按键盘上的空格键时，效果如图 4.2 所示。

图 4.1　初始画面

图 4.2　按空格键的效果

按键盘上的“↑”键时，效果如图 4.3 所示。

按键盘上的“↓”键时，效果如图 4.4 所示。

图 4.3　按“↑”键的效果

图 4.4　按“↓”键的效果

4.1.2　方块说明

如图 4.5 所示是外星人案例的关键方块代码解读，4.3.1 节中将对方块代码进行详细解读。

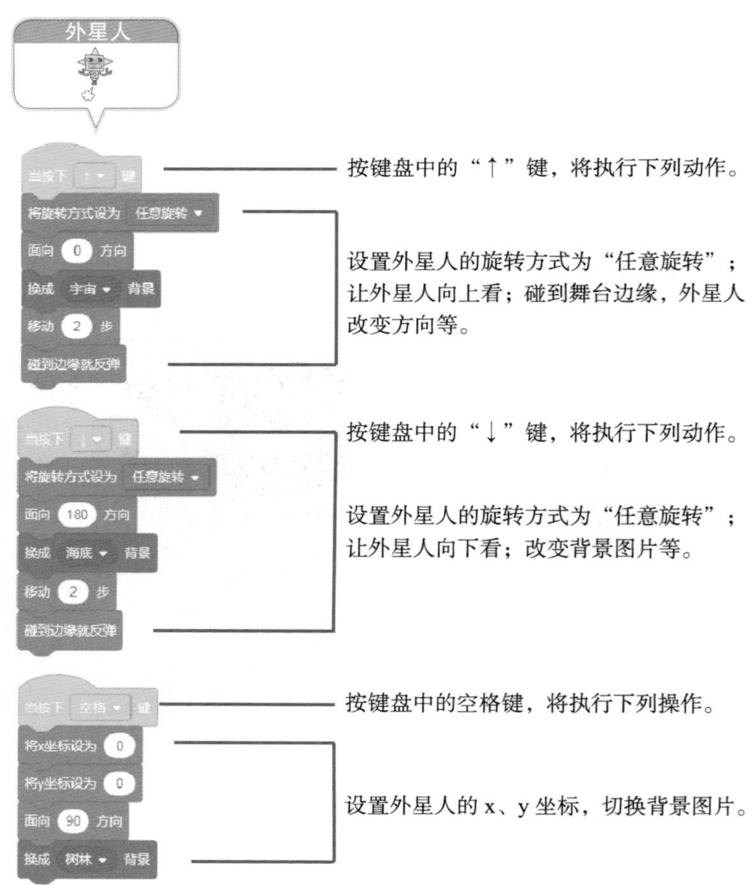

图 4.5　外星人案例的方块解读

4.2　动手试一试

下面开始使用 Scratch 软件搭建方块，逐步讲解具体的编程步骤，实现“疯狂外星人”的界面效果。我们将从外星人向上移动、外星人向下移动、外星人移动到指定位置和修改舞台背景 4 个部分进行详解。

4.2.1　外星人向上移动

【本小节源代码：资源包\C4\1.sb3】

首先，我们按住键盘上的“↑”键，让外星人向上移动，移动到舞台边缘后，再向相反方向移动。具体操作步骤如下：

（1）打开 Scratch 软件，找到舞台下方的小猫角色，单击右上角的图标，将舞台中默认的小猫角色删除，如图 4.6 所示。

（2）单击舞台下方的“选择一个角色”图标，在弹出的窗口中选中外星人角色 Robot，如图 4.7 所示。

图 4.6　删除默认的小猫角色

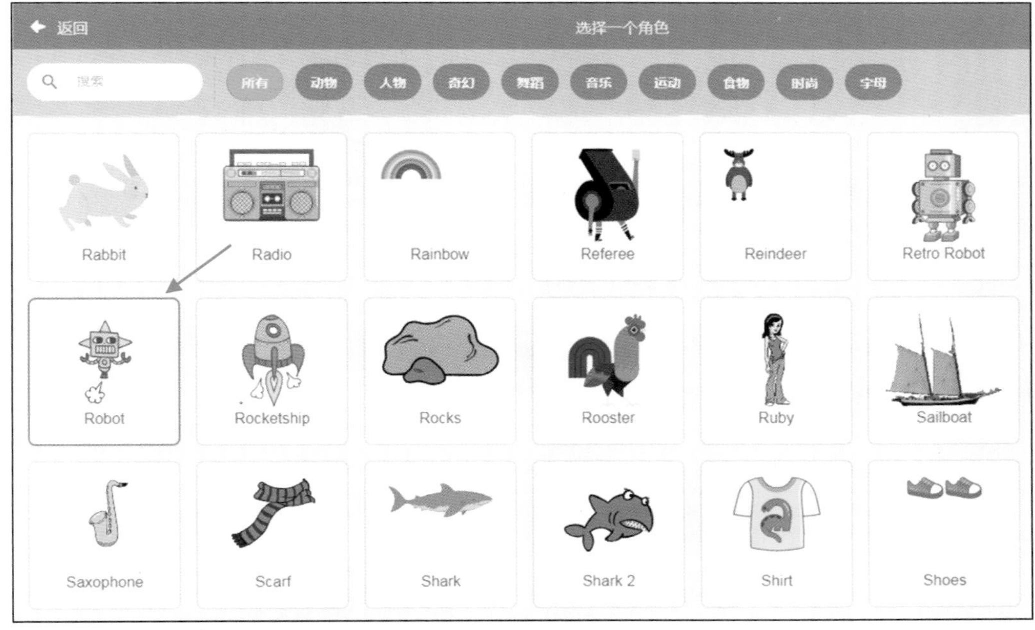

图 4.7　添加外星人角色

（3）修改角色的名称。在如图 4.8 所示的输入框中输入“外星人”，就可将 Robot 修改为“外星人”了。

图 4.8　修改角色名称

(4) 搭建方块。单击“事件”方块组，将 当按下 空格 键 方块拖曳到方块编辑区，单击“空格”旁边的▼图标，在弹出的选项中选择“↑”，如图 4.9 所示。

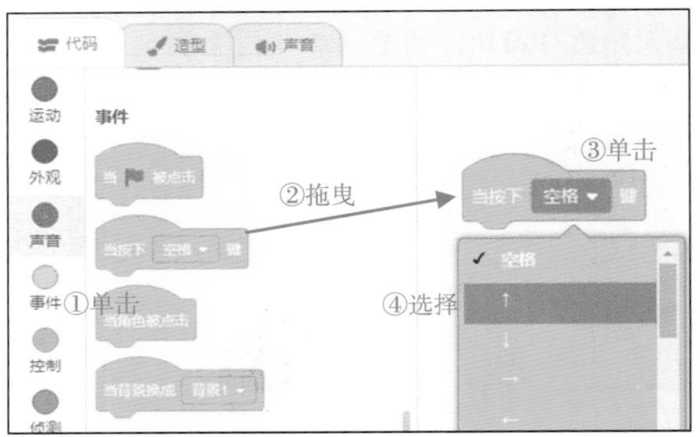

图 4.9　为外星人添加事件方块

(5) 单击“运动”方块组，将 将旋转方式设为 左右翻转 方块拖曳到 当按下 ↑ 键 方块的下方，将旋转模式“左右翻转”修改成“任意旋转”，如图 4.10 所示。

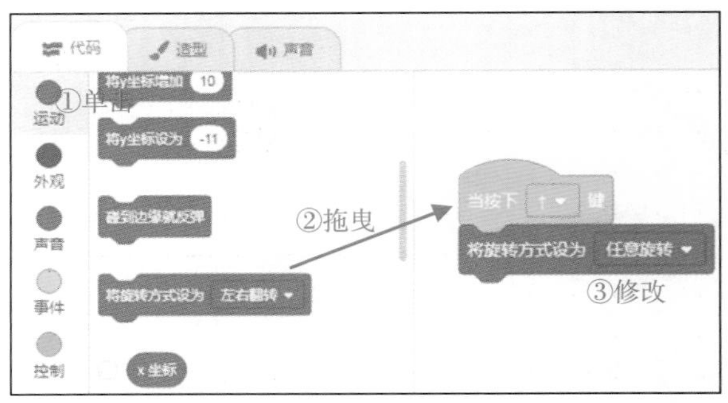

图 4.10　为外星人设置旋转模式

（6）单击“运动”方块组，将 面向 90 方向 方块拖曳到 将旋转方式设为 任意旋转 方块的下方，将 90 修改为 0，如图 4.11 所示。

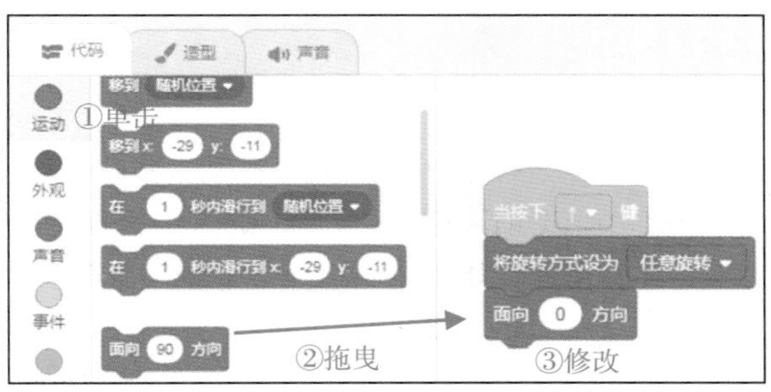

图 4.11　为外星人设置运动方向

说明　面向 90 方向 表示设置角色的方向。90表示向右，-90表示向左，0表示向上，180表示向下。

（7）单击“运动”方块组，将 移动 10 步 方块拖曳到 面向 0 方向 方块的下方，将移动 10 步修改成 2 步，如图 4.12 所示。

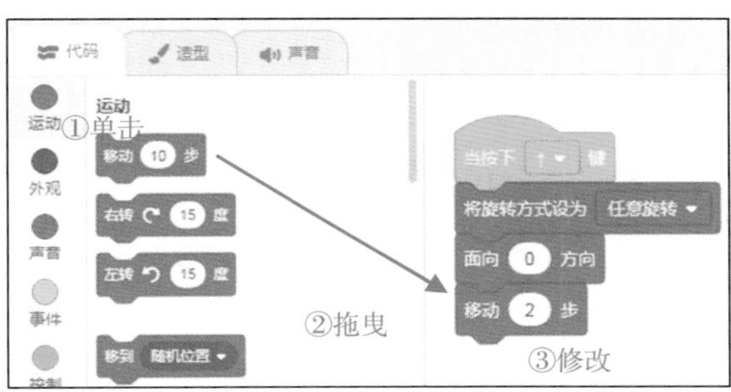

图 4.12　为外星人设置移动步数

（8）单击“运动”方块组，将 碰到边缘就反弹 方块拖曳到 移动 2 步 方块的下方，如图 4.13 所示。

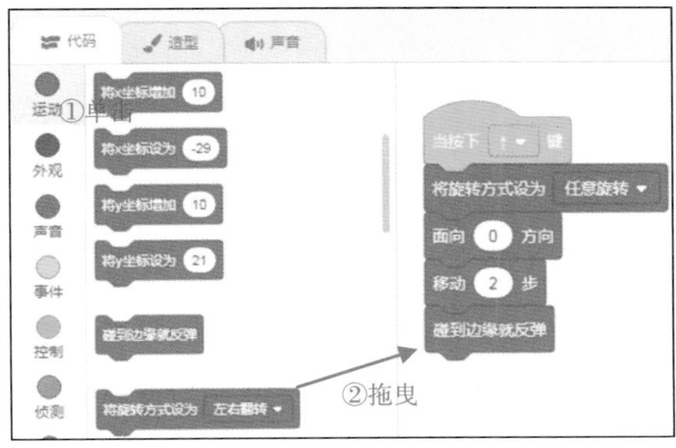

图 4.13　为外星人添加运动方块

（9）完成后，单击图标，按住键盘上的“↑”键，可以看到外星人向上移动。单击图标，可以结束动画效果，如图 4.14 所示。

4.2.2 外星人向下移动

【本小节源代码：资源包\C4\2.sb3】

接下来，我们按住键盘上的“↓”键，让外星人向下移动，移动到舞台边缘后，再朝相反方向移动。因为很多步骤与上面相似，所以可以采取“复制”的方法。具体操作步骤如下：

（1）右击 当按下 ↑ 键 方块，在弹出的快捷菜单中选择“复制”命令，如图 4.15 所示。

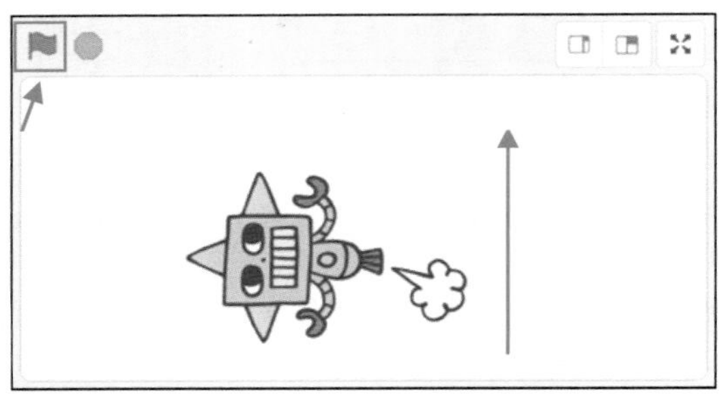

图 4.14 执行舞台动画

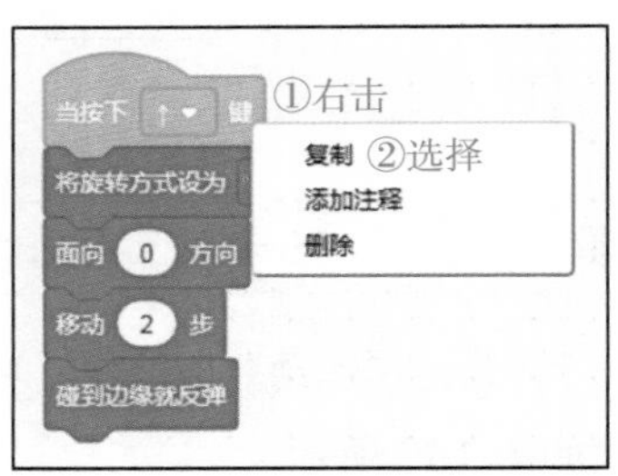

图 4.15 复制方块操作

复制后的舞台界面如图 4.16 所示。

（2）在复制后的方块组中，将 当按下 ↑ 键 方块中的“↑”修改为“↓”，将 面向 0 方向 中的 0 修改为 180，如图 4.17 所示。

图 4.16 复制后的舞台界面

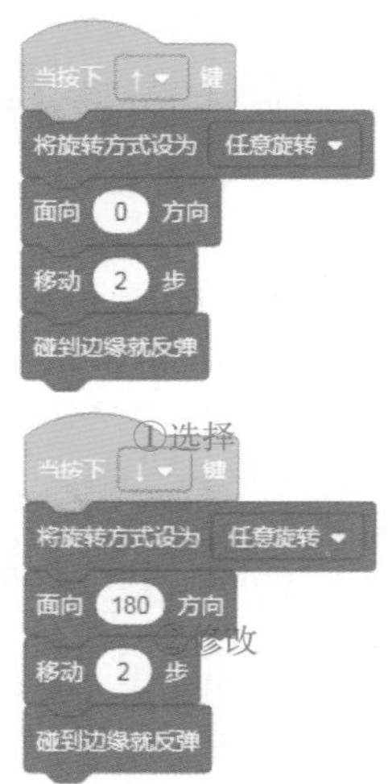

图 4.17 修改复制后的方块组

（3）完成后，单击图标，按住键盘上的“↓”键，可以看到外星人向下移动。单击图标，可以结束动画效果，如图 4.18 所示。

图 4.18　执行舞台动画

4.2.3　外星人移动到指定位置

【本小节源代码：资源包\C4\3.sb3】

接下来，我们按住键盘上的空格键，让外星人移动到舞台指定的位置。具体操作步骤如下：

（1）单击“事件”方块组，将 当按下 空格 ▾ 键 方块拖曳到右侧方块编辑区，如图 4.19 所示。

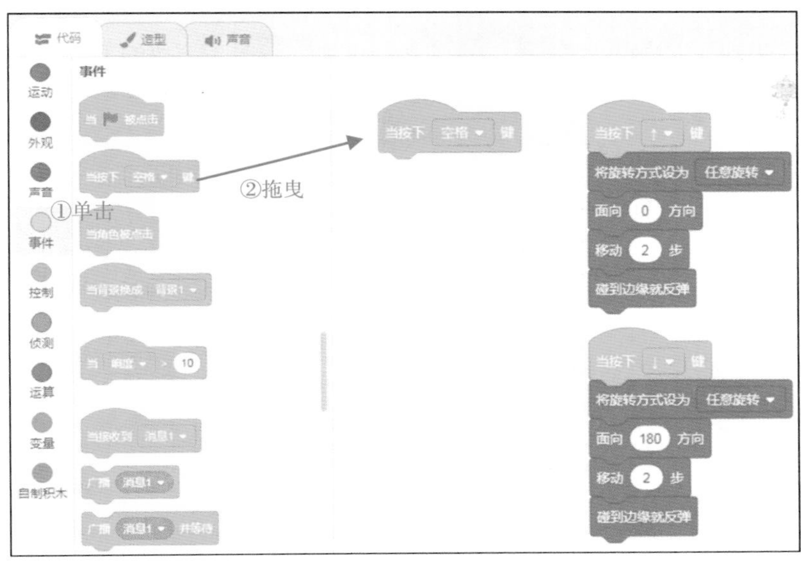

图 4.19　为外星人添加事件方块

（2）单击“运动”方块组，将 将x坐标设为 0 方块拖曳到 当按下 空格 ▾ 键 方块的下方，如图 4.20 所示。

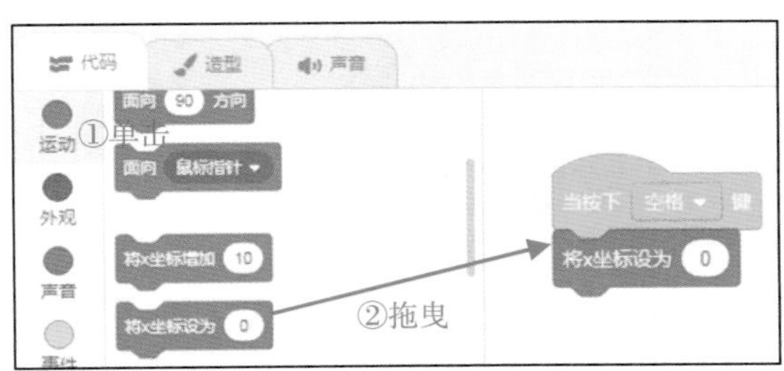

图 4.20　为外星人设置 x 坐标

说明　[将x坐标设为 0]表示指定角色x坐标的位置。

（3）单击“运动”方块组，将[将y坐标设为 0]方块拖曳到[将x坐标设为 0]方块的下方，如图 4.21 所示。

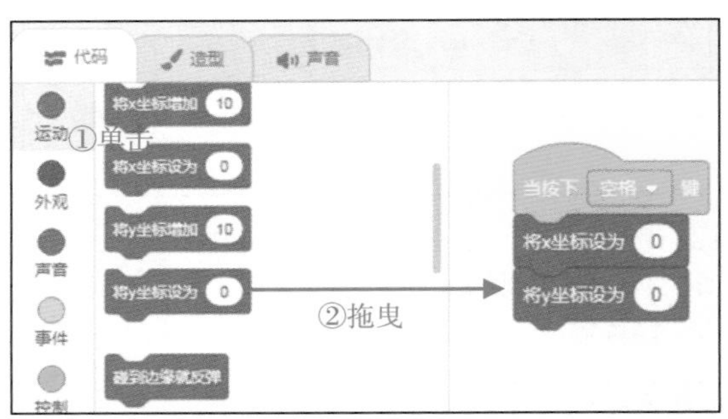

图 4.21　为外星人设置 y 坐标

说明　[将y坐标设为 0]表示指定角色y坐标的位置。

（4）单击“运动”方块组，将[面向 90 方向]方块拖曳到[将y坐标设为 0]方块的下方，如图 4.22 所示。

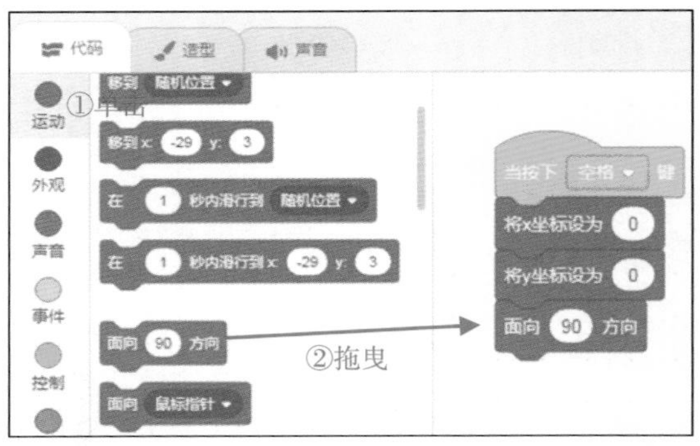

图 4.22　为外星人设置面向的方向

（5）完成后，单击[绿旗]图标，按住键盘上的空格键，可以看到外星人移动到舞台（x=0，y=0）的位置。单击[停止]图标，可以结束动画效果，如图 4.23 所示。

图 4.23　执行舞台动画

4.2.4　修改舞台背景

【本小节源代码：资源包\C4\4.sb3】

接下来，我们根据外星人运动状态的变化动态地修改舞台背景。具体操作如下：

（1）单击舞台下方的“选择一个背景”图标，在弹出的界面中选择一张树林的图片，如图 4.24 所示。

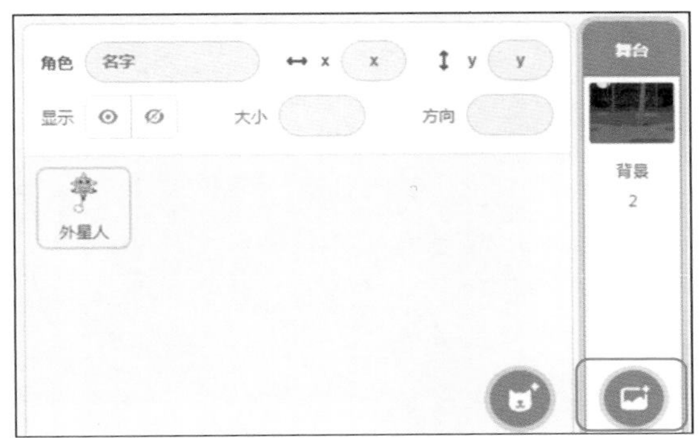

图 4.24　添加舞台背景

（2）单击面板上的“背景”标签，将背景图片的名称修改为“树林”，如图 4.25 所示。

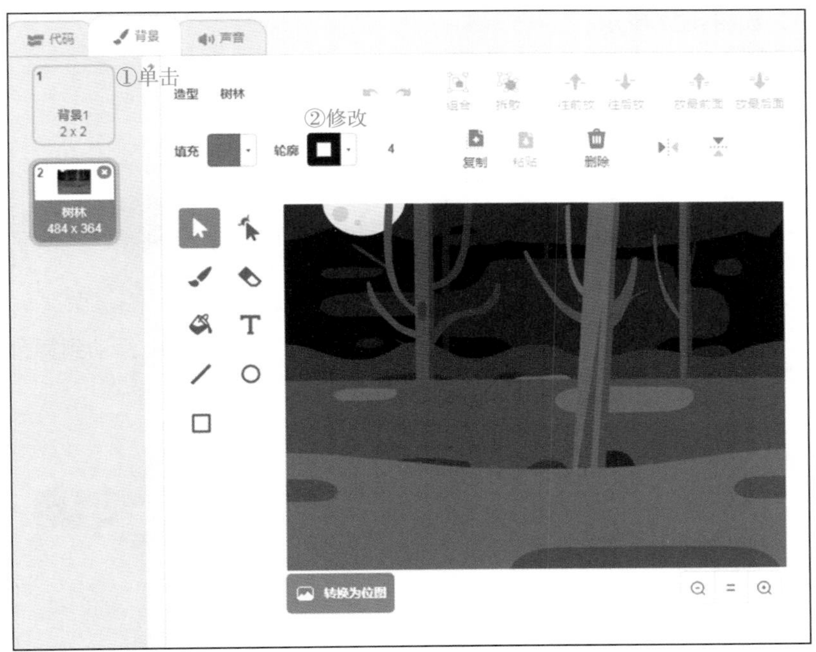

图 4.25　修改背景图片的名称

（3）按照步骤（1）和步骤（2）的方法，再添加两张自己喜欢的图片，分别修改其名称为“宇宙”和“海底”，如图 4.26 所示。

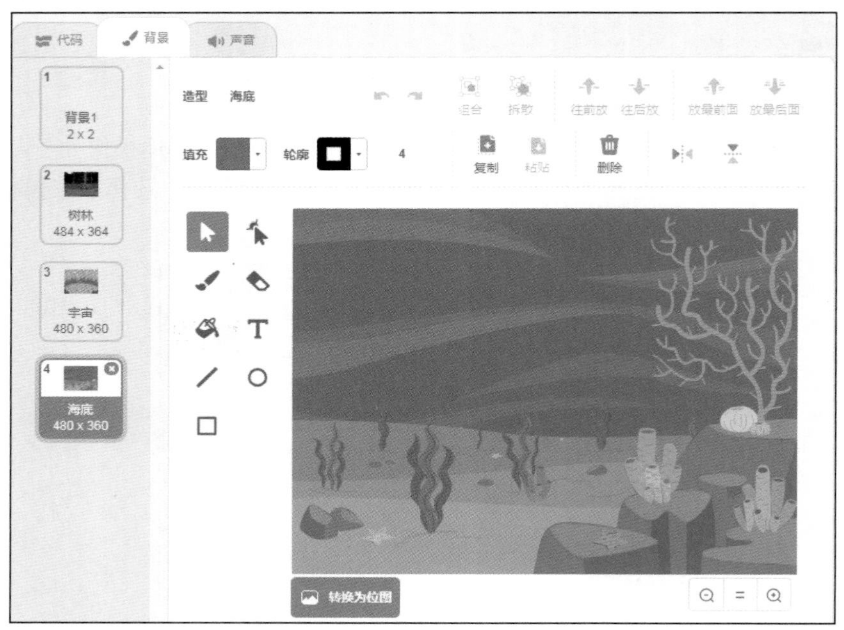

图 4.26　继续添加两张背景图片

（4）单击“外观”方块组，将 换成 背景1 背景 方块拖放在 面向 0 方向 方块的下面，并且将“背景 1”修改为“宇宙”，如图 4.27 所示。

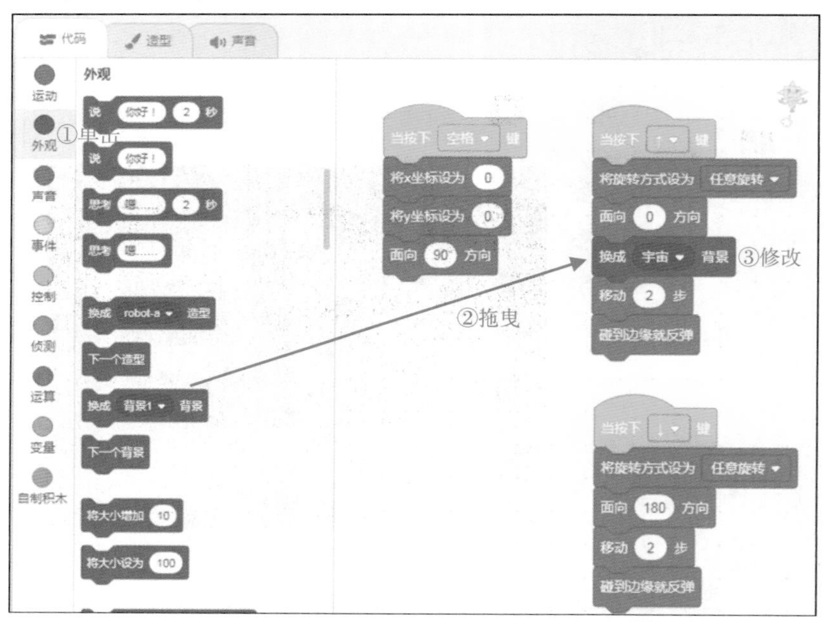

图 4.27　外星人向上移动时，舞台背景修改为“宇宙”

（5）单击“外观”方块组，将 换成 背景1 背景 方块拖放在 面向 180 方向 方块的下面，并且将“背景 1”修改为“海底”，如图 4.28 所示。

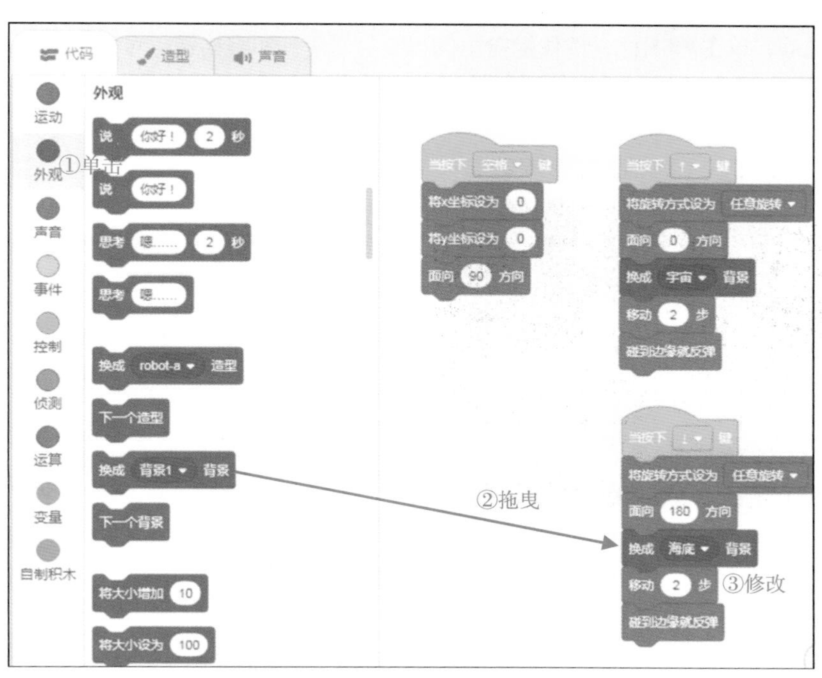

图 4.28　外星人向下移动时，舞台背景修改为“海底”

（6）单击“外观”方块组，将“换成 背景1 背景”方块拖放在“面向 90 方向”方块的下面，并且将“背景 1”修改为“树林”，如图 4.29 所示。

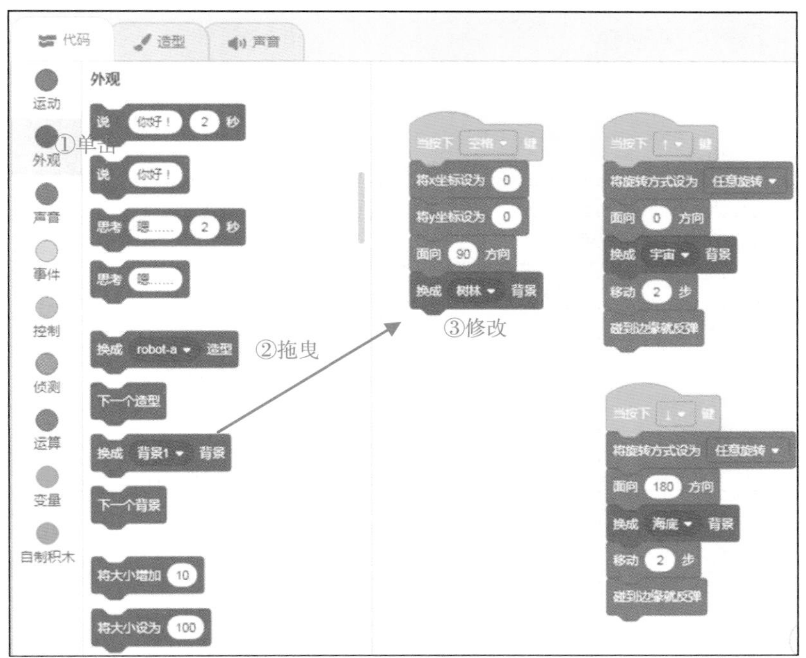

图 4.29　舞台背景修改为“树林”

（7）完成后，单击图标，按住键盘上的“↑”“↓”和空格键，可以看到外星人一边移动，舞台背景一边发生变化。单击图标可以结束动画效果，如图 4.30 所示。

（8）保存项目。选择 Scratch 软件上方菜单中的“文件”→“立即保存”命令即可，如图 4.31 所示。

图 4.30　执行舞台动画

图 4.31　保存项目的操作过程

4.3　总结

通过本章的学习，同学们可以掌握 Scratch 中碰撞模块的使用方法。可以让外星人旋转，也可以让外星人碰撞舞台的边缘，还可以用键盘中不同的方向键改变舞台背景。

4.3.1　整理方块

下面将疯狂外星人的方块整理一下，如图 4.32 所示。

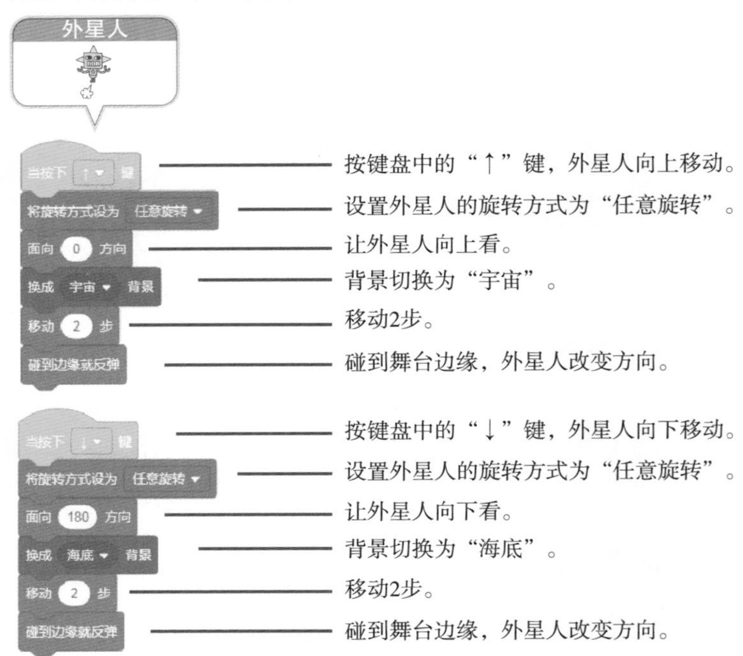

图 4.32　外星人的方块详解

图 4.32　（续）

4.3.2　学方块，想一想

同学们，看一看图 4.33 中的方块是否熟悉，想一想它们都有什么作用？

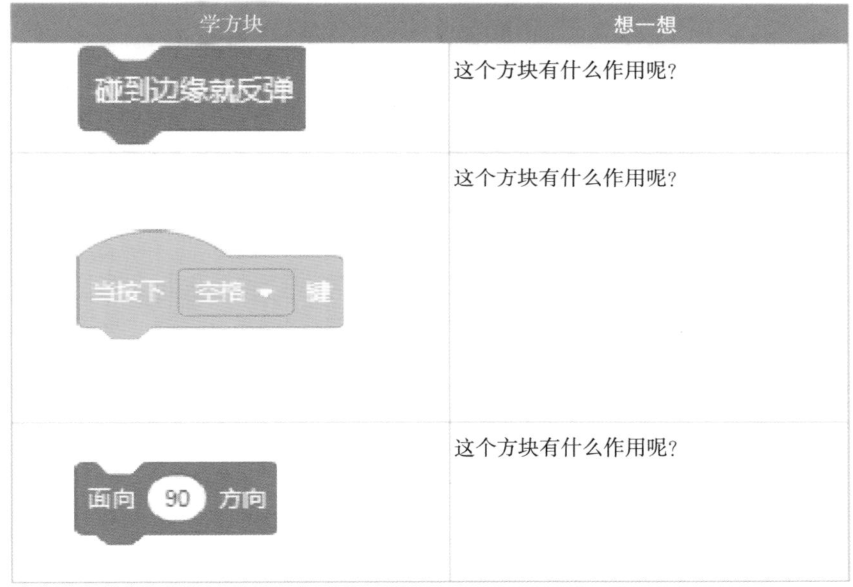

学方块	想一想
碰到边缘就反弹	这个方块有什么作用呢？
当按下 空格 键	这个方块有什么作用呢？
面向 90 方向	这个方块有什么作用呢？

图 4.33　学方块，想一想

4.4　挑战一下

【本小节源代码：资源包\C4\挑战.sb3】

接下来，请同学们挑战下面的例子——猫捉老鼠，如图 4.34 所示，具体要求如下：

- ❑ 使用空格键，让猫和老鼠分别移动到（x=0，y=-30）、（x=150，y=-120）的位置。
- ❑ 使用“→”键，让猫和老鼠向右移动，老鼠变为绿色。
- ❑ 使用“←”键，让猫和老鼠向左移动，老鼠变为黄色。
- ❑ 使用“↓”键，让猫和老鼠向下移动，老鼠变为红色。
- ❑ 使用“↑”键，让猫和老鼠向上移动，老鼠变为灰色。

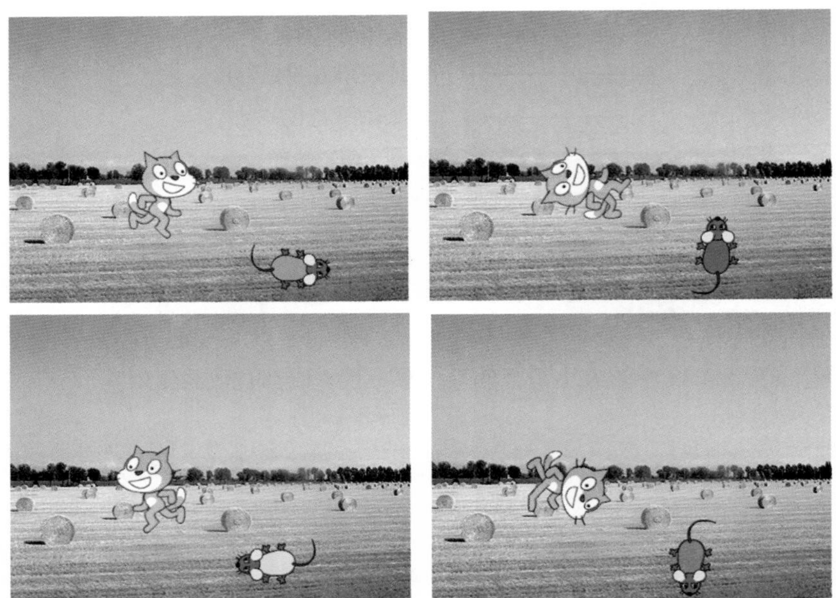

图 4.34 “挑战一下”示例的界面

第 5 章　广播模块：散步的小狗

本章将学习使用 Scratch 中的广播模块。当我们单击舞台上的按钮时，将向小狗发送不同的广播信号，当小狗接收到不同的广播信号后，我们就可以控制小狗的运动了。一起动手试试吧！

本章学习目标：

- ❑ 学习如何实现单击按钮，发送广播信号。
- ❑ 学会根据广播信号控制小狗的运动。

5.1　案例介绍

Scratch 中的广播模块，就像生活中的广播一样，可以将信息通过广播的方式传递给舞台中的各个角色。本章将重点介绍如何使用 Scratch 中的广播模块。

图 5.1　单击“开始”按钮

5.1.1　界面预览

本案例初始画面如图 5.1 所示。单击舞台中的“开始”按钮，发送“开始”的广播信号，让小狗移动到舞台的中央位置。

单击舞台中的“向右”按钮，发送“向右”广播信号，小狗开始向右行走，如图 5.2 所示。

单击舞台中的“向左”按钮，发送“向左”广播信号，小狗开始向左行走，如图 5.3 所示。

图 5.2　单击“向右”按钮

图 5.3　单击“向左”按钮

5.1.2 方块说明

图 5.4 和图 5.5 所示是本章案例的关键方块代码解读，5.3.1 节中将给出方块代码的详细解读。

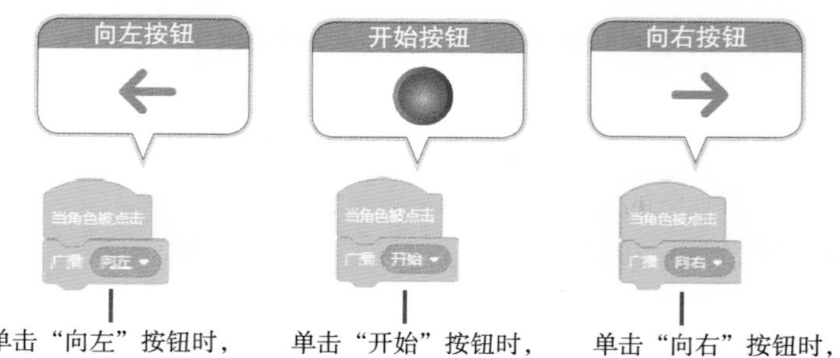

图 5.4　3 个按钮的方块解读

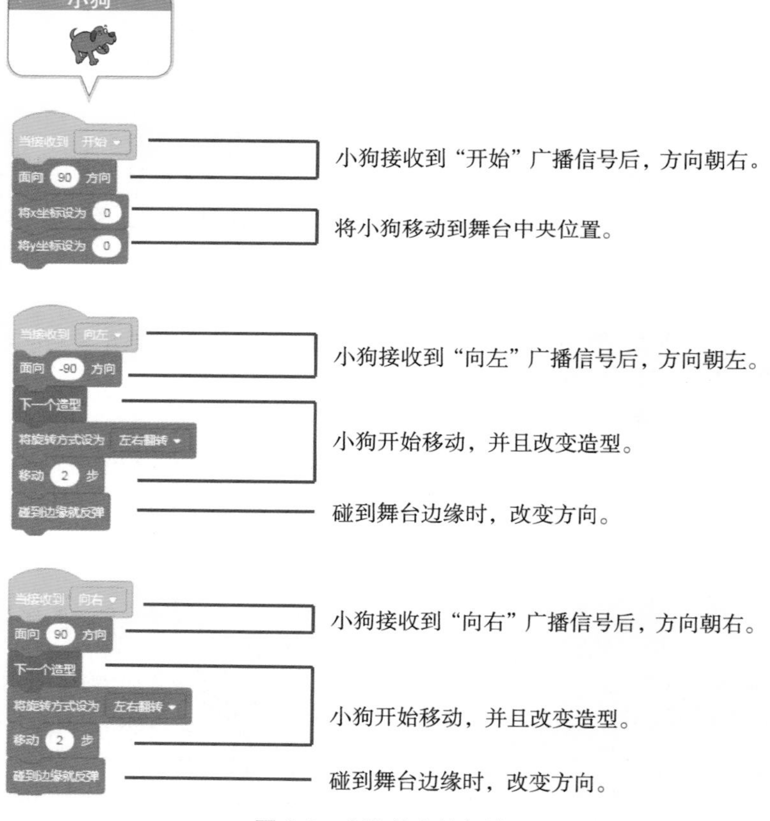

图 5.5　小狗的方块解读

5.2 动手试一试

下面开始使用 Scratch 软件搭建方块，实现“散步的小狗”的界面效果，逐步讲解具体的编程步骤。我们将从添加按钮、添加广播信息、小狗接收广播信息、指定小狗位置和添加舞台背景 5 个方面进行讲解。

5.2.1　添加按钮

【本小节源代码：资源包\C5\1.sb3】

为了能够控制小狗的运动，首先在舞台上添加 3 个按钮。具体操作步骤如下：

（1）打开 Scratch 软件，删除舞台下方的小猫角色，如图 5.6 所示。

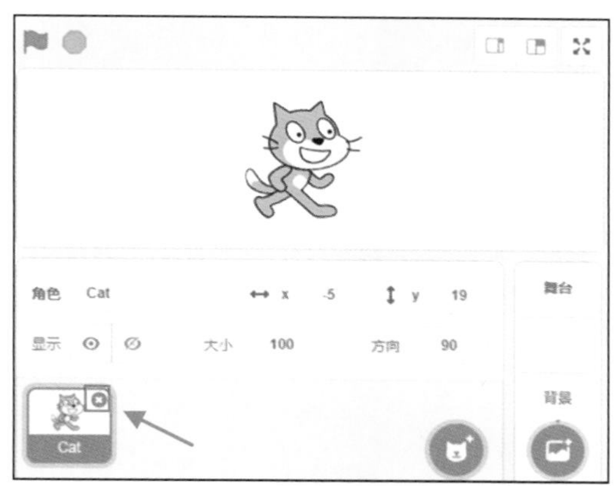

图 5.6　删除默认的小猫角色

（2）单击舞台下方的“选择一个角色”图标，在弹出的窗口中，选中 Arrow1，如图 5.7 所示。

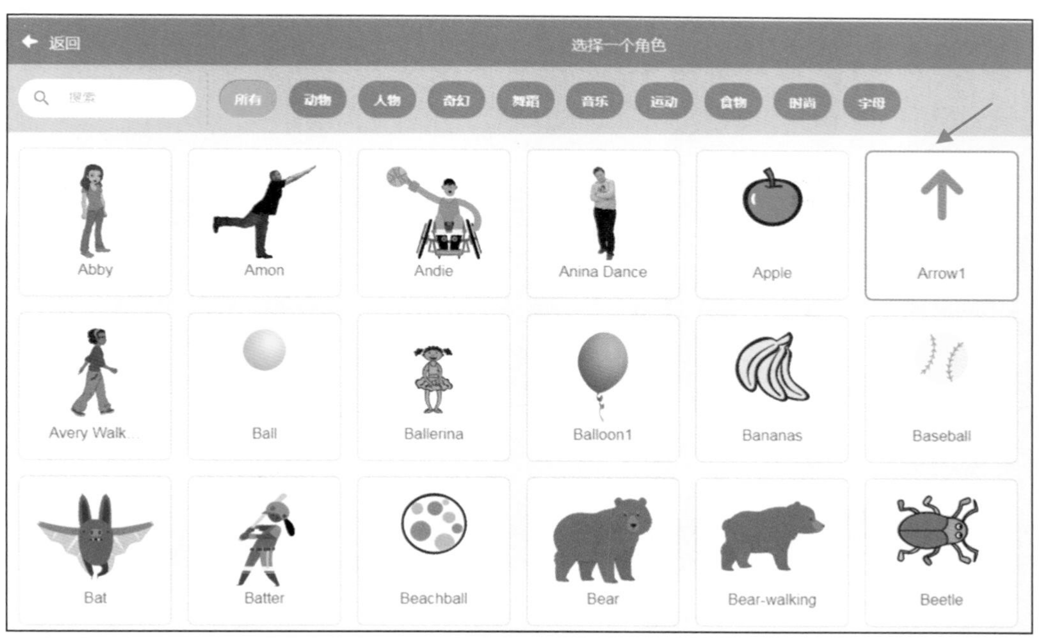

图 5.7　添加方向键

（3）舞台中还需要相同的方向键，所以选中 Arrow1 图片并右击，在弹出的快捷菜单中选择“复制”命令，这样就复制出一模一样的图片角色 Arrow2，如图 5.8 所示。

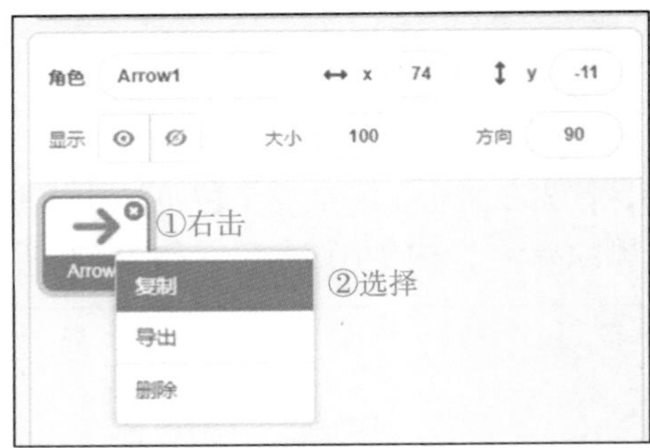

图 5.8　复制 Arrow1 图片角色

（4）将 Arrow1 和 Arrow2 的名称分别修改成“向左”和“向右”，如图 5.9 所示。

图 5.9　修改 Arrow1 和 Arrow2 的名称

（5）改变“向左”图片角色的方向。选中“向左”图片角色，单击“造型”标签，再单击 arrow1-b 造型，这样“向左”图片角色的方向就向左了，如图 5.10 所示。

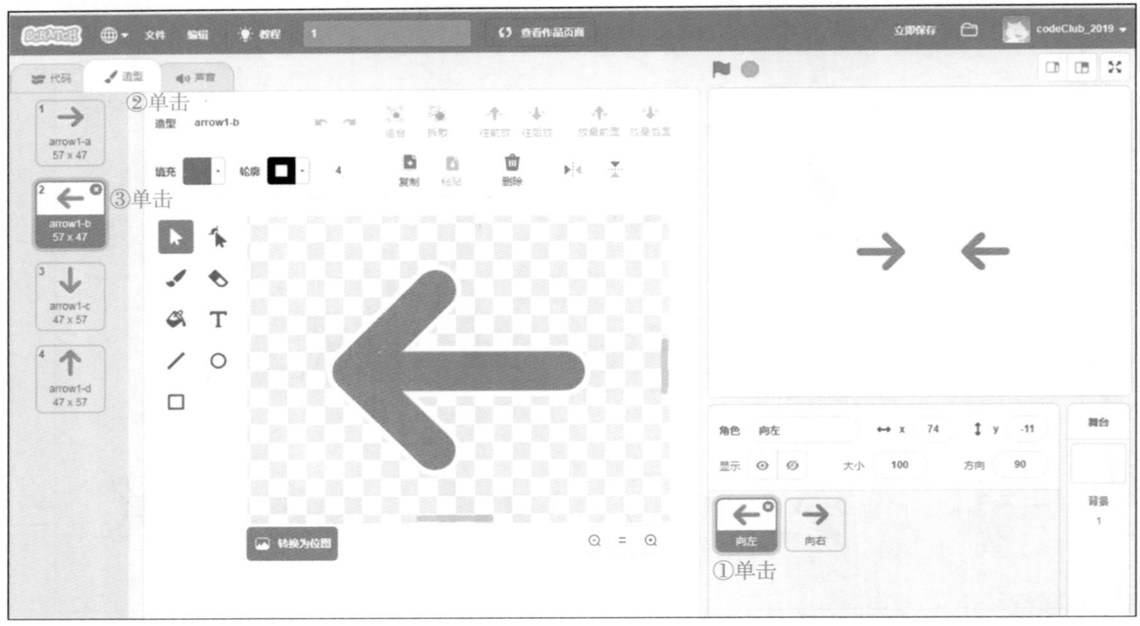

图 5.10　修改“向左”图片角色的造型

（6）使用鼠标分别拖曳“向左”角色和“向右”角色到舞台的适合位置，如图 5.11 所示。

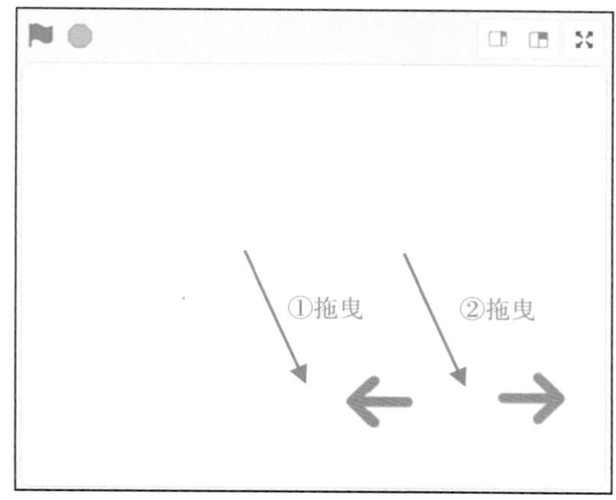

图 5.11　拖曳两个方向箭头

（7）使用相同的方法，再添加一个“开始”按钮，如图 5.12 所示。

（8）“开始”按钮看起来比较大，需要调整大小。将角色大小的数值由 100 修改成 70，如图 5.13 所示。

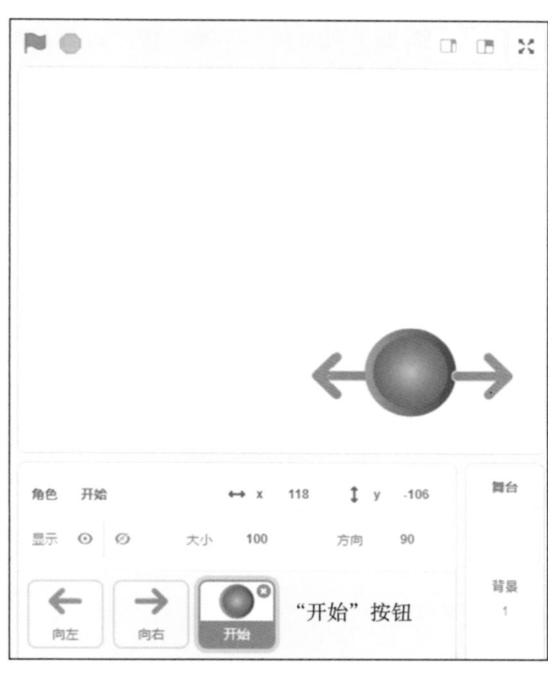

图 5.12　添加“开始”按钮

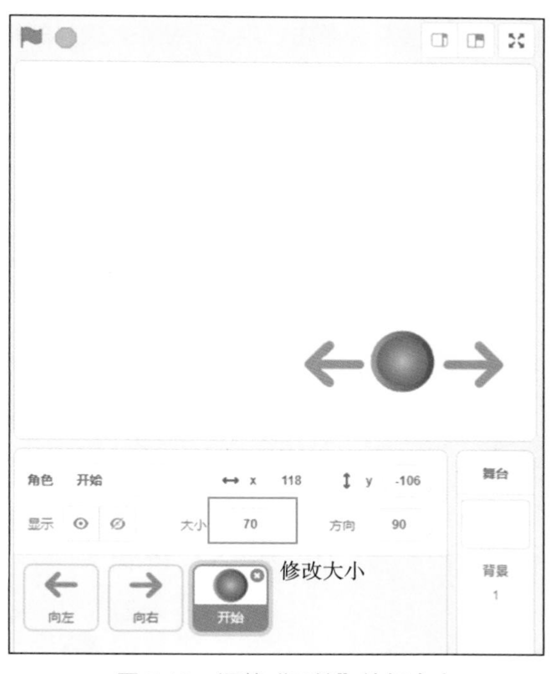

图 5.13　调整“开始”按钮大小

5.2.2　添加广播信息

【本小节源代码：资源包\C5\2.sb3】

添加完 3 个按钮之后，接下来为这 3 个按钮添加广播方块。具体操作步骤如下：

（1）为“向左”角色添加方块。选中“向左”角色，单击选项板中的“代码”标签，再单击“事件”方块组，用鼠标将方块拖曳到右侧的方块搭建区域，如图 5.14 所示。

（2）在“事件”方块组找到方块，并将其拖曳到方块搭建区域中方块的下方。拖动到合适位置时，方块间会自动进行连接，如图 5.15 所示。

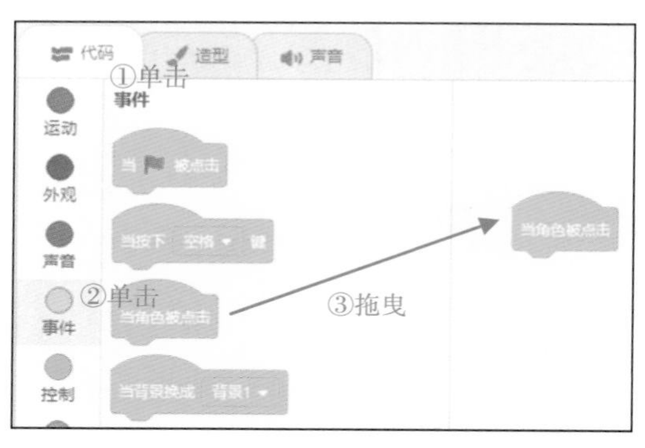

图 5.14　为“向左”角色添加事件方块

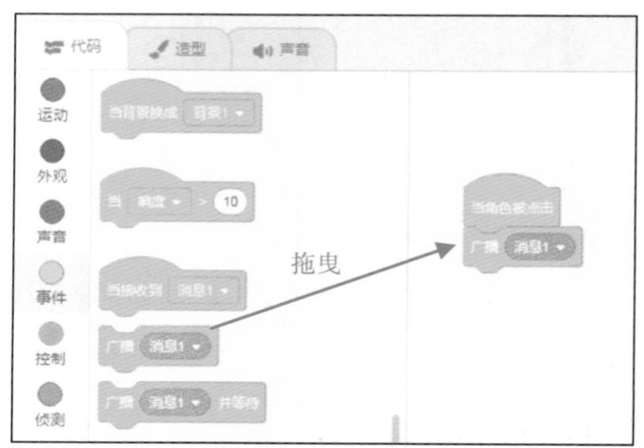

图 5.15　为“向左”角色添加广播方块

（3）单击“广播消息 1”右侧的图标，在弹出的选项中选择“新消息”，在弹出的对话框中输入“向左”，单击“确定”按钮。这样就给“向左”角色添加了“向左”广播信息，如图 5.16 所示。

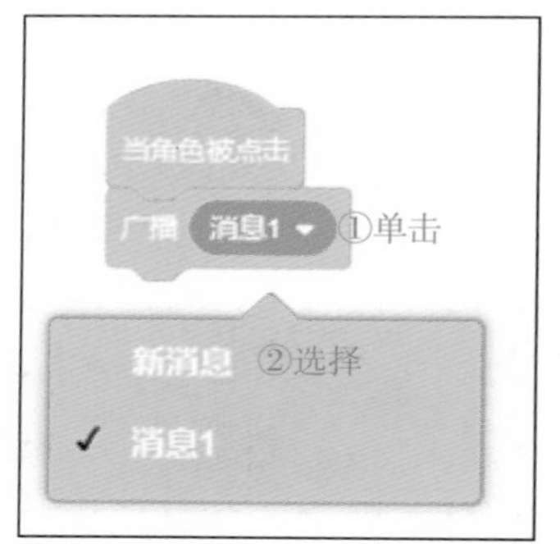

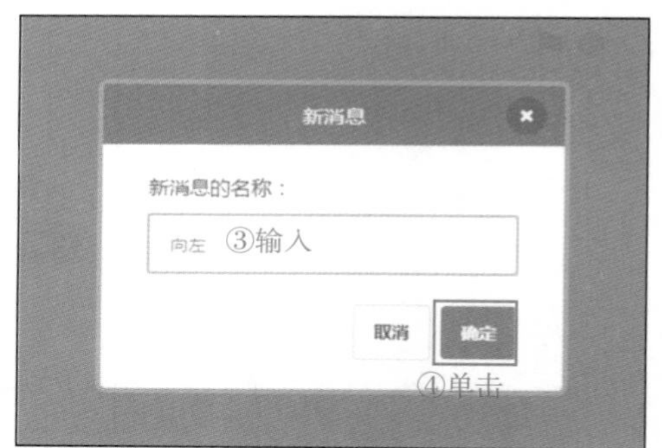

图 5.16　修改广播信息

（4）使用相同的方法，为“开始”图片角色和“向右”图片角色分别添加“开始”广播信息和“向右”广播信息，如图 5.17 所示。

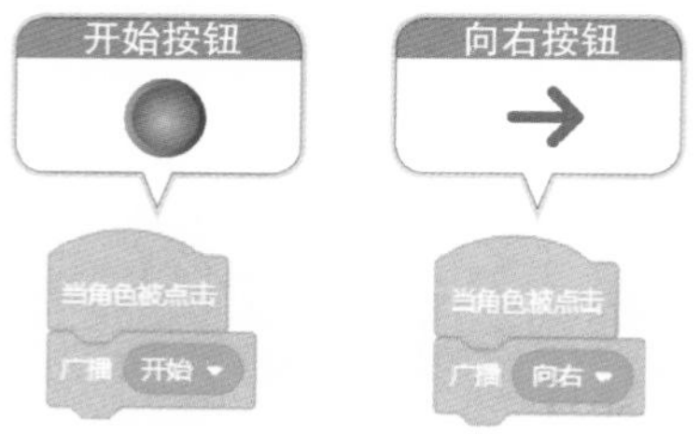

图 5.17　给“开始”和“向右”图片角色添加广播信息

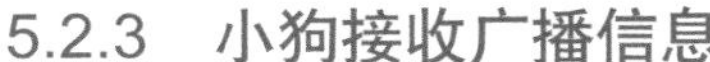

5.2.3　小狗接收广播信息

【本小节源代码：资源包\C5\3.sb3】

添加完 3 个按钮的广播信息后，接下来开始添加小狗角色。当小狗接收到不同的广播信息时，会做出不同的动作。具体操作步骤如下：

（1）单击舞台下方的“选择一个角色”图标，在弹出的窗口中选中小狗角色 Dog2，如图 5.18 所示。

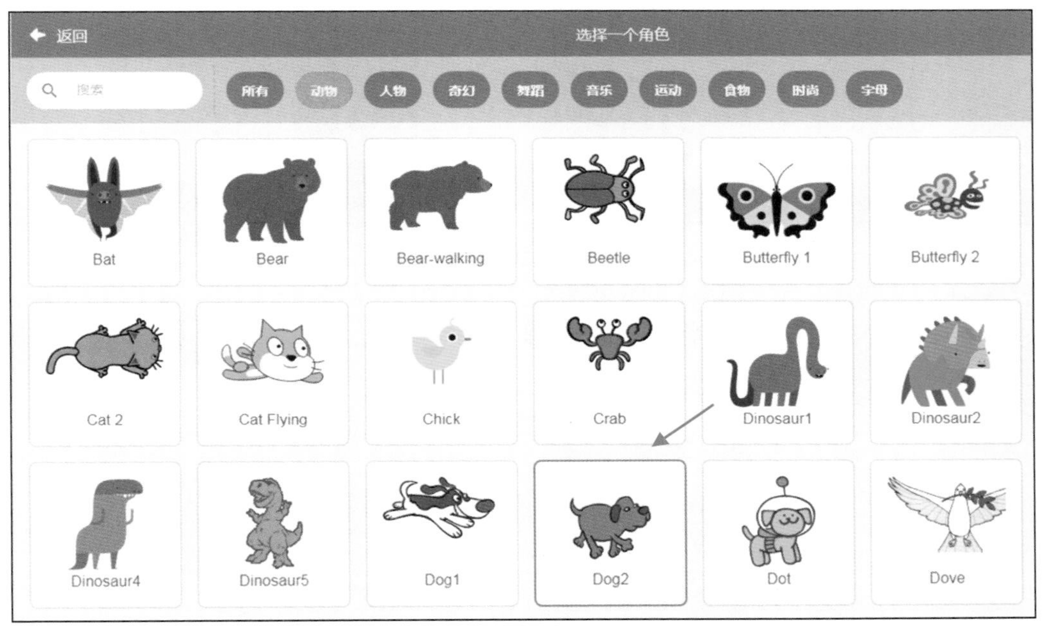

图 5.18　添加 Dog2 图片

（2）选中 Dog2 角色，为小狗搭建方块。单击“事件”方块组，找到当接收到 向左方块，将其拖曳到右侧的方块编辑区，如图 5.19 所示。

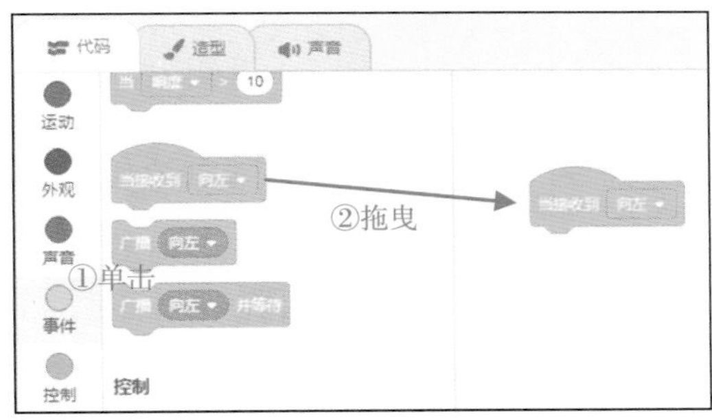

图 5.19　给小狗添加事件方块

（3）单击“运动”方块组，将 面向 90 方向 方块拖曳到右侧 当接收到 向左 方块的下方，将“面向 90 方向”修改为“面向-90 方向”，如图 5.20 所示。

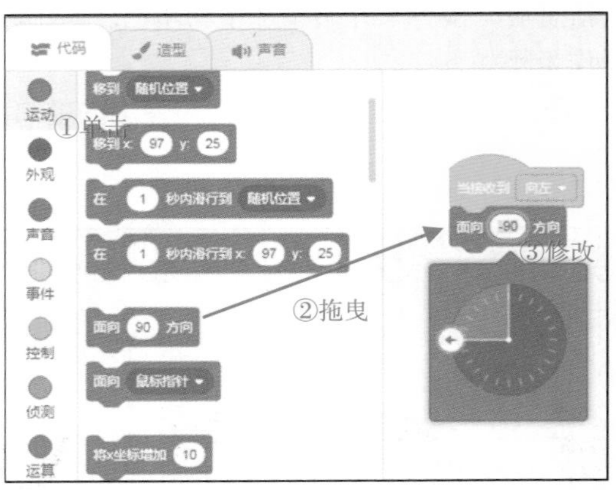

图 5.20　给小狗添加运动方块

（4）单击“外观”方块组，将 下一个造型 方块拖曳到右侧 面向 -90 方向 方块的下方，如图 5.21 所示。

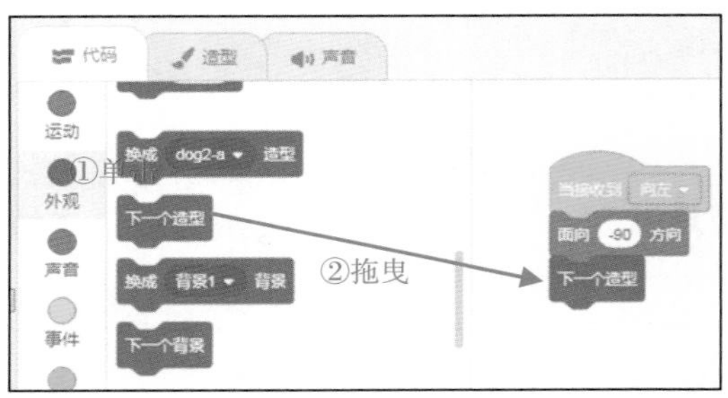

图 5.21　给小狗添加外观方块

（5）单击“运动”方块组，将 将旋转方式设为 左右翻转 方块拖曳到右侧 下一个造型 方块的下方，如图 5.22 所示。

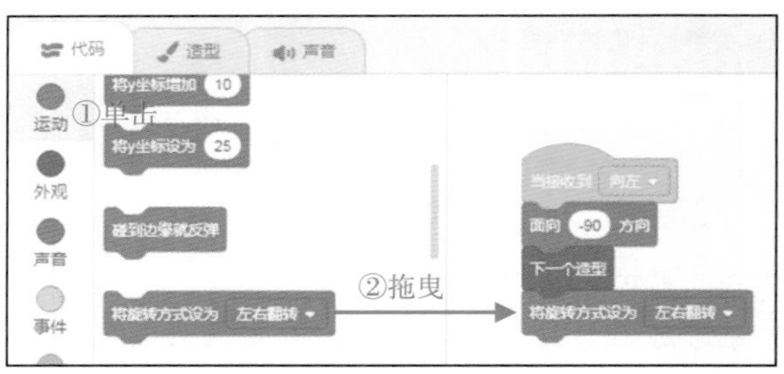

图 5.22　给小狗设置旋转方式

（6）单击“运动”方块组，将 移动 10 步 方块拖曳到右侧 将旋转方式设为 左右翻转 方块的下方，将 10 修改成 2，如图 5.23 所示。

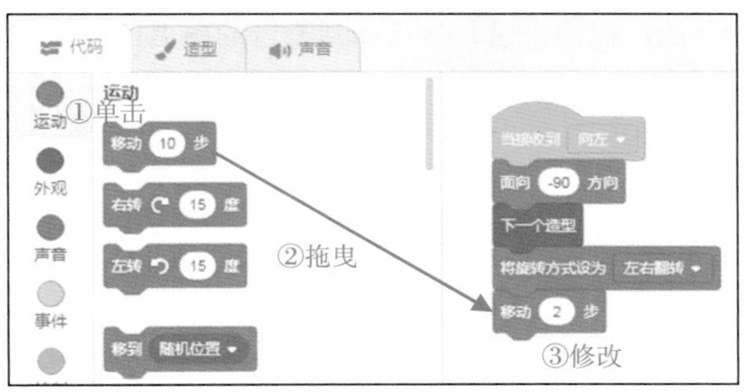

图 5.23　给小狗设置移动步数

（7）单击“运动”方块组，将 碰到边缘就反弹 方块拖曳到右侧 移动 2 步 方块的下方，至此，小狗接收“向左”广播信息的方块搭建完毕，如图 5.24 所示。

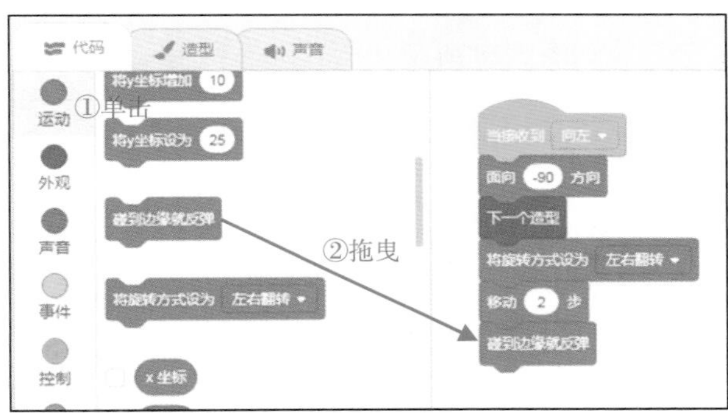

图 5.24　给小狗添加运动方块

（8）右击 当接收到 向左 方块，在弹出的快捷菜单中选择“复制”命令，这样就将 当接收到 向左 方块下的所有方块全部复制了，如图 5.25 所示。

（9）将“当接收到向左”修改为“当接收到向右”，将“面向-90 方向”修改为“面向 90 方向”，这样就可以将小狗接收到向右广播信息时的方块快速搭建完毕，如图 5.26 所示。

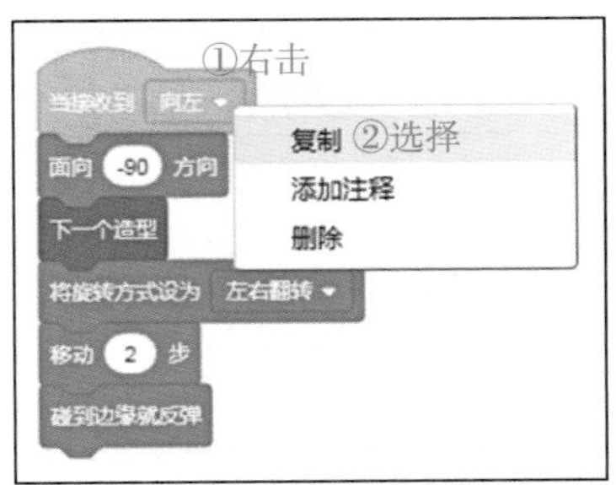

图 5.25　复制方块

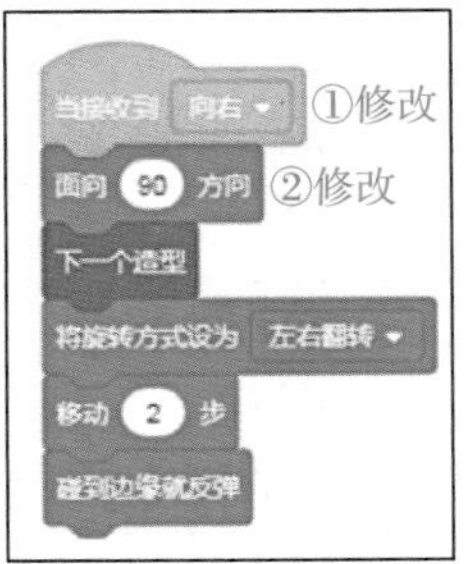

图 5.26　当小狗接收到向右广播信息时

5.2.4 指定小狗位置

【本小节源代码：资源包\C5\4.sb3】

当小狗接收到“开始”的广播信息后，将移动到舞台的中央位置。具体操作步骤如下：

（1）选中小狗角色，如图 5.27 所示。

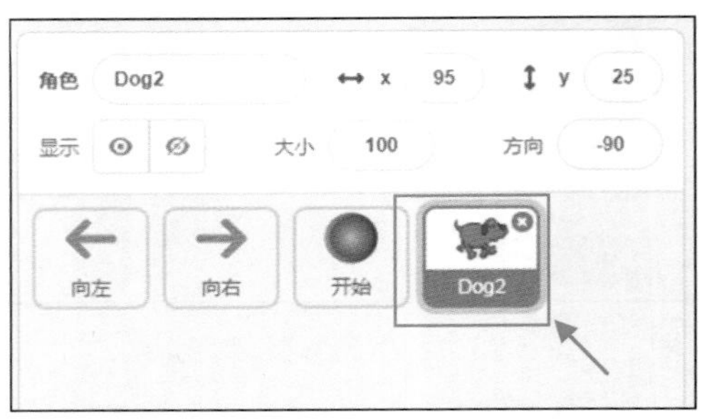

图 5.27 选中小狗角色

（2）单击“事件”方块组，将 当接收到 向右 方块拖曳到右侧的方块代码编辑区，将“当接收到向右”修改为“当接收到开始”，如图 5.28 所示。

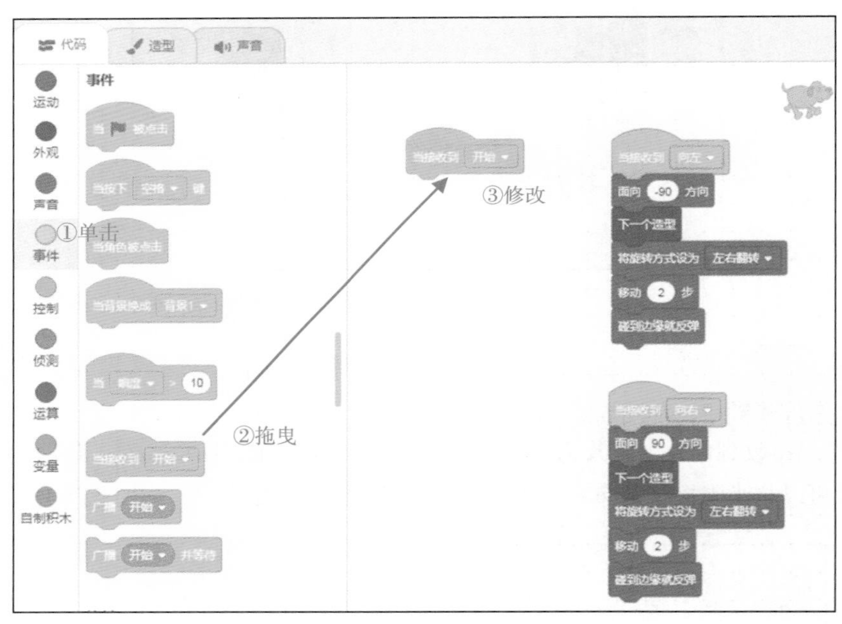

图 5.28 给小狗添加事件方块

（3）单击“运动”方块组，将 面向 90 方向 方块拖曳到右侧 当接收到 开始 方块的下方，如图 5.29 所示。

（4）单击“运动”方块组，将 将x坐标设为 0 方块和 将y坐标设为 0 方块分别拖放到右侧，如图 5.30 所示。

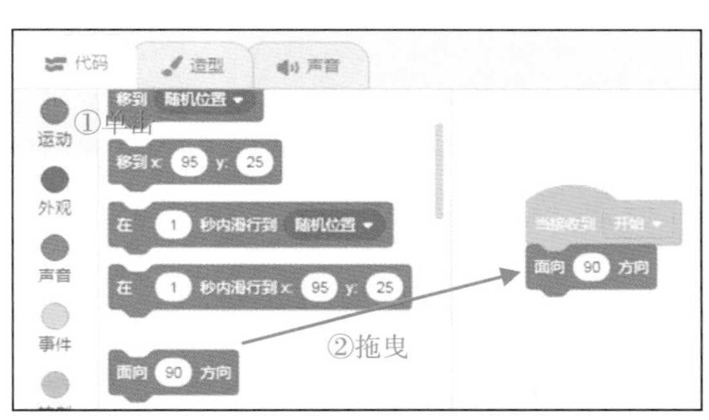

图 5.29　给小狗设置所面向的方向

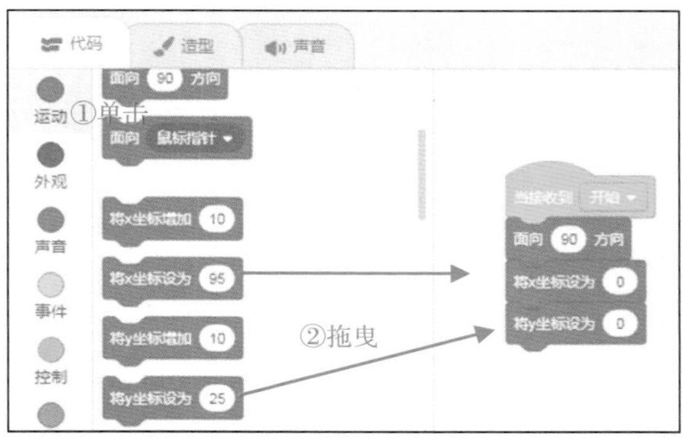

图 5.30　给小狗设置 x 和 y 坐标

5.2.5　添加舞台背景

【本小节源代码：资源包\C5\5.sb3】

最后，我们为舞台添加一张背景图片。具体操作步骤如下：

（1）单击舞台下方的“选择一个背景”图标，在弹出的界面中选择一张喜欢的图片作为背景，如图 5.31 所示。

添加舞台背景后的界面效果如图 5.32 所示。

（2）保存项目。选择 Scratch 软件上方菜单中的“文件”→“立即保存”命令即可，如图 5.33 所示。

图 5.31　添加舞台背景

图 5.32　舞台背景效果

图 5.33　保存项目

5.3　总结

通过本章的学习，相信同学们已经学会了如何使用 Scratch 中的广播模块。单击舞台中的按钮，发出相应的广播信息，小狗接收到信息后，做出相应的动作。

5.3.1 整理方块

下面将 3 个按钮和小狗的方块整理一下，如图 5.34 和图 5.35 所示。

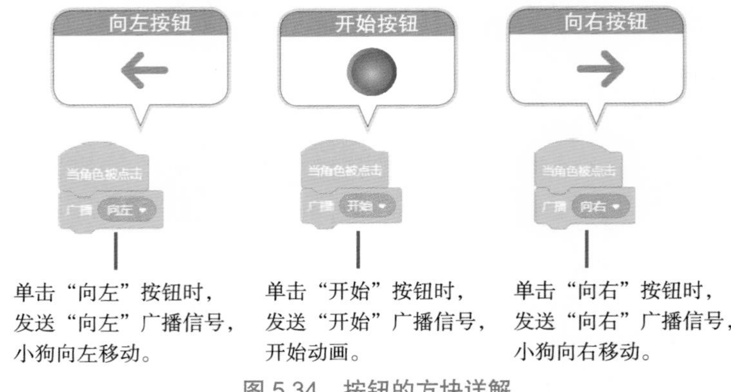

图 5.34 按钮的方块详解

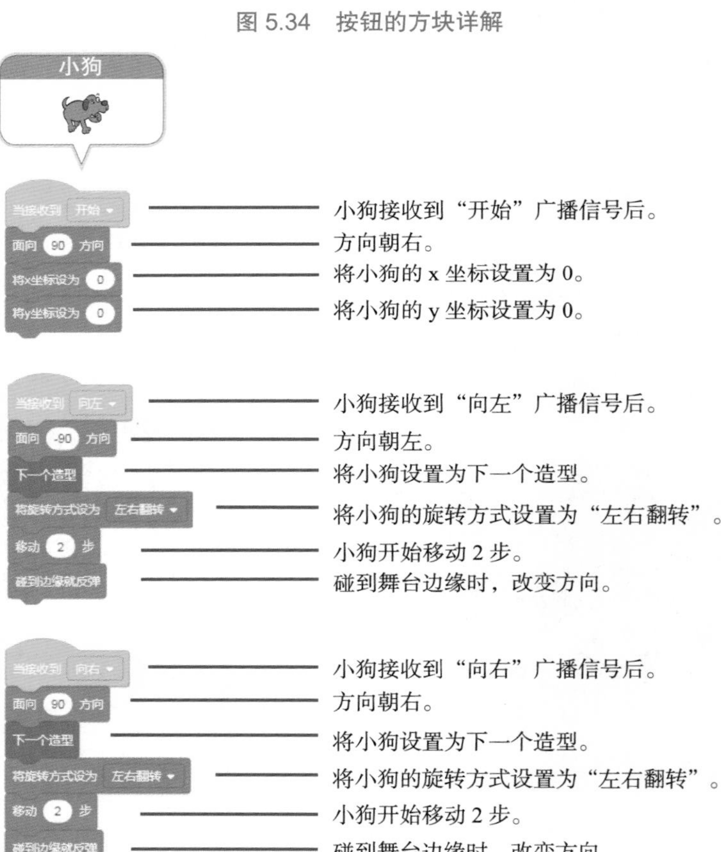

图 5.35 小狗的方块详解

5.3.2 学方块，想一想

同学们，看一看图 5.36 中的方块是否熟悉，想一想它们都有什么作用？

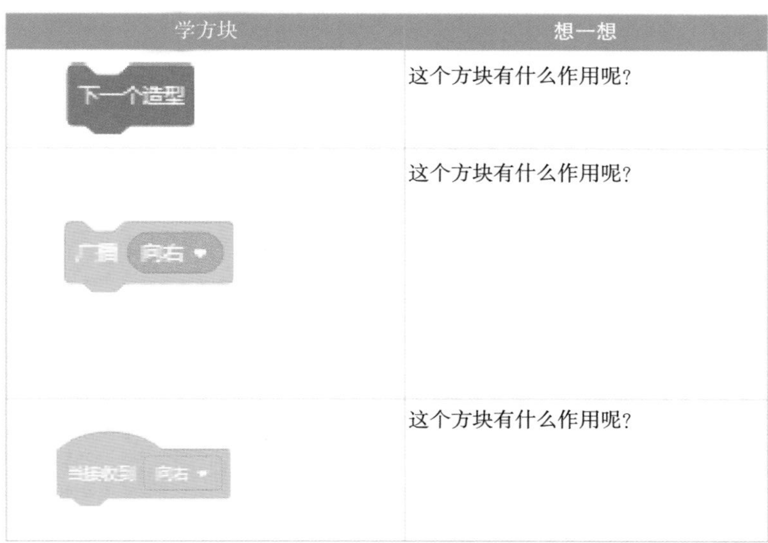

学方块	想一想
下一个造型	这个方块有什么作用呢？
广播 向右	这个方块有什么作用呢？
当接收到 向右	这个方块有什么作用呢？

图 5.36　学方块，想一想

5.4　挑战一下

【本小节源代码：资源包\C5\挑战.sb3】

接下来，请同学们挑战下面的例子——忙碌的甲壳虫，如图 5.37 所示。具体要求如下：

- 单击“↓”按钮时，甲壳虫向下移动。
- 单击“↑”按钮时，甲壳虫向上移动。
- 单击“✓”按钮时，甲壳虫移动到舞台指定位置。

图 5.37　“挑战一下”示例的界面

第 6 章　声音模块：跳街舞

本章将学习使用 Scratch 当中的声音模块。当舞蹈老师听到 Pop 声音的时候，将做出一系列舞蹈姿势；当舞蹈老师听到 Ya 声音的时候，将向上跳动。下面就一起动手试试吧！

本章学习目标：

- ❑ 学习让舞蹈老师根据声音做出舞蹈姿势。
- ❑ 学习让舞蹈老师根据声音跳起来。

6.1　案例介绍

Scratch 中的声音模块可以让舞台中的角色发出各种各样的声音，比如动物的声音、打击乐器的声音和古怪好玩的声音等。本章我们将重点介绍如何使用 Scratch 中的声音模块。

6.1.1　界面预览

图 6.1 所示是舞蹈老师角色在舞台中跳舞的界面效果。舞蹈老师可以根据不同的音乐节奏改变不同的舞蹈动作。

图 6.1　舞蹈老师跳舞界面效果

6.1.2　方块说明

图 6.2 所示是舞蹈老师角色的关键方块代码解读，6.3.1 节将给出对方块代码的详细解读。

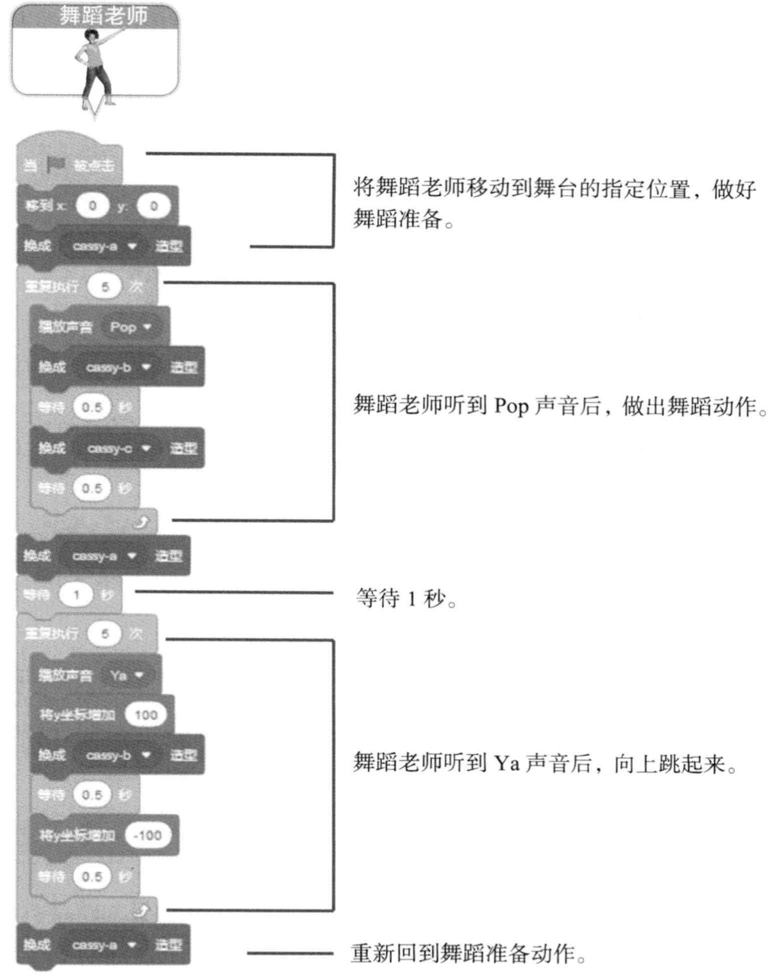

图 6.2　舞蹈老师的方块解读

6.2　动手试一试

下面开始使用 Scratch 软件实现“学跳舞”的界面效果，逐步讲解具体的编程步骤。我们将从准备舞台姿势、舞动起来、跳起来、添加声音和添加舞台背景 5 个方面进行讲解。

6.2.1　准备舞蹈姿势

【本小节源代码：资源包\C6\1.sb3】

首先让舞蹈老师做好舞蹈的准备姿势。具体操作步骤如下：

（1）打开 Scratch 软件，将舞台下方的小猫角色删除，如图 6.3 所示。

图 6.3　删除默认的小猫角色

（2）单击舞台下方的“选择一个角色”图标，在弹出的角色库中，单击上方菜单中的“人物”标签，然后选中 Cassy Dance 图片，最后单击“确定”按钮，如图 6.4 所示。

图 6.4　添加 Cassy Dance 图片

（3）单击选项板中的“造型”标签，可以发现 Cassy Dance 有 4 个造型，如图 6.5 所示。

图 6.5　Cassy Dance 的 4 个造型

（4）为 Cassy Dance 角色添加方块。单击“事件”方块组，用鼠标将方块拖曳到右侧的方块搭建区域，如图 6.6 所示。

（5）单击“运动”方块组，用鼠标将方块拖曳到右侧方块的下方，如图 6.7 所示。

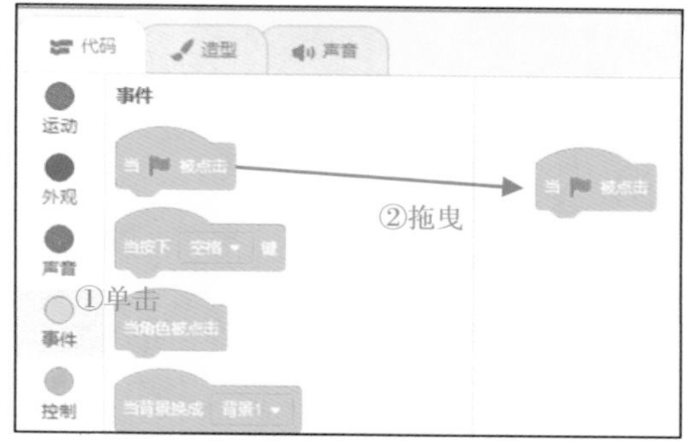

图 6.6　为 Cassy Dance 角色添加事件方块

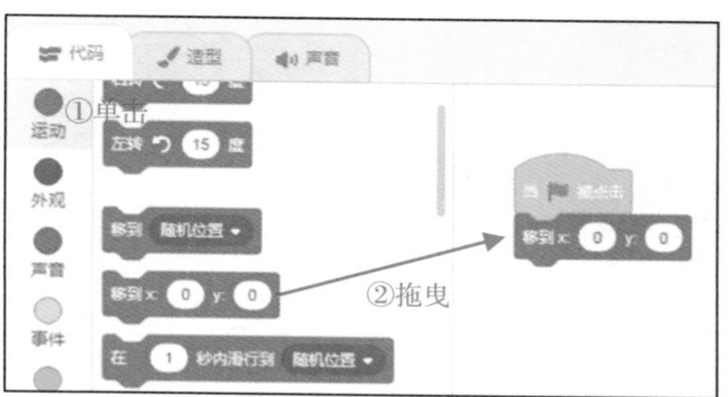

图 6.7　为 Cassy Dance 角色添加运动方块

（6）单击“外观”方块组，用鼠标将方块拖曳到右侧方块的下方，如图 6.8 所示。

6.2.2　舞动起来

【本小节源代码：资源包\C6\2.sb3】

完成街舞的准备姿势之后，接下来让舞蹈老师舞动起来。具体操作步骤如下：

（1）单击“控制”方块组，用鼠标将方块拖曳到右侧方块的下方，同时将 10 修改为 5，如图 6.9 所示。

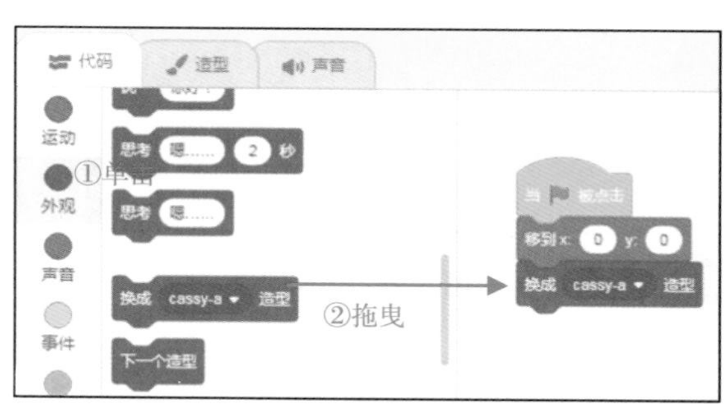

图 6.8　为 Cassy Dance 角色添加外观方块

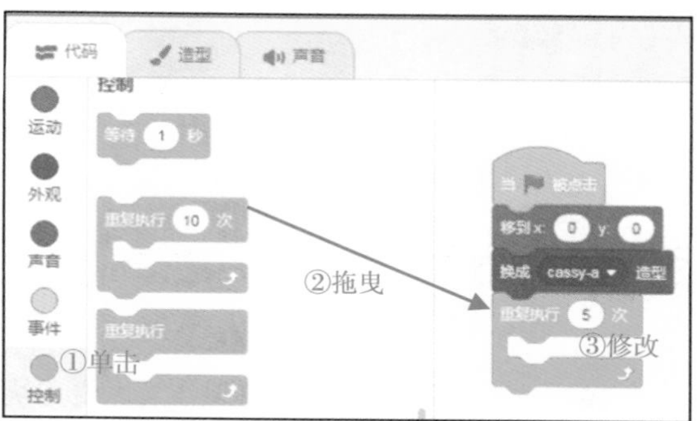

图 6.9　为 Cassy Dance 角色添加控制方块

（2）单击“外观”方块组，用鼠标将方块拖曳到右侧方块的内部，同时将 cassy-a 修改为 cassy-b，如图 6.10 所示。

（3）单击“控制”方块组，用鼠标将方块 等待 1 秒 拖曳到右侧 换成 cassy-b 造型 方块的下方，同时将“等待 1 秒”修改为“等待 0.5 秒”，如图 6.11 所示。

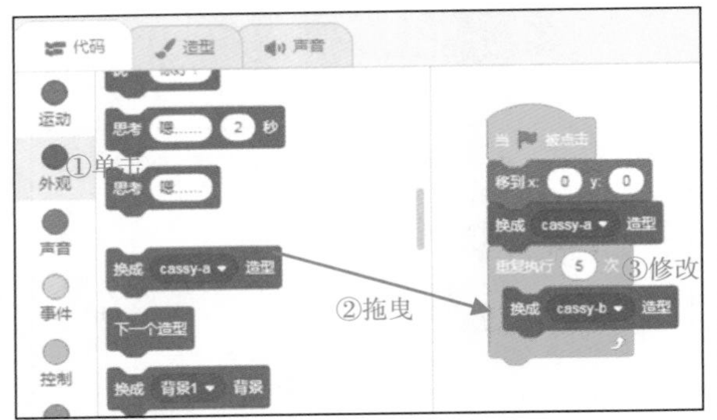

图 6.10　为 Cassy Dance 角色添加外观方块

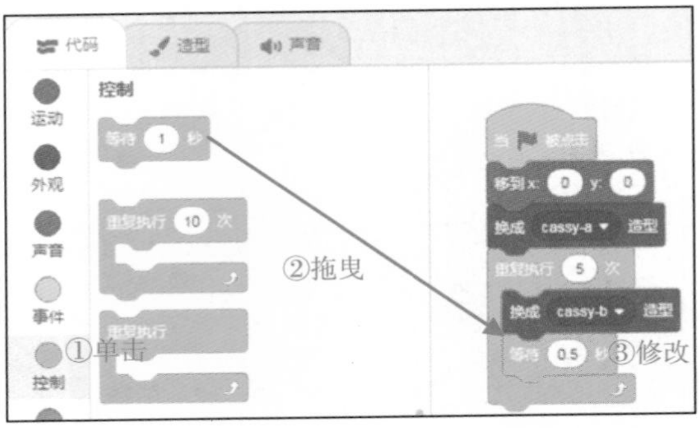

图 6.11　为 Cassy Dance 角色添加控制方块

（4）单击“外观”方块组，用鼠标将方块 换成 cassy-a 造型 拖曳到右侧 等待 0.5 秒 方块的下方，同时将 cassy-a 修改为 cassy-c，如图 6.12 所示。

（5）单击“控制”方块组，用鼠标将方块 等待 1 秒 拖曳到右侧 换成 cassy-c 造型 方块的下方，同时将“等待 1 秒”修改为“等待 0.5 秒”，如图 6.13 所示。

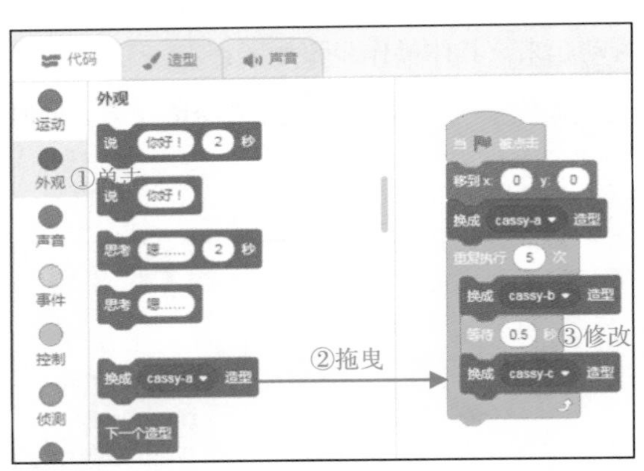

图 6.12　为 Cassy Dance 角色添加外观方块

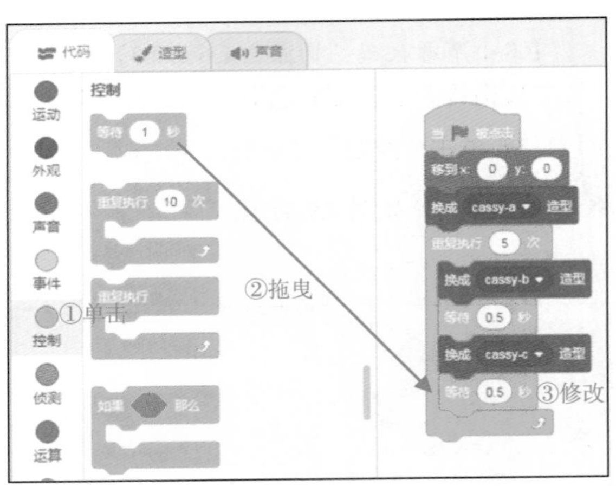

图 6.13　为 Cassy Dance 角色添加控制方块

（6）单击“外观”方块组，用鼠标将方块 换成 cassy-a 造型 拖曳到右侧 方块的下方，如图 6.14 所示。

（7）单击“控制”方块组，用鼠标将方块 等待 1 秒 拖曳到右侧 换成 cassy-a 造型 方块的下方，如图 6.15 所示。

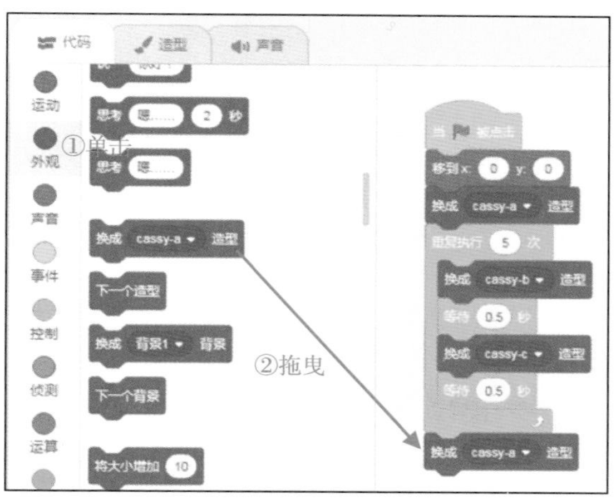

图 6.14　为 Cassy Dance 角色添加外观方块

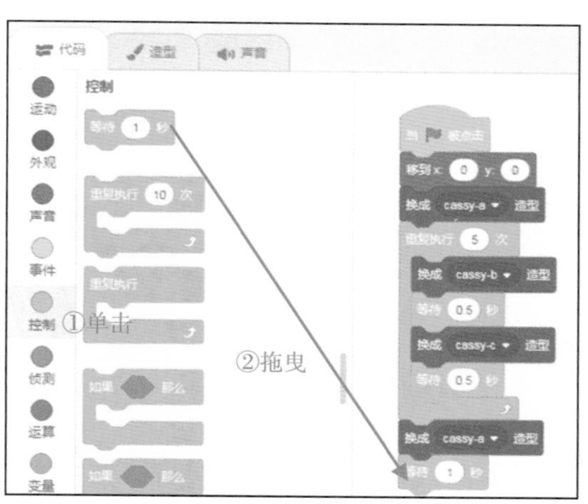

图 6.15　为 Cassy Dance 角色添加控制方块 1

6.2.3　跳起来

【本小节源代码：资源包\C6\3.sb3】

完成基本动作后，再来完成高难度的动作——跳起来。这里主要应用了角色的 y 坐标。具体操作步骤如下：

（1）单击“控制”方块组，用鼠标将方块 重复执行 10 次 拖曳到右侧 等待 1 秒 方块的下方，将 10 修改为 5，如图 6.16 所示。

（2）单击“运动”方块组，用鼠标将方块 将y坐标增加 10 拖曳到右侧 重复执行 5 次 方块的内部，将 10 修改为 100，如图 6.17 所示。

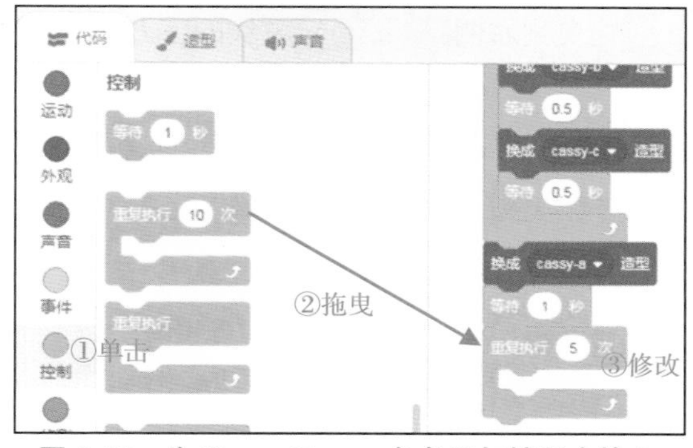

图 6.16　为 Cassy Dance 角色添加控制方块 2

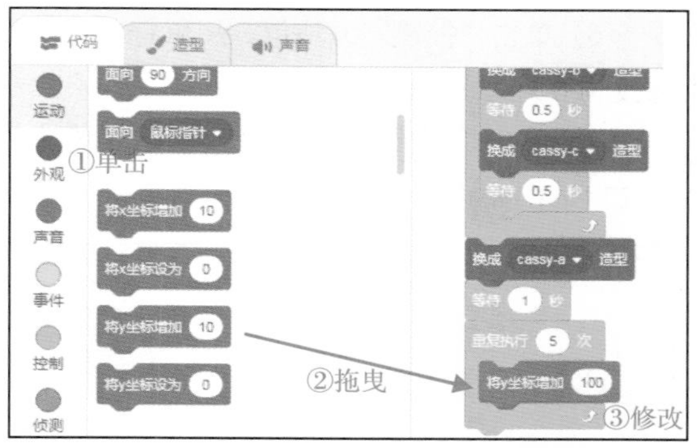

图 6.17　为 Cassy Dance 角色添加运动方块

（3）单击“外观”方块组，用鼠标将方块 换成 cassy-a 造型 拖曳到右侧 将y坐标增加 100 方块的下方，同时将 cassy-a 修改为 cassy-b，如图 6.18 所示。

（4）单击“控制”方块组，用鼠标将方块 等待 1 秒 拖曳到右侧 换成 cassy-b 造型 方块的下方，同时将 1 修改为 0.5，如图 6.19 所示。

（5）单击“运动”方块组，用鼠标将方块 将y坐标增加 10 拖曳到右侧 等待 0.5 秒 方块的下方，同时将 10 修改为−100，如图 6.20 所示。

图 6.18　为 Cassy Dance 角色添加外观方块

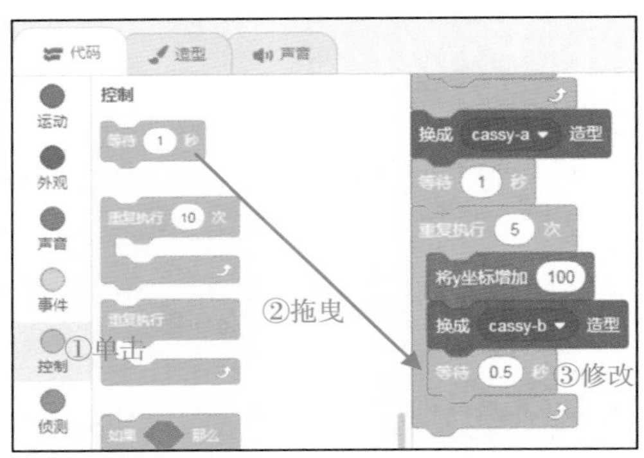

图 6.19　为 Cassy Dance 角色添加控制方块

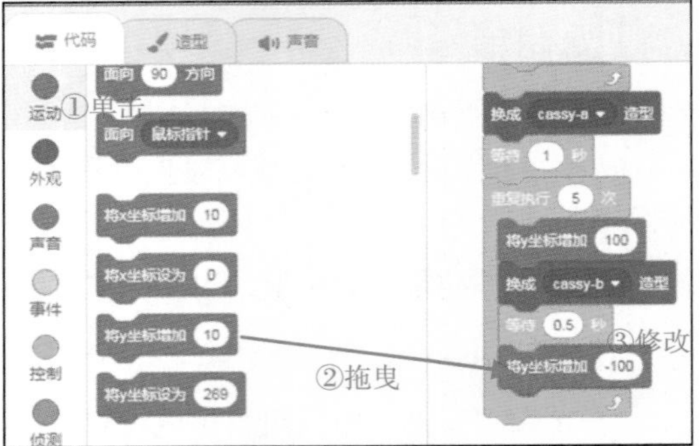

图 6.20　为 Cassy Dance 角色添加运动方块

（6）单击“控制”方块组，用鼠标将方块 等待 1 秒 拖曳到右侧 将y坐标增加 -100 方块的下方，同时将 1 修改为 0.5，如图 6.21 所示。

（7）单击“外观”方块组，用鼠标将方块 换成 cassy-a 造型 拖曳到右侧所有方块的最下方，如图 6.22 所示。

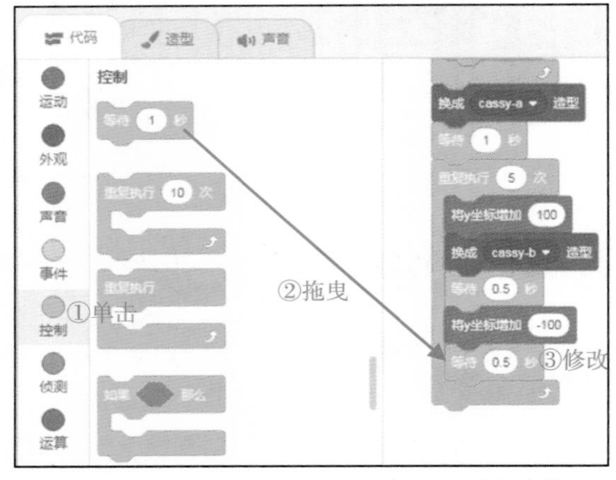

图 6.21　为 Cassy Dance 角色添加控制方块

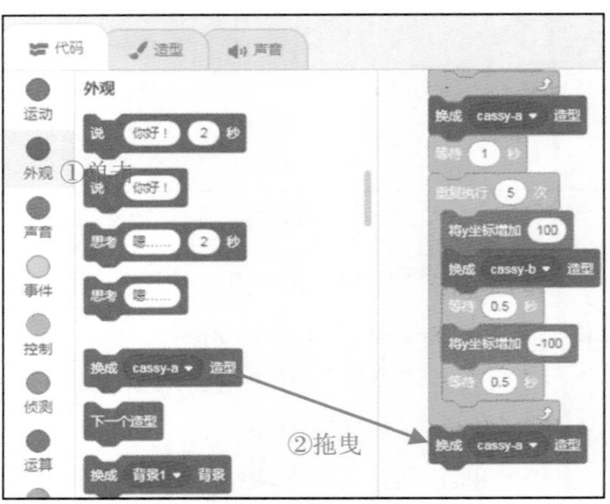

图 6.22　为 Cassy Dance 角色添加外观方块

6.2.4　添加声音

【本小节源代码：资源包\C6\4.sb3】

舞蹈一定少不了音乐，接下来我们学习添加声音的方法。具体操作步骤如下：

（1）单击选项板中的“声音”标签，可以发现有一个 dance around 声音，如图 6.23 所示。可直接在声音名称处将声音修改为 Pop。

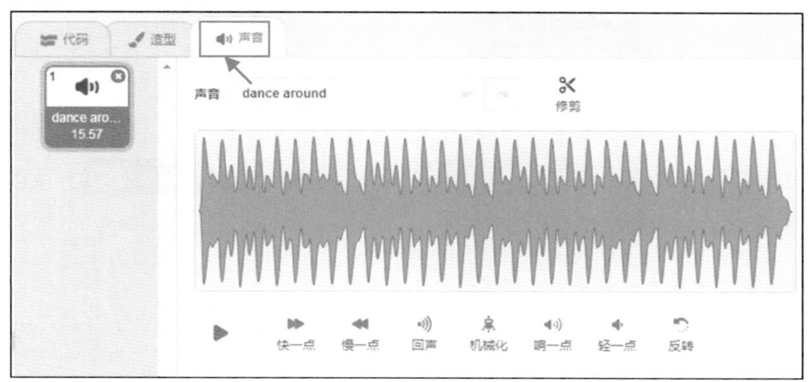

图 6.23　选项板中的声音

（2）再添加一个 Ya 声音。单击“选择一个声音”图标，在弹出的声音库窗口中选择 Ya 声音，如图 6.24 所示。

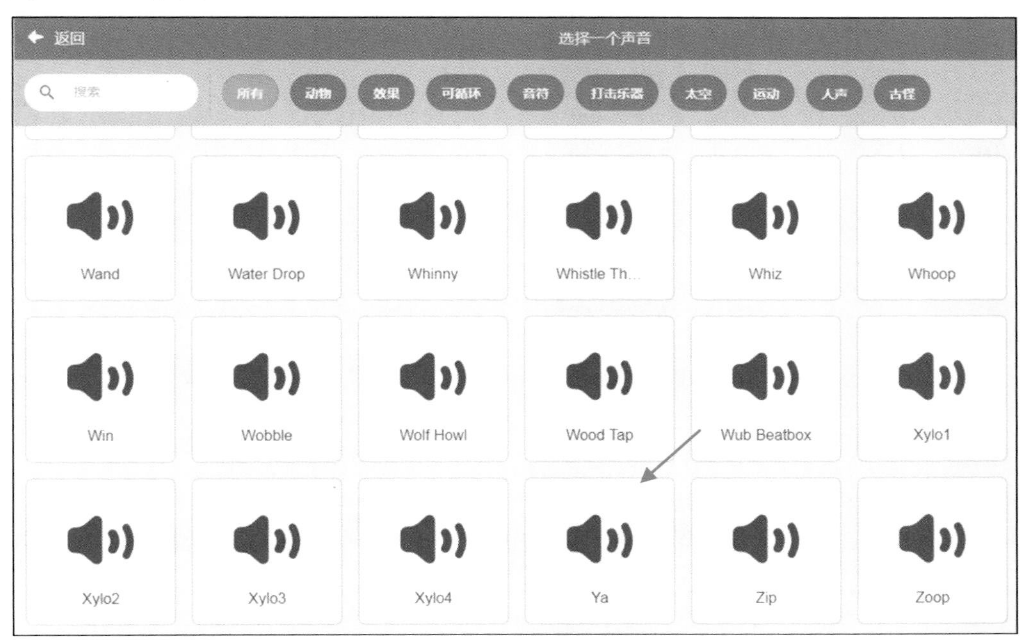

图 6.24　添加 Ya 声音

（3）单击“声音”方块组，将“播放声音 dance around”方块拖曳到右侧“换成 cassy-b 造型”方块的上方，如图 6.25 所示，并将声音 dance around 修改为 Pop。

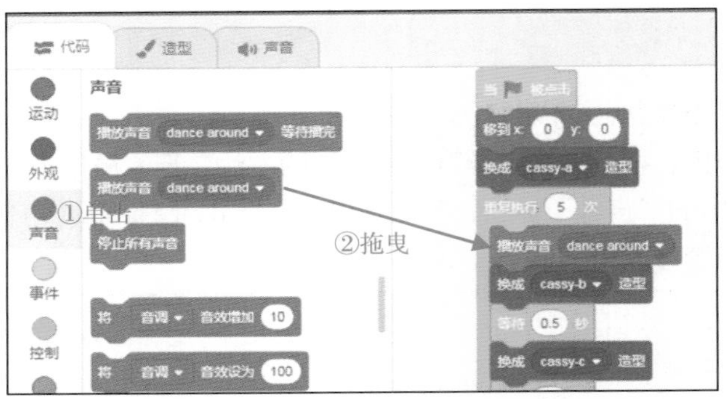

图 6.25　为 Cassy Dance 角色添加声音方块

(4) 单击“声音”方块组，将 播放声音 dance around 方块拖曳到右侧 将y坐标增加 100 方块的上方，将声音 dance around 修改为 Ya，如图 6.26 所示。

6.2.5　添加舞台背景

【本小节源代码：资源包\C6\5.sb3】

最后，我们为舞台添加一张背景图片。具体操作步骤如下：

(1) 单击舞台下方的“选择一个背景”图标，在弹出的界面中选择一张喜欢的图片，如图 6.27 所示。

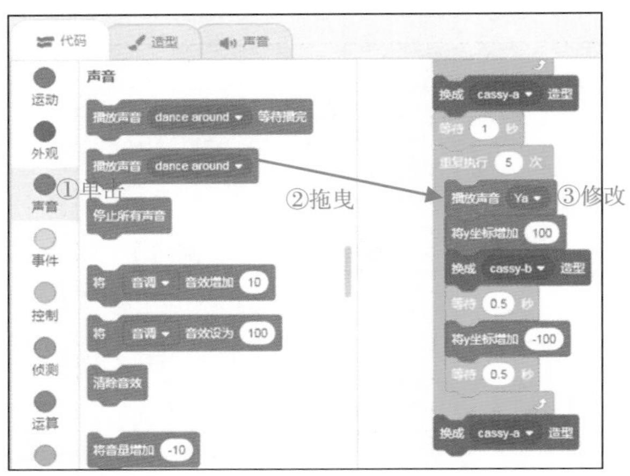

图 6.26　为 Cassy Dance 角色添加 Ya 声音方块

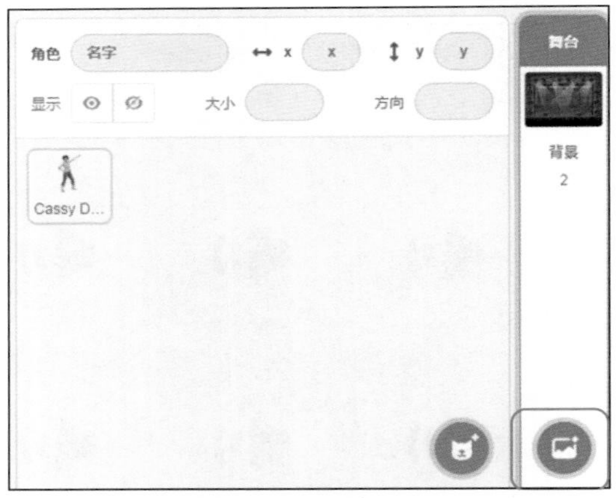

图 6.27　添加舞台背景

添加舞台背景后的界面效果如图 6.28 所示。

(2) 保存项目。选择 Scratch 软件上方菜单中的“文件”→“立即保存”命令即可，如图 6.29 所示。

6.3　总结

通过本章的学习，相信同学们已经学会了如何使用 Scratch 中的声音模块。可以让舞蹈老师根据声音做出相应的舞蹈动作；也可以让舞蹈老师根据不同的音效在舞台中移动，比如跳起来。

图 6.28　舞台背景效果

图 6.29　保存项目

6.3.1　整理方块

下面将舞蹈老师角色的方块整理一下，如图 6.30 所示。

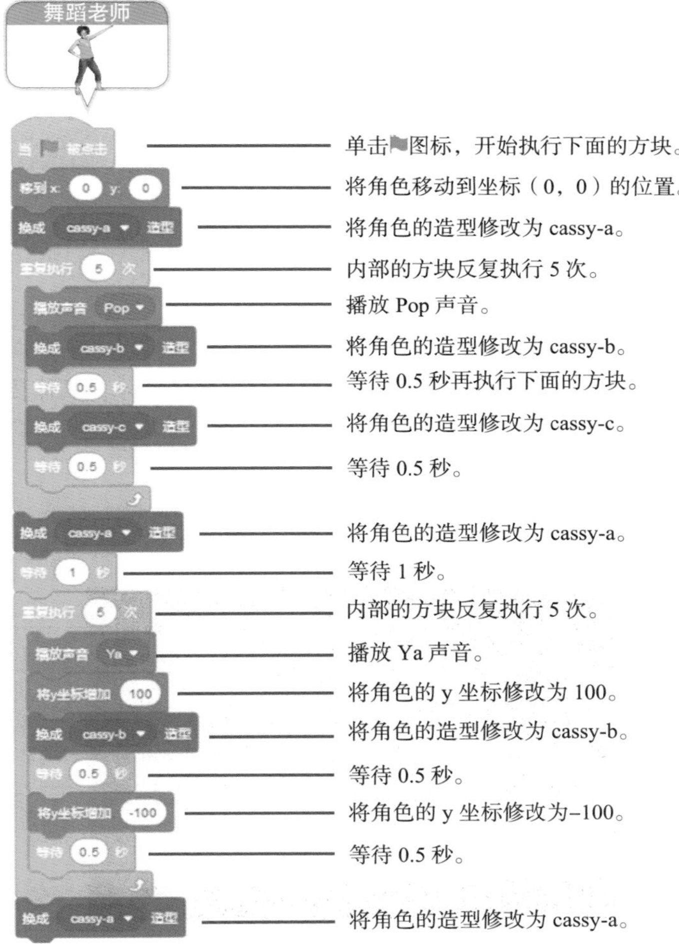

图 6.30　舞蹈老师角色的方块解读

6.3.2 学方块，想一想

同学们，看一看图 6.31 中的方块是否熟悉，想一想它们都有什么作用？

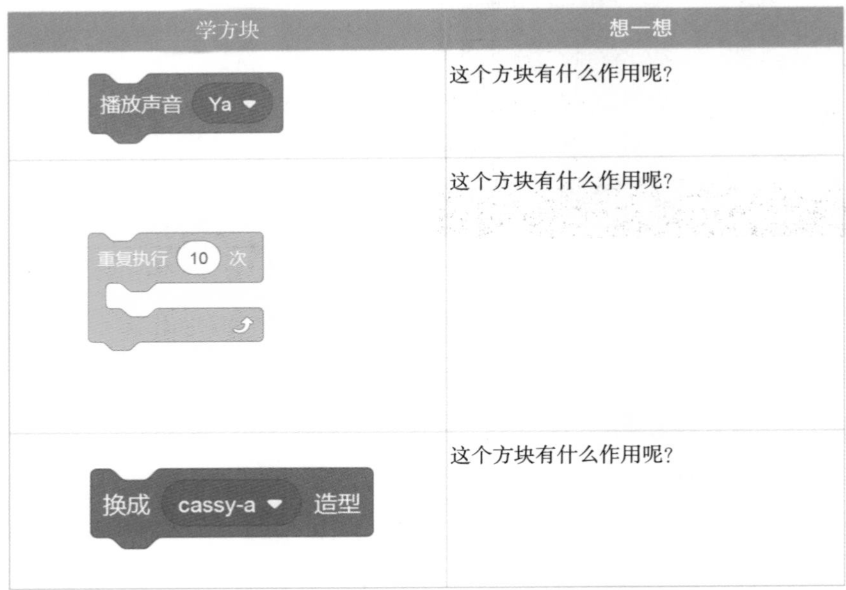

学方块	想一想
播放声音 Ya ▾	这个方块有什么作用呢?
重复执行 10 次	这个方块有什么作用呢?
换成 cassy-a ▾ 造型	这个方块有什么作用呢?

图 6.31　学方块，想一想

6.4 挑战一下

【本小节源代码：资源包\C6\挑战.sb3】

接下来，请同学们挑战下面的例子——跳芭蕾舞，如图 6.32 所示。具体要求如下：

- ❑ 舞蹈演员准备舞蹈姿势。
- ❑ 重复 5 次舞蹈动作。
- ❑ 等待 1 秒。
- ❑ 重复 5 次跳起动作。

图 6.32　“挑战一下”示例的界面

第 7 章　调音模块：森林小马

本章将学习 Scratch 中调音模块的用法。当单击森林中的小马时，小马发出欢喜的叫声，并且开始向前奔跑。随着不断奔跑，小马的叫声不断增大，看起来相当高兴。下面就一起动手试试吧！

本章学习目标：

- ❑ 学习如何实现单击森林小马，让小马跳跃奔跑。
- ❑ 学习如何调节森林小马的叫声大小。

7.1　案例介绍

Scratch 中的调音模块 将音量增加 -10 是在声音模块的基础上，提供调节音量大小的功能。一般制作动画的片头和片尾时，会经常使用调音模块。本章我们将重点介绍如何灵活地使用 Scratch 中的调音模块。

7.1.1　界面预览

图 7.1 是森林小马根据音乐音量的大小，在舞台中不断前进的界面效果。单击森林小马，它就可以沿着舞台对角线的方向不断前行。

图 7.1　舞台的界面效果

7.1.2　方块说明

图 7.2 所示是小马角色的关键方块代码解读，7.3.1 节中将给出方块代码的详细解读。

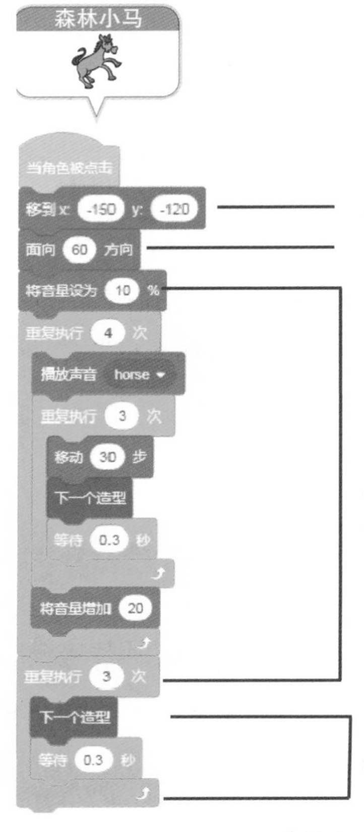

图 7.2　森林小马的方块解读

7.2　动手试一试

下面开始使用 Scratch 软件实现“森林小马”的界面效果，逐步讲解具体的编程步骤。我们将从小马登场、调节音量、马儿跑起来、慢慢停下来和添加舞台背景 5 个方面进行讲解。

7.2.1　小马登场

【本小节源代码：资源包\C7\1.sb3】

首先在舞台上添加一个森林小马的角色，然后将小马的脚变成红色。具体操作步骤如下：

（1）打开 Scratch 软件，删除舞台下方的小猫角色，如图 7.3 所示。

图 7.3　删除默认的小猫角色

（2）单击舞台下方的“选择一个角色”图标 ，在弹出的角色库中单击上方菜单中的“动物”标签，然后选中 Horse 图片，如图 7.4 所示。

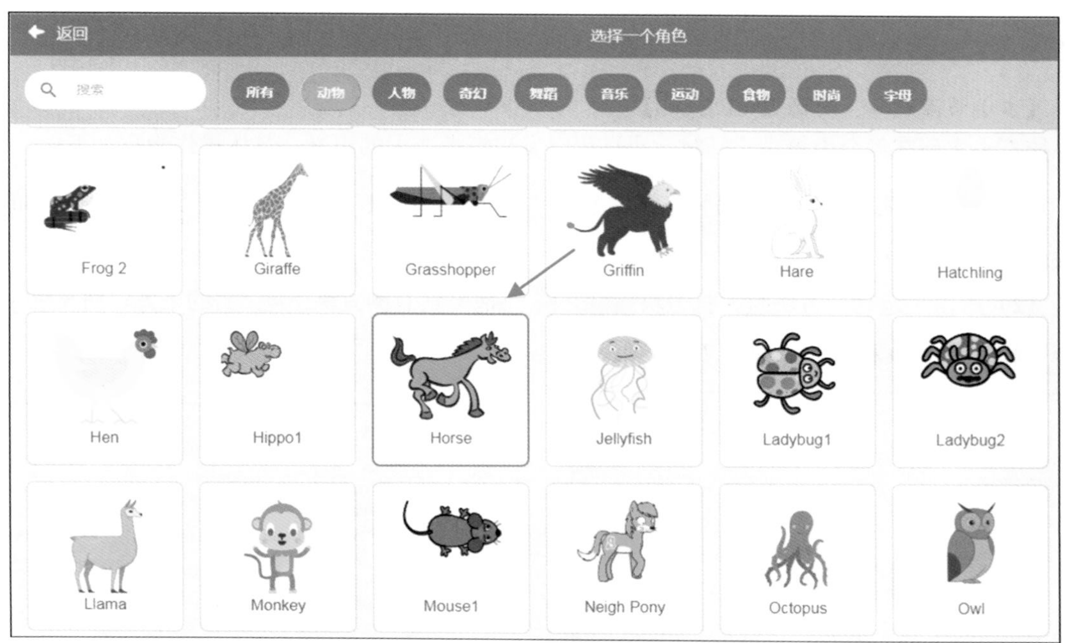

图 7.4　添加森林小马的操作步骤

（3）单击选项板中的“造型”标签，选中 house-a，选中左侧工具栏中的“填充”选项，在颜色库中选择红色，单击小马的脚，就变成红色了，如图 7.5 所示。

图 7.5　修改小马的脚的颜色

7.2.2 调节音量

【本小节源代码：资源包\C7\2.sb3】

接下来实现在舞台中单击小马时，小马可以发出渐渐变大的声音。具体操作步骤如下：

（1）单击选项板中的“代码”标签，单击“事件”方块组，将方块 当 被点击 拖曳到右侧的方块编辑区，如图 7.6 所示。

（2）单击“运动”方块组，将方块 移到 x: 69 y: 33 拖曳到右侧方块 当 被点击 的下方，将 x 和 y 的值分别修改为-150 和-120，如图 7.7 所示。

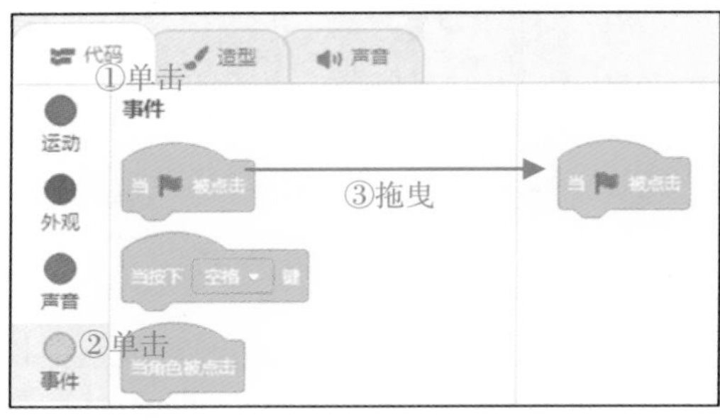

图 7.6 为角色添加事件方块

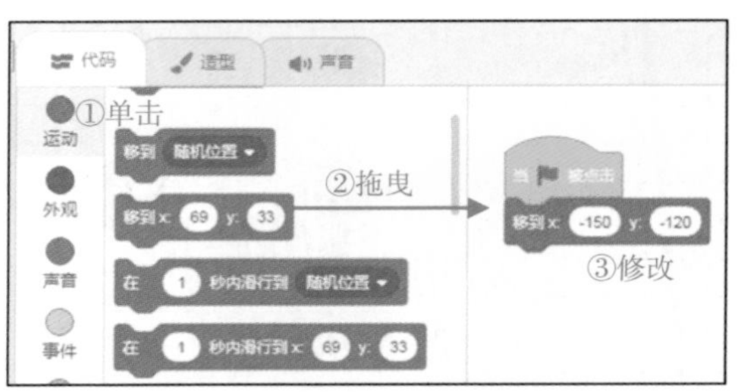

图 7.7 为角色添加运动方块 1

（3）单击“运动”方块组，将方块 面向 90 方向 拖曳到右侧方块 移到 x: -150 y: -120 的下方，将 90 修改为 60，如图 7.8 所示。

（4）单击“声音”方块组，将方块 将音量设为 100 % 拖曳到右侧方块 面向 60 方向 的下方，将 100 修改为 10，如图 7.9 所示。

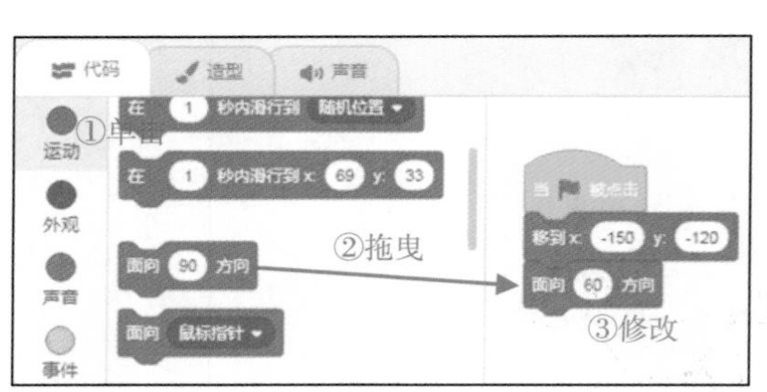

图 7.8 为角色添加运动方块 2

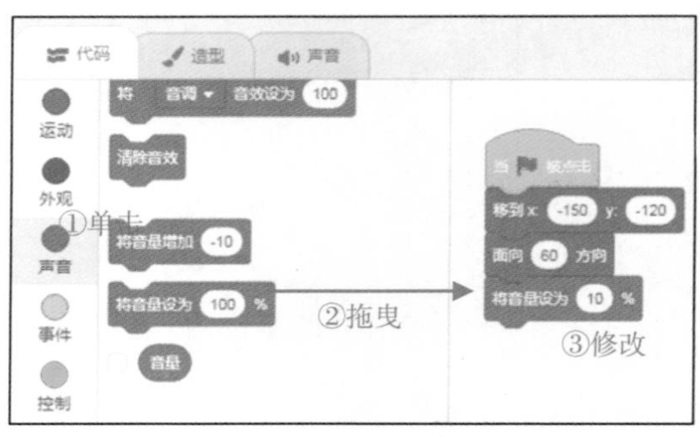

图 7.9 为角色添加声音方块

（5）单击“控制”方块组，将方块 重复执行 10 次 拖曳到右侧方块 将音量设为 10 % 的下方，将 10 修改为 4，如图 7.10 所示。

（6）单击“声音”方块组，将方块 播放声音 horse 拖曳到右侧方块 重复执行 4 次 的内部，如图 7.11 所示。

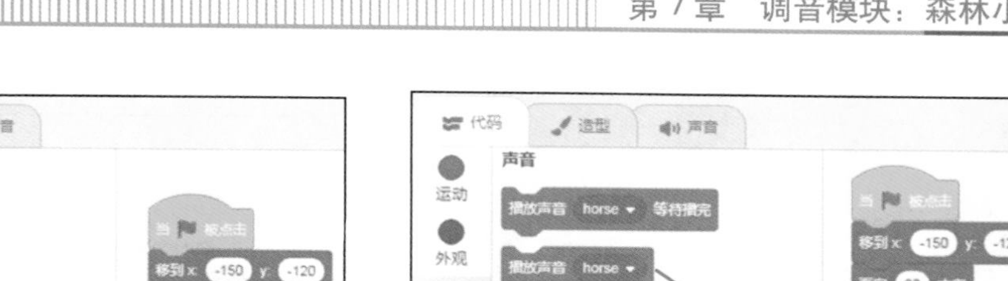

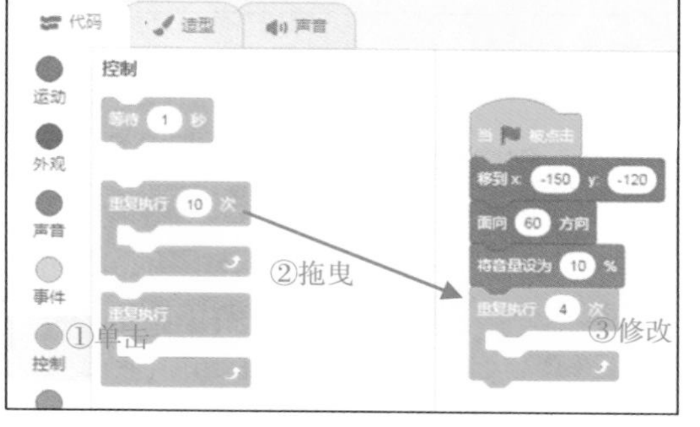

图 7.10　为角色添加控制方块

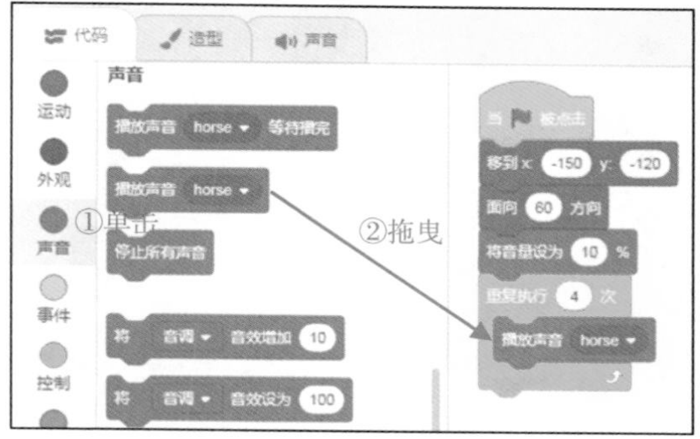

图 7.11　为角色添加声音方块

（7）单击“声音”方块组，将方块 将音量增加 -10 拖曳到右侧方块 播放声音 horse 的下面，将-10 修改为 20，如图 7.12 所示。

7.2.3　马儿跑起来

【本小节源代码：资源包\C7\3.sb3】

添加完小马的声音后，开始让小马跑起来吧。具体操作如下：

（1）单击“控制”方块组，用鼠标将方块 重复执行 10 次 拖曳到右侧 播放声音 horse 方块和 将音量增加 20 方块的中间，将 10 修改为 3，如图 7.13 所示。

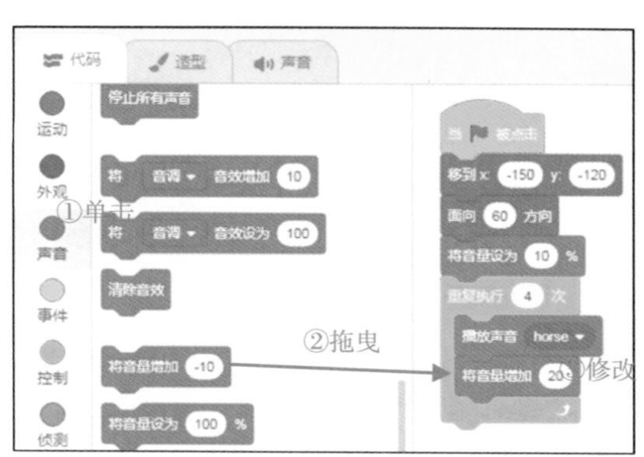

图 7.12　为角色添加调整音量方块

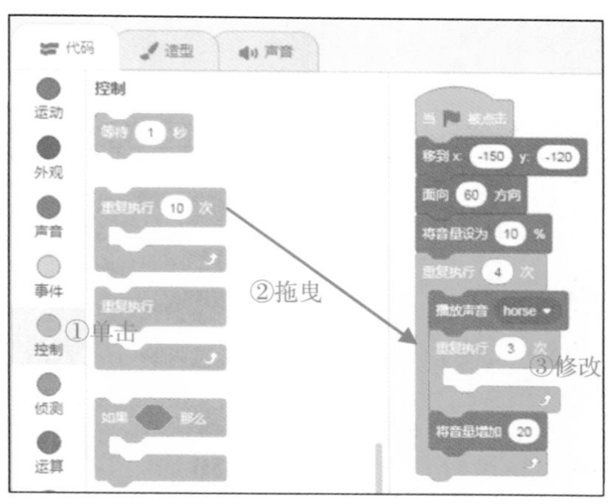

图 7.13　为角色添加控制方块

（2）单击“运动”方块组，用鼠标将方块 移动 10 步 拖曳到右侧 重复执行 3 次 方块的内部，将 10 修改为 30，如图 7.14 所示。

（3）单击“外观”方块组，用鼠标将方块 下一个造型 拖曳到右侧 移动 30 步 方块的下方，如图 7.15 所示。

（4）单击“控制”方块组，用鼠标将方块 等待 1 秒 拖曳到右侧 下一个造型 方块的下方，同时将 1 修改为 0.3，如图 7.16 所示。

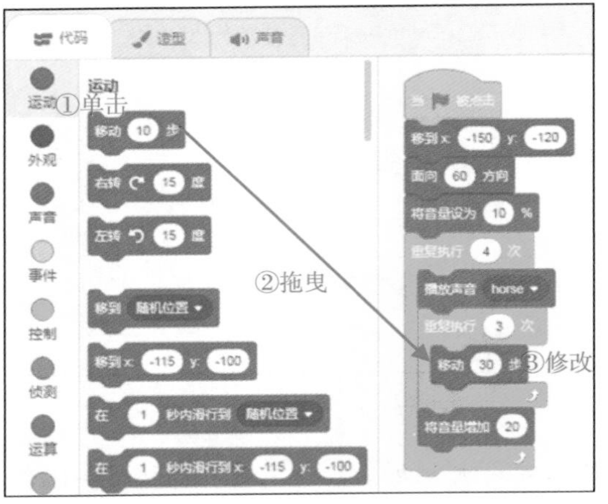

图 7.14　为角色添加运动方块

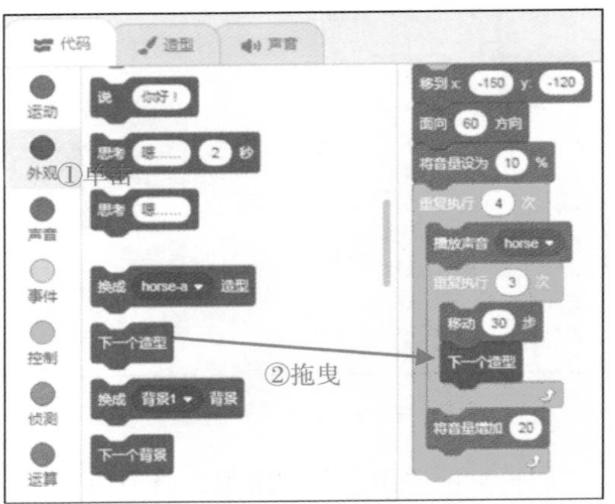

图 7.15　为角色添加外观方块

7.2.4　慢慢停下来

【本小节源代码：资源包\C7\4.sb3】

小马沿着 60°的方向跑一段时间之后，让小马慢慢停下来休息一会。具体操作步骤如下：

（1）单击“控制”方块组，用鼠标将方块 拖曳到右侧方块的最下方，将 10 修改为 3，如图 7.17 所示。

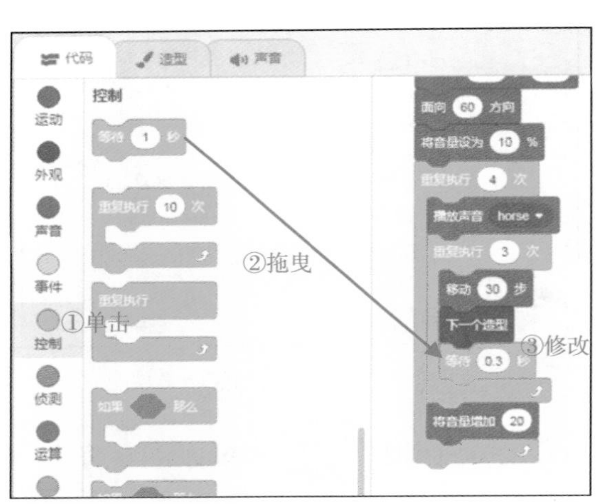

图 7.16　为角色添加控制方块

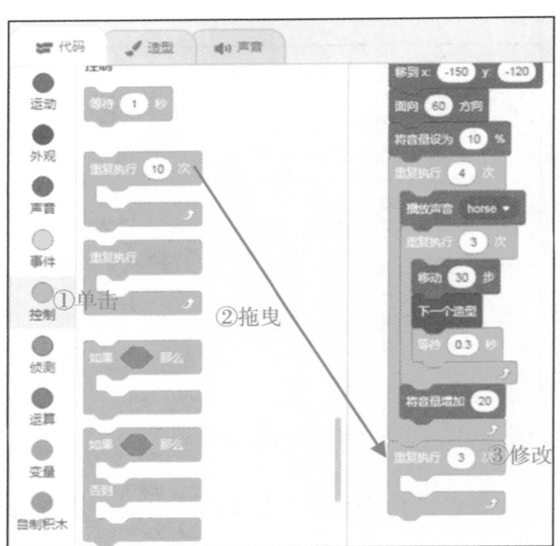

图 7.17　为角色添加控制方块

（2）单击“外观”方块组，用鼠标将方块 下一个造型 拖曳到右侧 方块的内部，如图 7.18 所示。

（3）单击“控制”方块组，用鼠标将方块 等待 1 秒 拖曳到右侧 下一个造型 方块的下方，同时将 1 修改为 0.3，如图 7.19 所示。

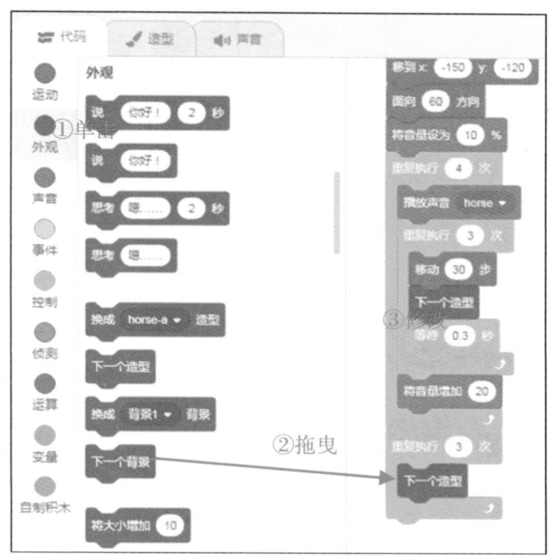

图 7.18　为角色添加外观方块

图 7.19　为角色添加控制方块

7.2.5　添加舞台背景

【本小节源代码：资源包\C7\5.sb3】

最后，我们为舞台添加一张背景图片。具体操作步骤如下：

（1）单击舞台下方的“选择一个背景”图标，在弹出的界面中选择一张喜欢的图片，如图 7.20 所示。

添加舞台背景后的界面效果如图 7.21 所示。

图 7.20　添加舞台背景

图 7.21　舞台背景效果

（2）保存项目。选择 Scratch 软件上方菜单中的“文件”→“立即保存”命令即可，如图 7.22 所示。

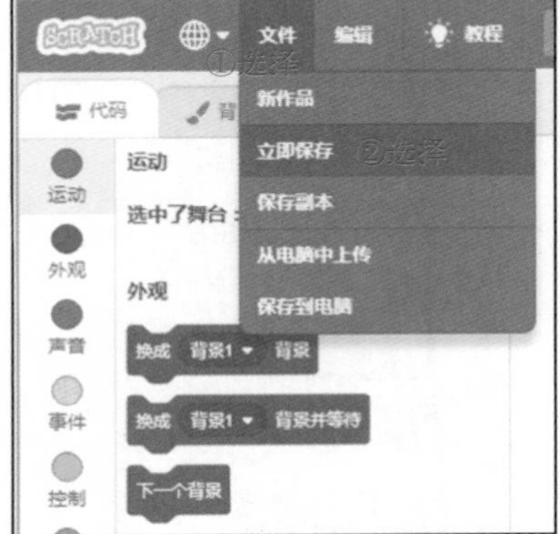

图 7.22　保存项目的操作过程

7.3　总结

通过本章的学习，相信同学们已经学会了如何灵活地使用 Scratch 中的调音模块。使用鼠标单击小马时，可以让小马在舞台中移动，实现跳跃奔跑的效果，也可以使用调音模块，调节森林小马的声音的大小。

7.3.1　整理方块

下面将森林小马的方块整理一下，如图 7.23 所示。

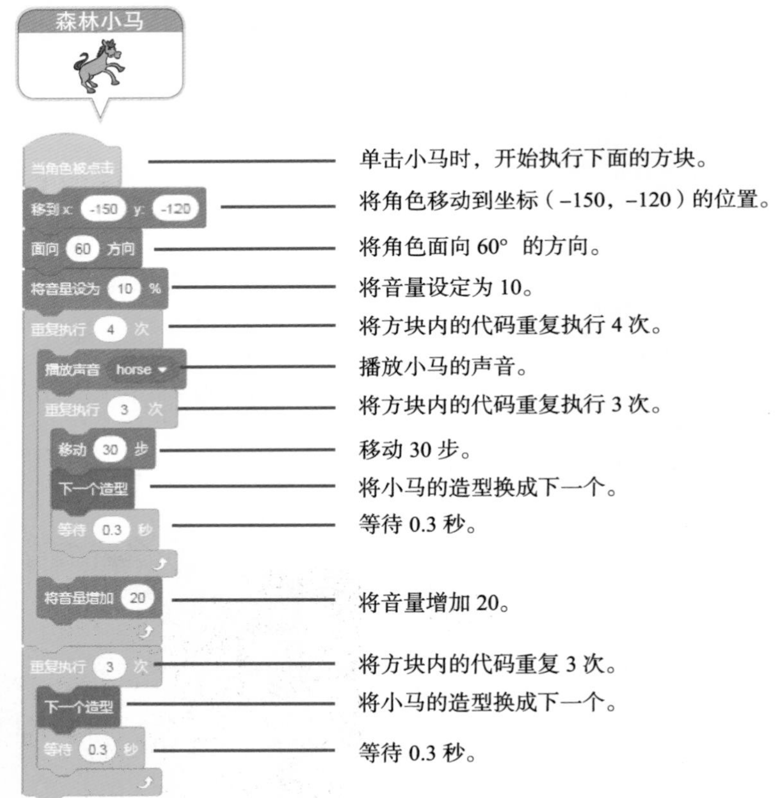

图 7.23　森林小马角色的方块详解

7.3.2　学方块，想一想

同学们，看一看图 7.24 中的方块是否熟悉，想一想它们都有什么作用？

学方块	想一想
面向 60 方向	这个方块有什么作用呢？
重复执行 10 次	这个方块有什么作用呢？
将音量增加 20	这个方块有什么作用呢？

图 7.24　学方块，想一想

7.4　挑战一下

【本小节源代码：资源包\C7\挑战.sb3】

接下来，请同学们挑战下面的例子——沙漠小狗，如图 7.25 所示。具体要求如下：

- ❑ 小狗听到声音后，开始运动。
- ❑ 小狗运动后，不断增大“汪汪”的声音。

图 7.25　“挑战一下”示例的界面

第 8 章　音乐模块：弹钢琴

本章将学习使用 Scratch 中的弹奏模块。首先在舞台中绘制出钢琴的黑白琴键，然后给每一个琴键添加声音，最后当按动钢琴琴键时，琴键的大小会发生变化，这样就完成了一款 Scratch 钢琴的制作。下面一起动手试试吧！

本章学习目标：

❑ 学习如何制作钢琴琴键，并且能演奏。

❑ 学习在弹钢琴时，如何使琴键的大小发生变化。

8.1　案例介绍

Scratch 中的音乐模块可以模拟钢琴和吉他等乐器的声音。本章我们将以钢琴为例，学习如何使用 Scratch 的音乐模块发出钢琴的声音。

8.1.1　界面预览

在如图 8.1 所示的舞台中央位置，模拟钢琴的黑白琴键。单击其中的白色琴键，琴键会出现动画效果。

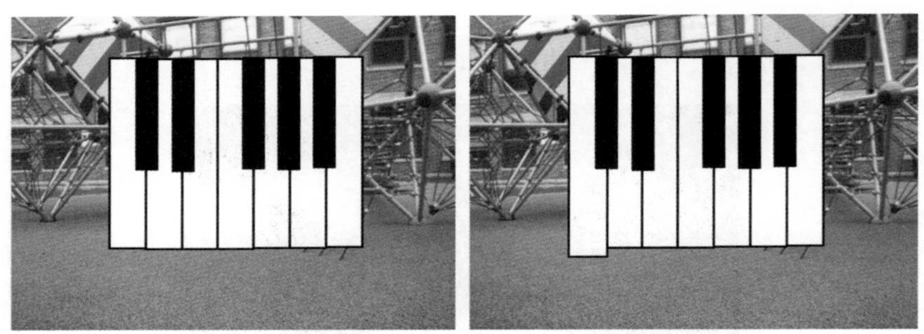

图 8.1　舞台的界面效果

8.1.2　方块说明

图 8.2 所示是钢琴琴键的关键方块代码解读，8.3.1 节中将给出方块代码的详细解读。

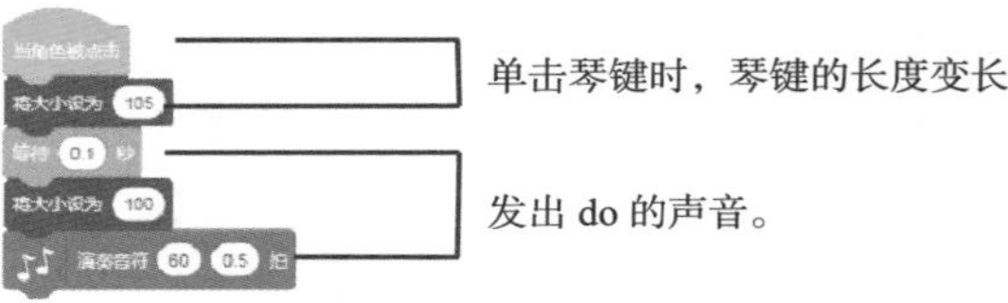

图 8.2　钢琴琴键的方块解读

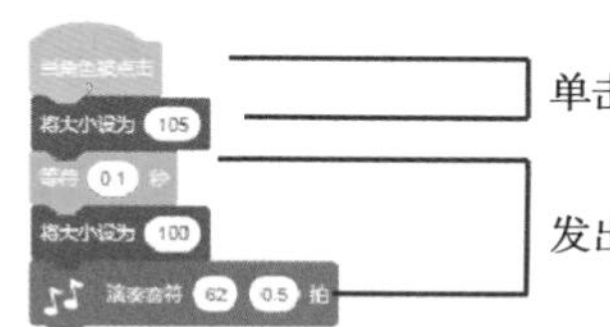

单击琴键时，琴键的长度变长。

发出 re 的声音。

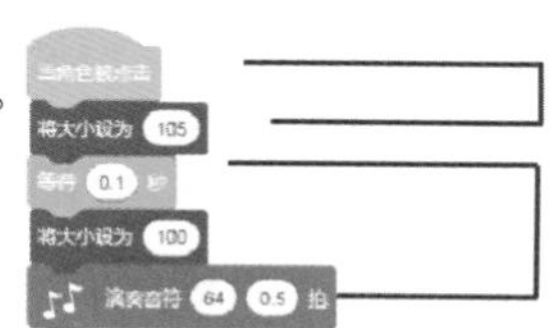

单击琴键时，琴键的长度变长。

发出 mi 的声音。

图 8.2 （续）

8.2 动手试一试

下面开始使用 Scratch 软件实现“弹钢琴”的界面效果，逐步讲解具体的编程步骤。我们将从绘制钢琴琴键、改变琴键大小、添加琴键声音和添加舞台背景 4 个方面进行讲解。

8.2.1 绘制钢琴琴键

【本小节源代码：资源包\C8\1.sb3】

如果想弹奏钢琴，首先要有钢琴琴键才可以，所以，先在舞台上绘制钢琴的琴键。具体操作步骤如下：

（1）打开 Scratch 软件，删除舞台下方的小猫角色，如图 8.3 所示。

图 8.3 删除默认的小猫角色

（2）此时舞台一片空白，单击舞台下方的“绘制”图标，再将绘制的模式改成矢量模式，如图 8.4 所示。

图 8.4　将绘制模式修改成矢量模式

（3）单击绘制工具栏中的“矩形”工具，在绘制区域使用鼠标拖曳出一个矩形，如图 8.5 所示。

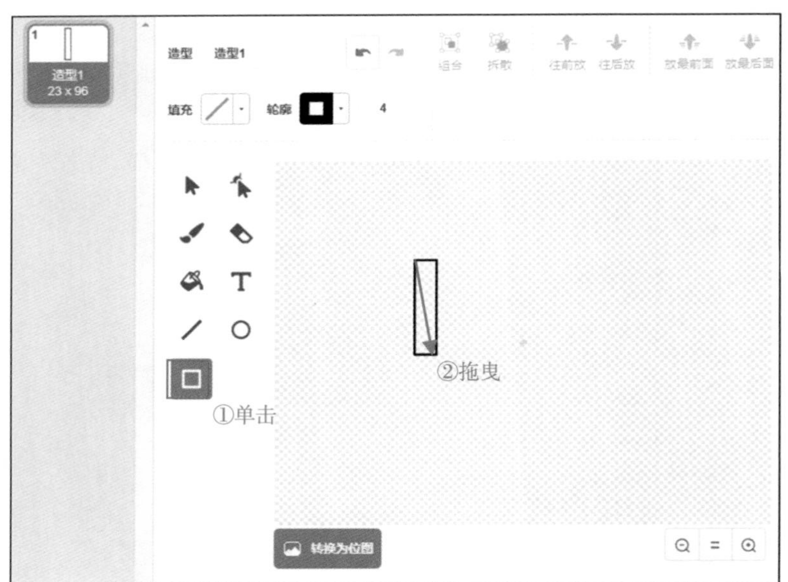

图 8.5　绘制钢琴琴键

（4）单击绘制工具栏中的“填充”工具，在颜色库中选择白色，单击钢琴琴键区域，琴键就变成白色的了，如图 8.6 所示。

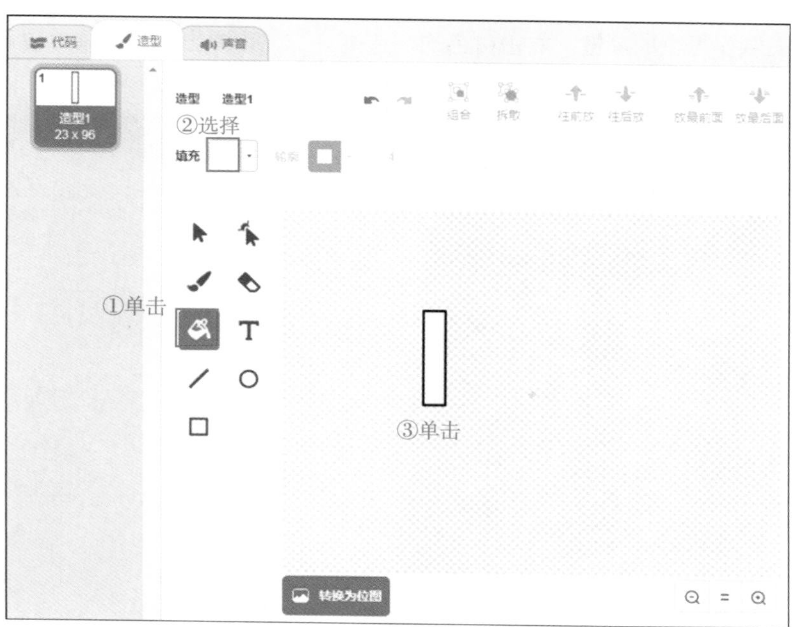

图 8.6　为钢琴琴键添加颜色

（5）将琴键全部选中并拖动，找到灰色的造型中心位置，如图 8.7 所示。

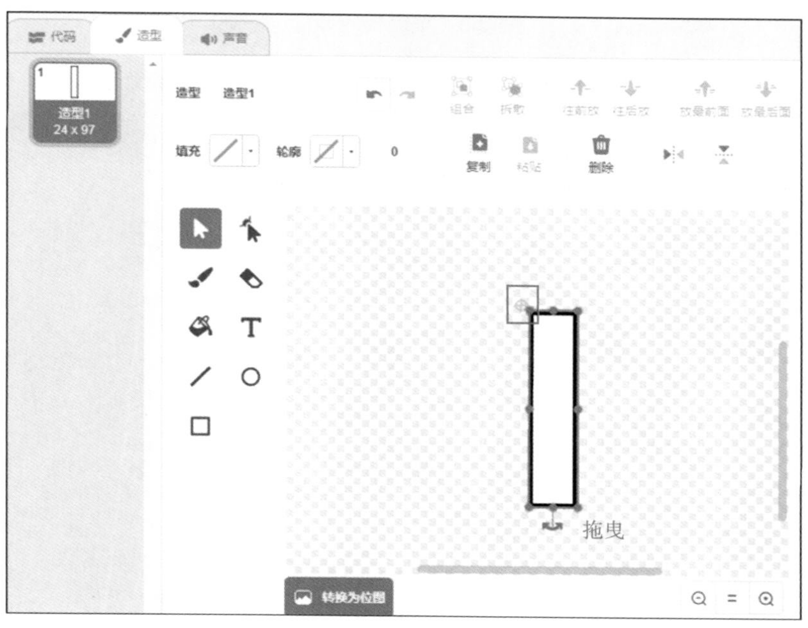

图 8.7　为钢琴琴键设置造型中心

说明　Scratch 3.0版本中造型中心不太容易找到，没有Scratch 2.0方便，相信随着Scratch版本的升级，会改变这样的情况。

（6）接下来制作黑色的琴键。右击白色的“造型 1”，在弹出的快捷菜单中选择“复制”命令，如图 8.8 所示。

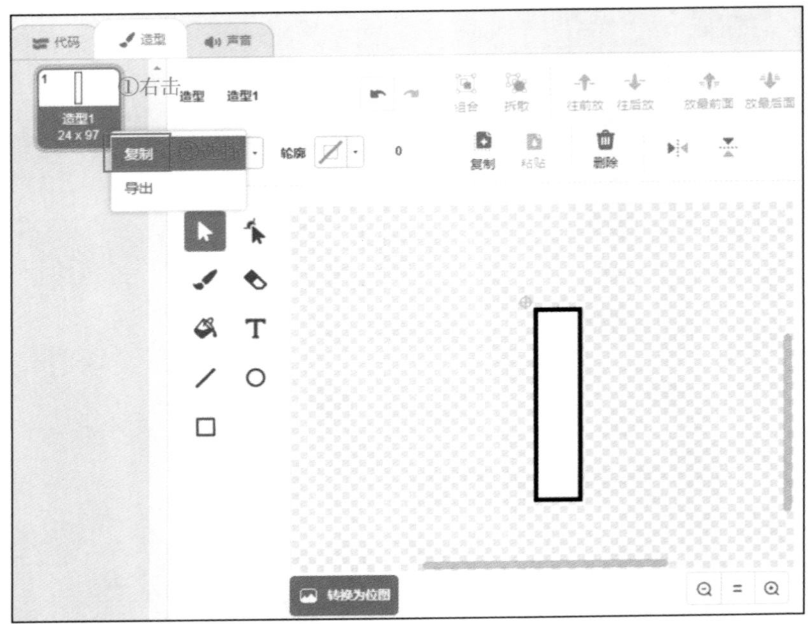

图 8.8　复制白色琴键

（7）单击左侧工具栏中的“选择”工具，用鼠标拖曳并调整琴键的大小，如图 8.9 所示。

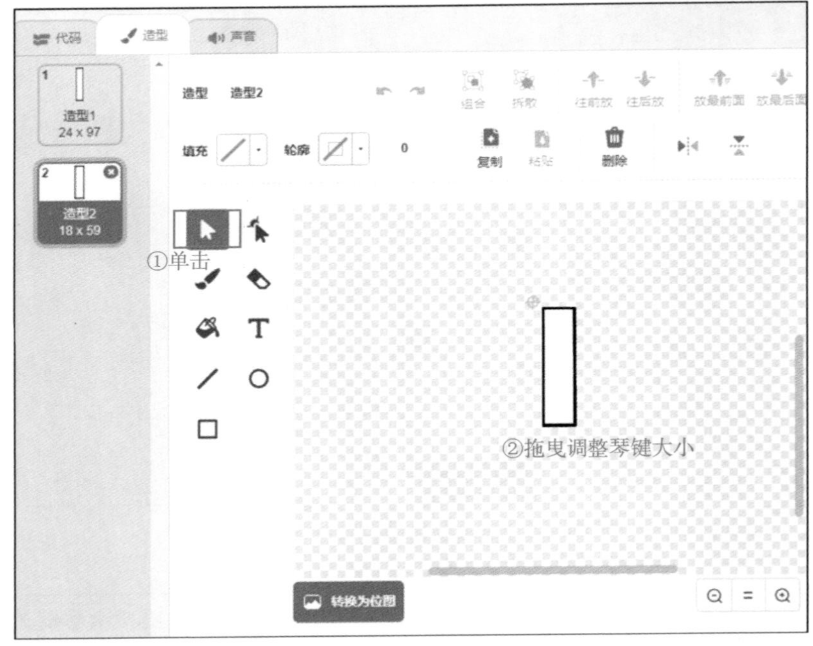

图 8.9　调整琴键的大小

（8）单击绘制工具栏中的“填充”工具，在颜色库中选择黑色，单击钢琴琴键的区域，琴键就变成黑色的了，如图 8.10 所示。

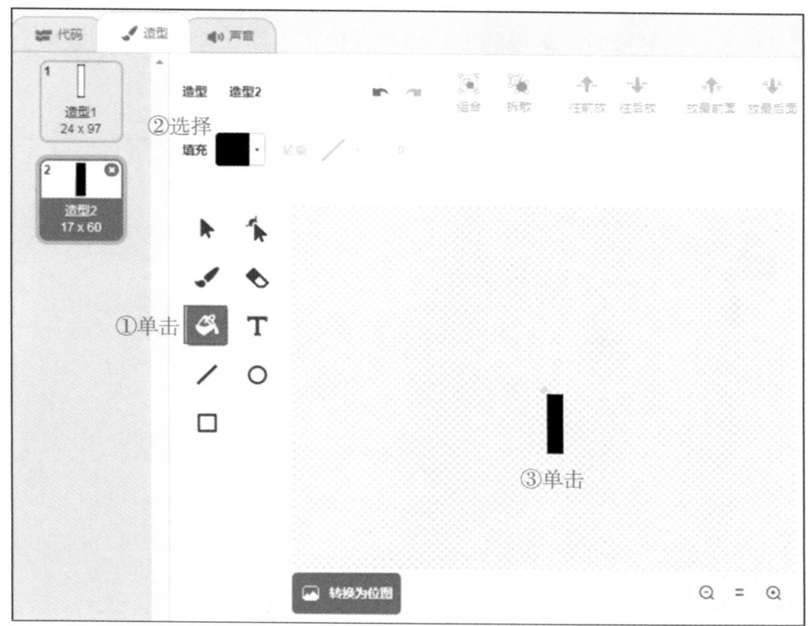

图 8.10　改变琴键的颜色

（9）将琴键全部选中并拖动，找到灰色的造型中心位置，具体操作如图 8.11 所示。

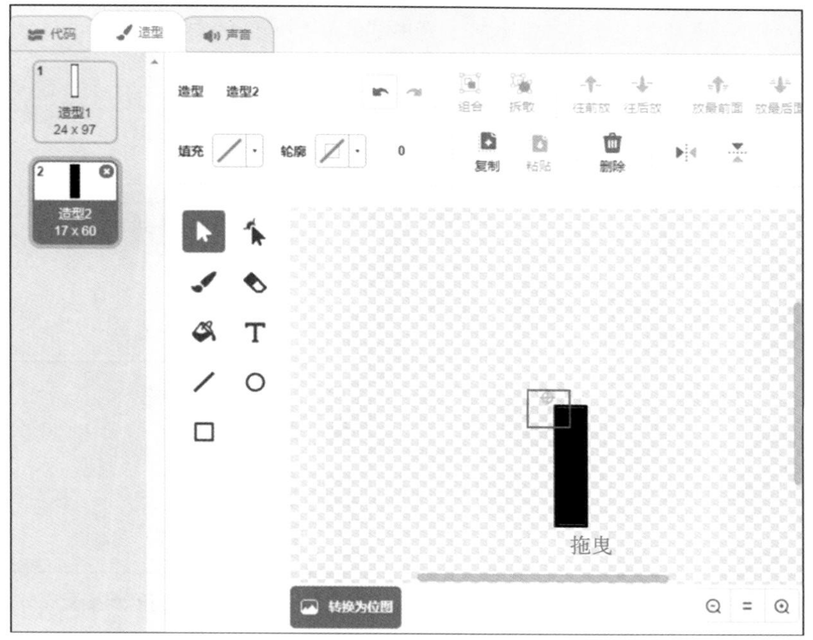

图 8.11　设置黑色琴键的造型中心

8.2.2 改变琴键大小

【本小节源代码：资源包\C8\2.sb3】

接下来实现当单击白色琴键时，琴键的大小发生变化，达到一种弹钢琴的效果。具体操作如下：

（1）首先选中“造型 1”，让舞台显示白色琴键，如图 8.12 所示。

图 8.12 选中“造型 1”

（2）单击选项板中的“代码”标签，再单击“事件”方块组，将方块 当角色被点击 拖曳到右侧的方块编辑区，如图 8.13 所示。

（3）单击“外观”方块组，将方块 将大小设为 100 拖曳到右侧方块 当角色被点击 的下方，将 100 修改成 105，如图 8.14 所示。

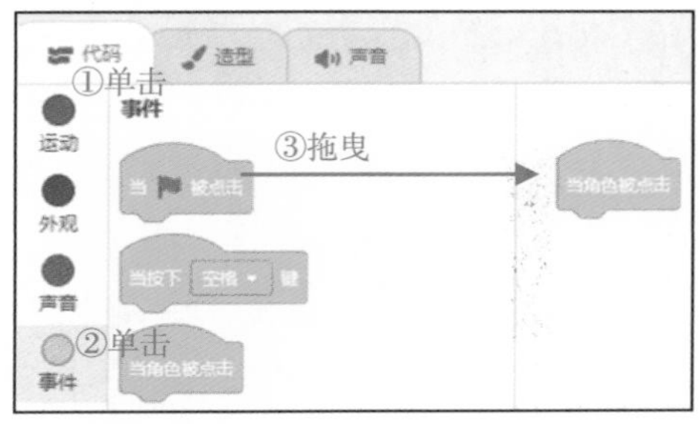

图 8.13 为白色琴键添加事件方块

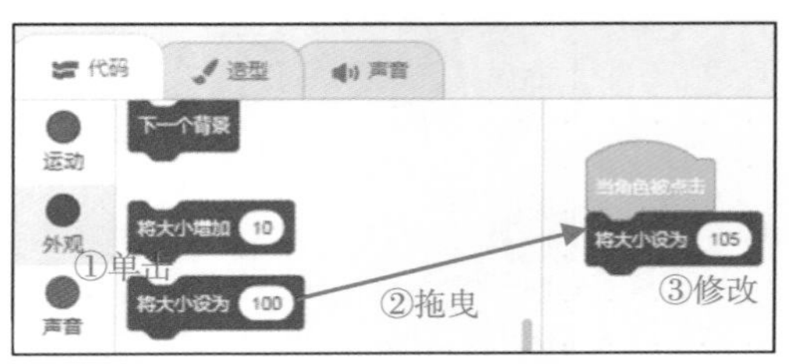

图 8.14 为白色琴键添加外观方块

（4）单击“控制”方块组，将方块 等待 1 秒 拖曳到右侧方块 将大小设为 105 的下方，将 1 修改成 0.1，如图 8.15 所示。

（5）单击“外观”方块组，将方块 将大小设为 100 拖曳到右侧方块 等待 0.1 秒 的下方，如图 8.16 所示。

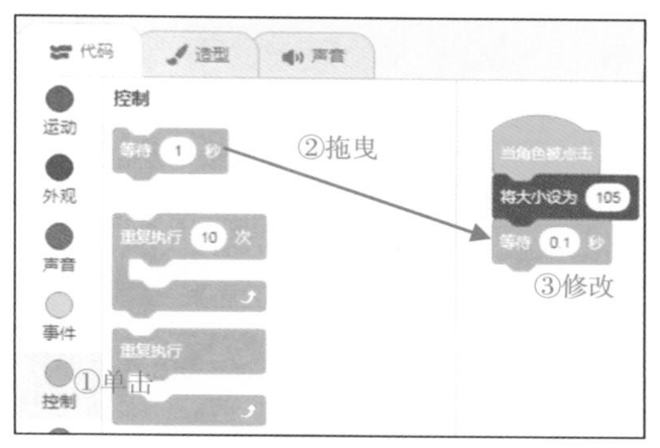

图 8.15　为白色琴键添加控制方块

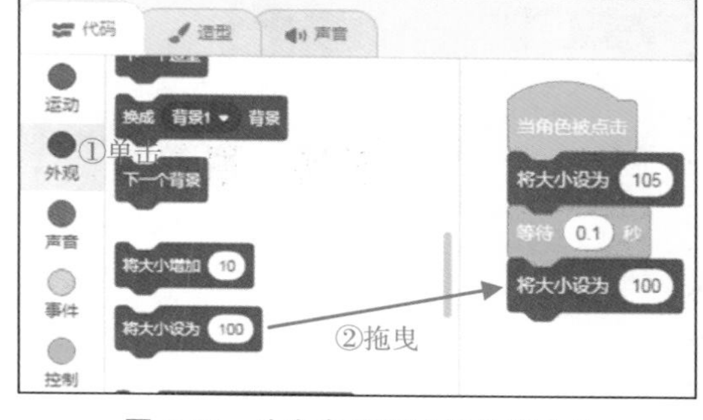

图 8.16　为白色琴键添加外观方块

8.2.3　添加琴键声音

【本小节源代码：资源包\C8\3.sb3】

添加弹奏钢琴的效果之后，开始为钢琴添加声音。具体操作如下：

（1）首先给白色琴键添加 do 的声音。单击“音乐”方块组，用鼠标将方块 演奏音符 60 0.25 拍 拖曳到右侧 将大小设为 100 方块的下方，如图 8.17 所示，并将 0.25 修改为 0.5。

（2）右击“角色 1”，在弹出的快捷菜单中选择“复制”命令，在舞台中，将复制出的“角色 2”拖曳到“角色 1”的旁边，如图 8.18 所示。

（3）选中“角色 2”，将演奏音符方块中的 60 修改为 62，这样“角色 2”的声音就变成 re 了，如图 8.19 所示，并将 0.25 修改为 0.5。

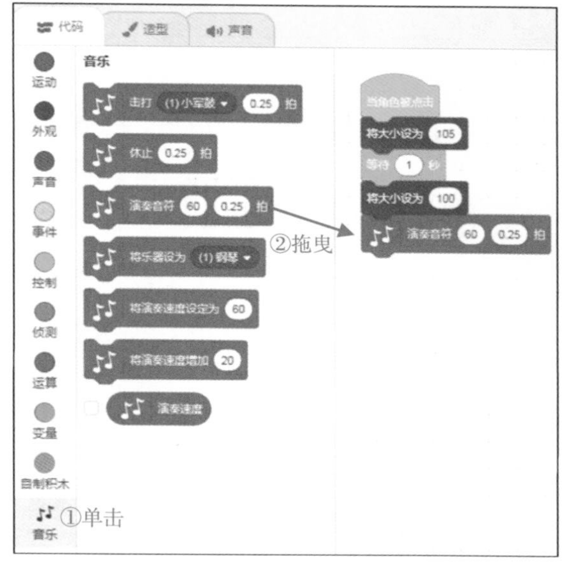

图 8.17　为角色添加声音方块

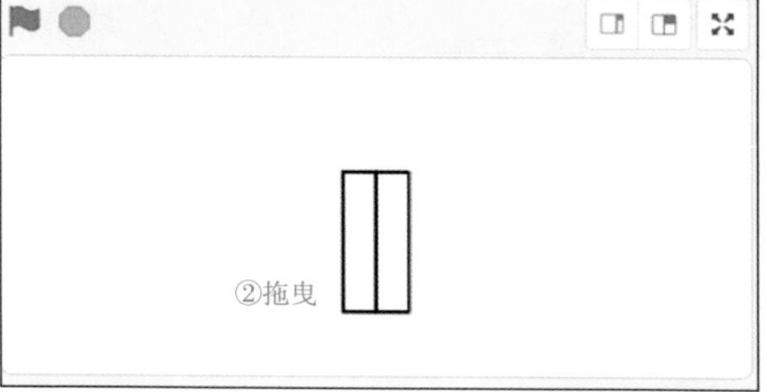

图 8.18　复制“角色 1”

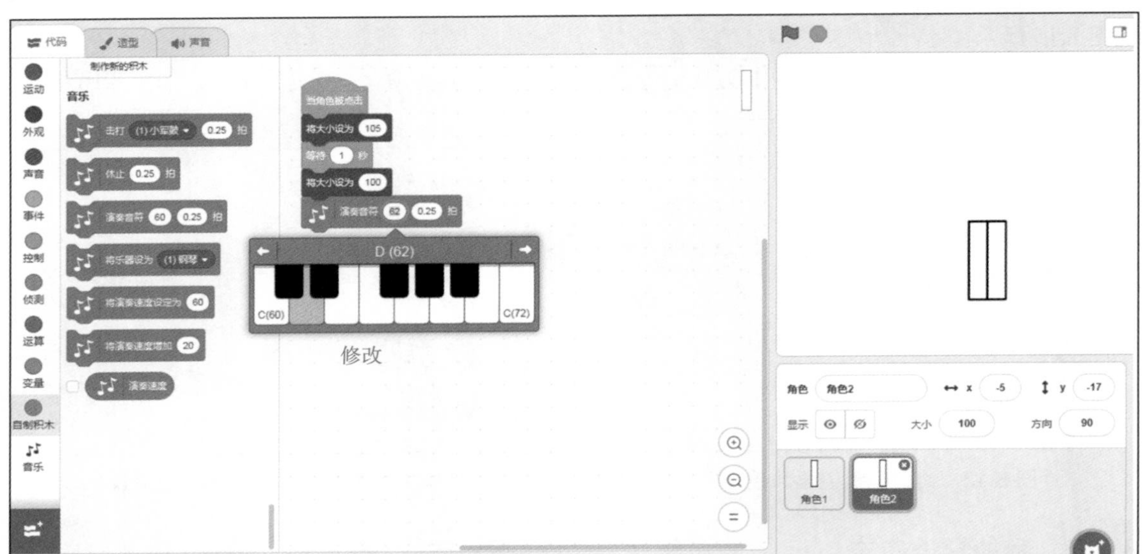

图 8.19　改变“角色 2”的声音

（4）使用同样的方法，复制出 5 个相同的白色琴键，同时修改琴键的声音，如图 8.20 所示。

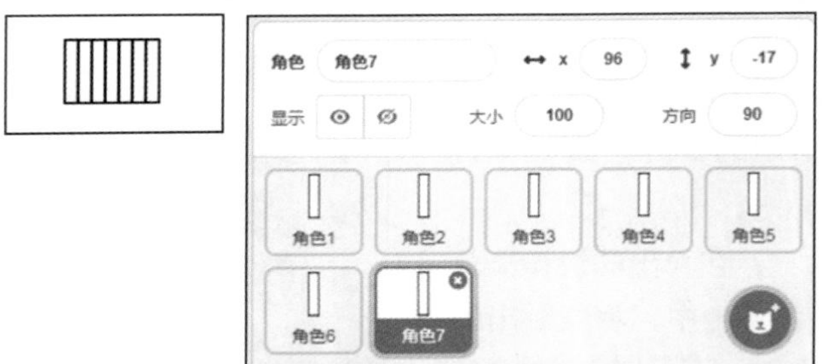

图 8.20　复制其他白色琴键

（5）右击“角色 7”，在弹出的快捷菜单中选择“复制”命令，这样就复制出了“角色 8”，如图 8.21 所示。

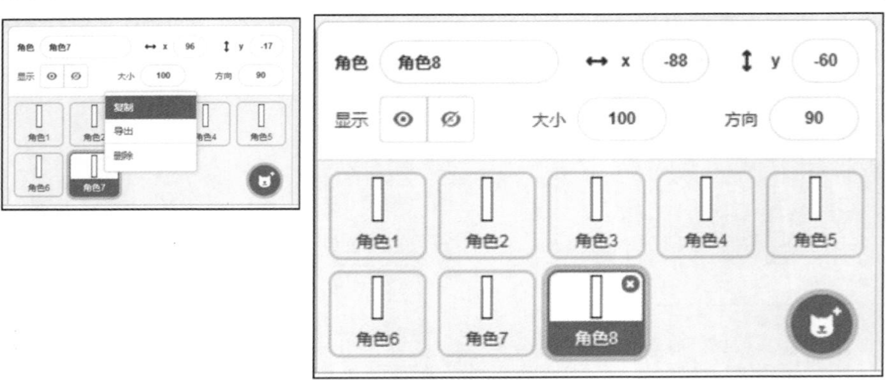

图 8.21　复制出“角色 8”

（6）单击选项板中的“造型”标签，再单击“造型 2”，这样白色琴键就变成了黑色琴键，如图 8.22 所示。

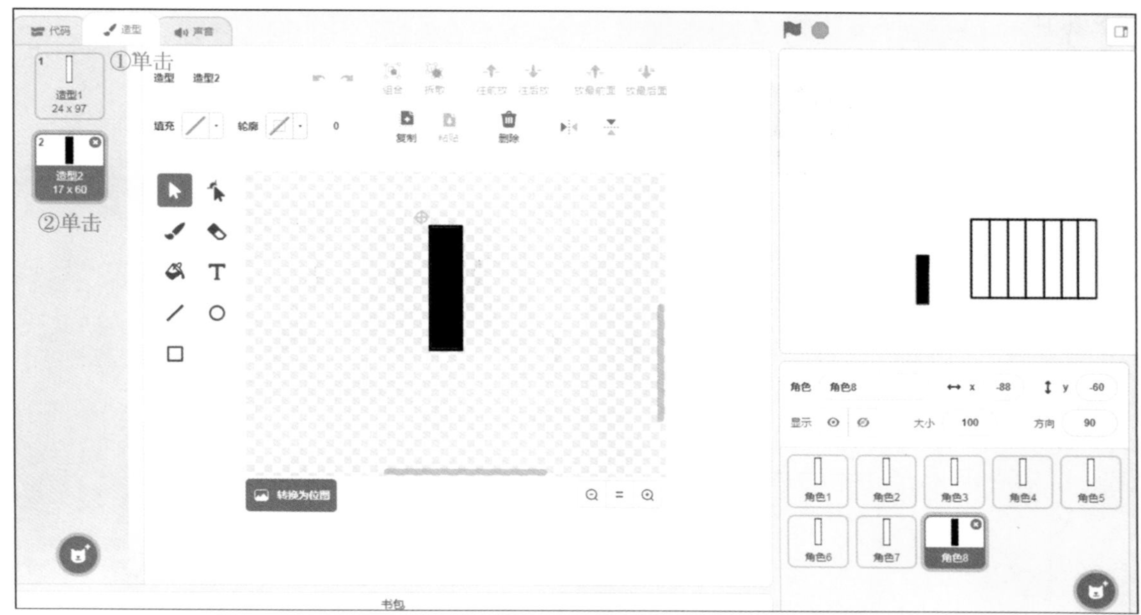

图 8.22　将白色琴键变成黑色琴键

（7）将“角色 8”的弹奏方块中的 60 修改成 61，这样发出的声音就是 do#，如图 8.23 所示，并将 0.25 修改为 0.5。

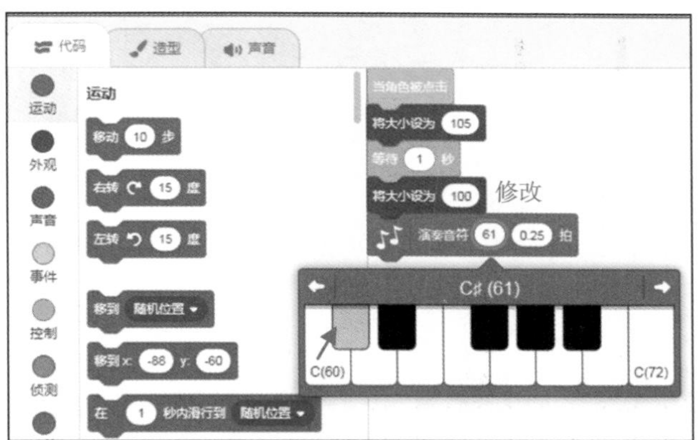

图 8.23　修改黑色琴键的声音

（8）拖曳黑色琴键到舞台的指定位置，如图 8.24 所示。

（9）使用同样的方法，复制出 4 个相同的黑色琴键，并修改琴键的声音，如图 8.25 所示。

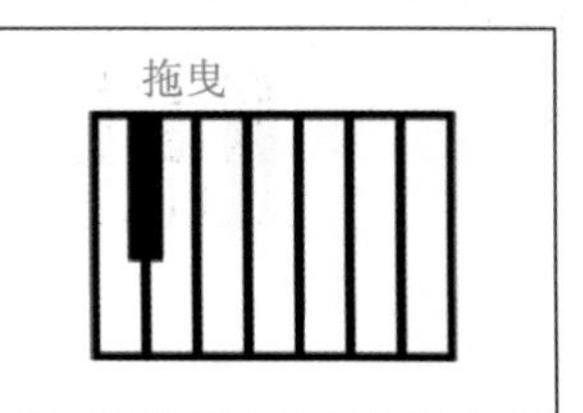

图 8.24　拖曳黑色琴键到指定位置

8.2.4　添加舞台背景

【本小节源代码：资源包\C8\4.sb3】

最后，我们为舞台添加一张背景图片。具体操作步骤如下：

（1）单击舞台下方的“选择一个背景”图标，在弹出的界面中选择一张喜欢的图片，如图 8.26 所示。

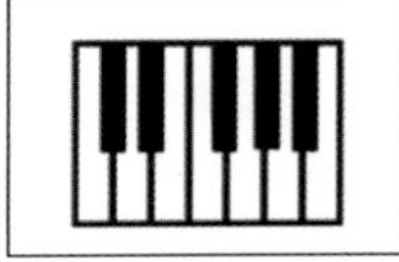

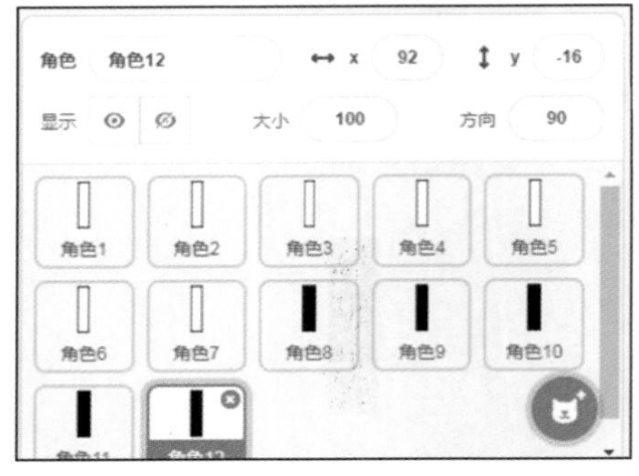

图 8.25　复制其他黑色琴键

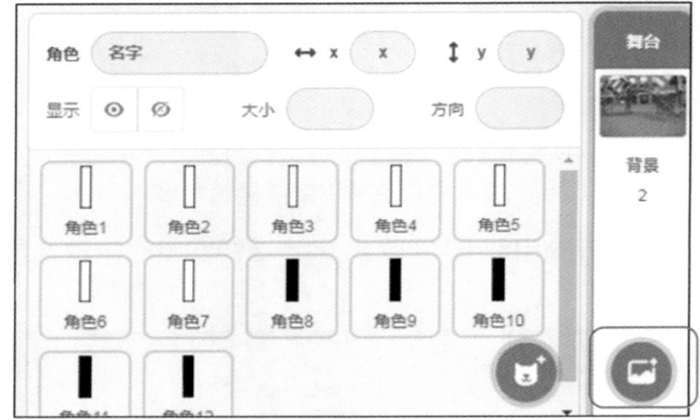

图 8.26　添加舞台背景

添加舞台背景后的界面效果如图 8.27 所示。

（2）保存项目。选择 Scratch 软件上方菜单中的“文件”→“立即保存”命令即可，如图 8.28 所示。

图 8.27　舞台背景效果

图 8.28　保存项目

8.3　总结

通过本章的学习，相信同学们已经学会了如何使用 Scratch 中的音乐模块使钢琴发出声音了，而且单击琴键，也可以模拟弹奏钢琴时的动画效果。

8.3.1　整理方块

下面将钢琴琴键的方块整理一下，如图 8.29 所示。

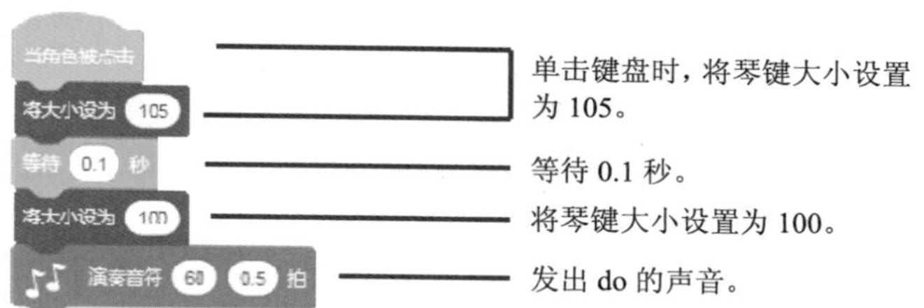

图 8.29　钢琴琴键的方块详解

8.3.2　学方块，想一想

同学们，看一看图 8.30 中的方块是否熟悉，想一想它们都有什么作用？

学方块	想一想
演奏音符 64 0.5 拍	这个方块有什么作用呢？
当 🏴 被点击	这个方块有什么作用呢？
将大小设为 105	这个方块有什么作用呢？

图 8.30　学方块，想一想

8.4　挑战一下

【本小节源代码：资源包\C8\挑战.sb3】

接下来，请同学们挑战下面的例子——敲架子鼓，如图 8.31 所示。具体要求如下：

- 单击不同的鼓，发出不同的声音。
- 单击架子鼓时，鼓的大小发生变化。

图 8.31 “挑战一下”示例的界面

第 9 章　画笔模块：画多边形

本章将学习 Scratch 当中的画笔模块。通过画笔模块，我们在舞台上可以画画，同时可以输入任意数字，让画笔画出任意多边形。下面一起动手试试吧！

本章学习目标：

- ❑ 学习画笔模块的使用方法。
- ❑ 根据输入的数字画出对应的多边形。

9.1　案例介绍

使用 Scratch 中的画笔模块，可以让舞台中的角色画出颜色和线条。可以在舞台中添加一个画笔角色，为画笔角色添加画笔模块，那么这支画笔就有绘画的功能了。本章我们将重点介绍如何使用 Scratch 中的画笔模块。

9.1.1　界面预览

图 9.1 所示是舞台的界面效果。根据输入的数字，画笔可以画出不同边数的多边形。

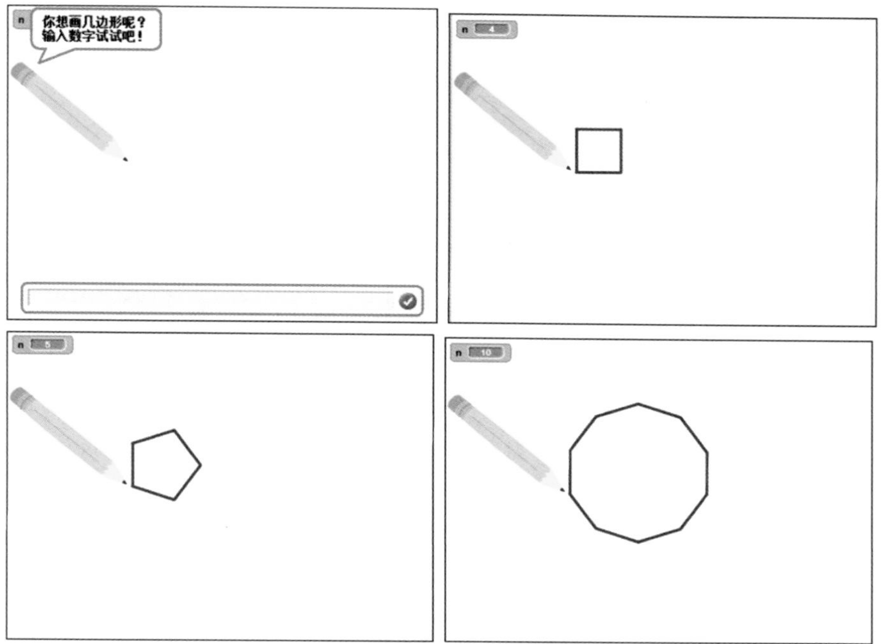

图 9.1　舞台的界面效果

9.1.2 方块说明

图 9.2 所示是画笔角色的关键方块代码解读，9.3.1 节将给出方块代码的详细解读。

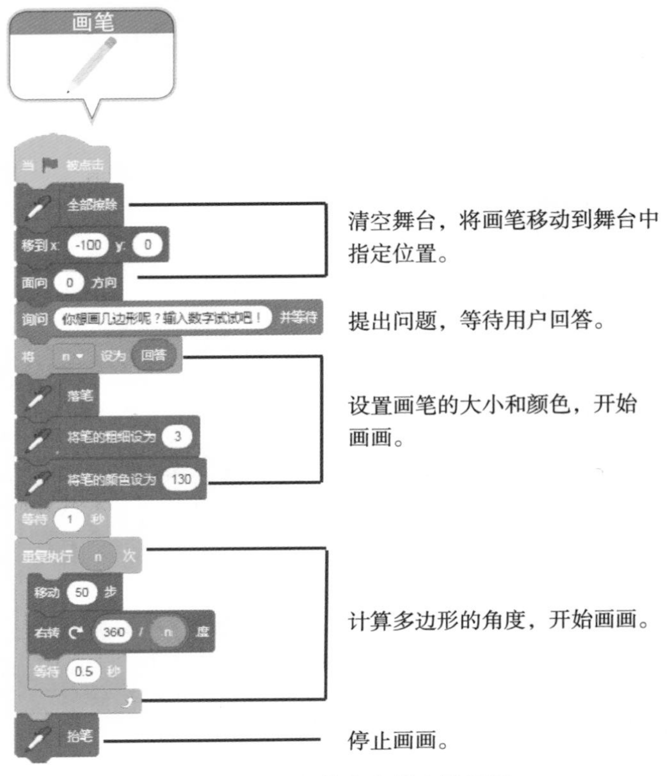

图 9.2 画笔角色的方块解读

9.2 动手试一试

下面开始使用 Scratch 软件，实现“画多边形”的界面效果，逐步讲解具体的编程步骤。我们将从添加画笔、向用户提问、设置画笔大小和颜色、绘制多边形 4 个方面进行讲解。

9.2.1 添加画笔

【本小节源代码：资源包\C9\1.sb3】

画多边形之前，在舞台上添加画笔角色，并设置好画笔的各项参数。具体操作步骤如下：

(1) 打开 Scratch 软件，删除舞台下方的小猫角色，如图 9.3 所示。

图 9.3 删除默认的小猫角色

(2) 单击舞台下方的“选择一个角色”图标

，在弹出的窗口中选中角色 Pencil，如图 9.4 所示。

图 9.4　添加画笔

（3）设置造型中心。单击选项板中的“造型”标签，选中 pencil-b，再选中画笔，拖动鼠标，将画笔的笔尖移动到造型中心的位置上，如图 9.5 所示。

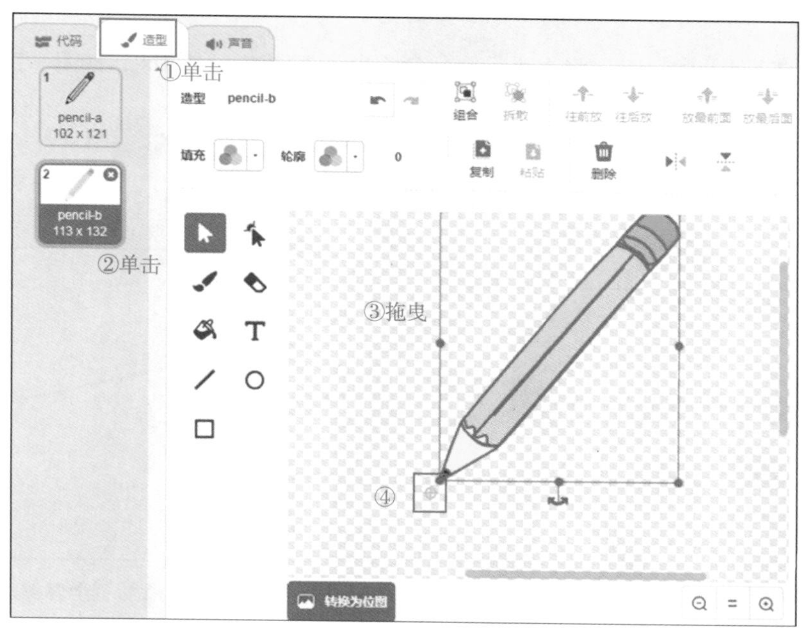

图 9.5　设置画笔造型中心

9.2.2　向用户提问

【本小节源代码：资源包\C9\2.sb3】

添加画笔后，询问用户想要绘制几边形，让用户输入多边形的边数。具体操作步骤如下：

（1）单击选项板中的“代码”标签，再单击“变量”方块组，然后单击“建立一个变量”，在弹出的对话框中输入 n，单击“确定”按钮，这样就新建立了变量 n，用于存储多边形的边数，如图 9.6 所示。

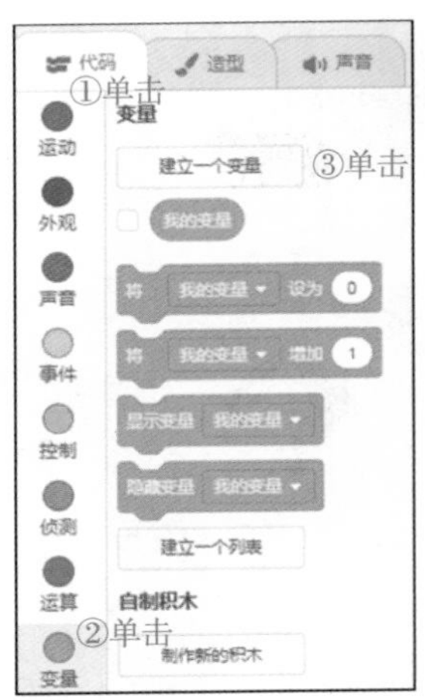

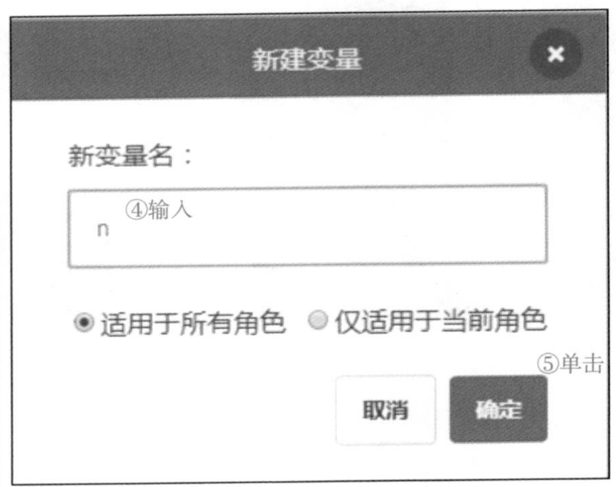

图 9.6　添加变量 n

（2）单击“事件”方块组，将方块 当 被点击 拖曳到右侧方块编辑区，如图 9.7 所示。

（3）单击“画笔”方块组，将方块 全部擦除 拖曳到右侧方块 当 被点击 的下方。清空方块的功能可以清空舞台上所有绘制过的内容，如图 9.8 所示。

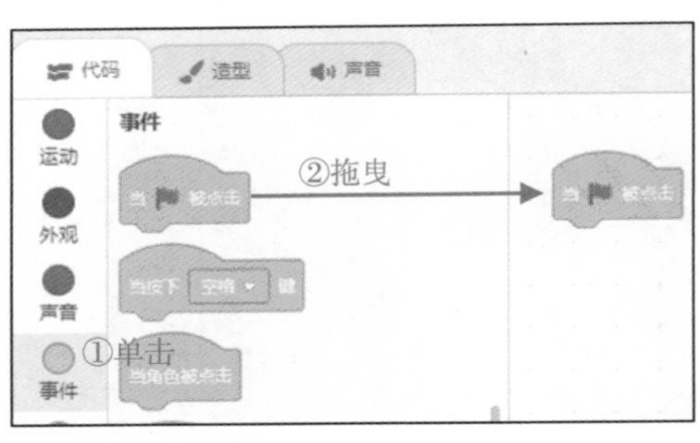

图 9.7　为画笔添加事件方块

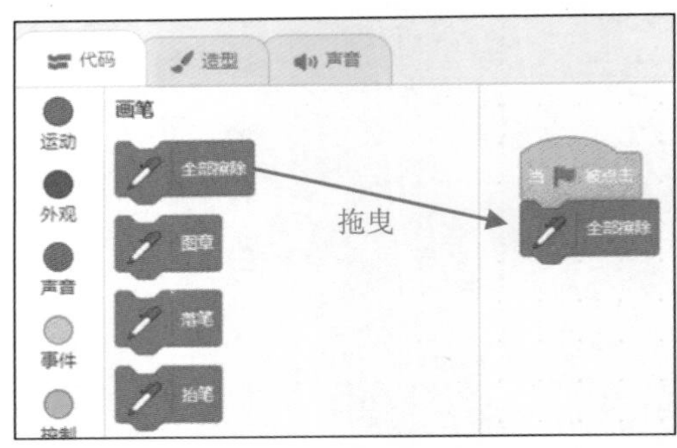

图 9.8　为画笔添加“全部擦除”方块

（4）单击“运动”方块组，将方块 移到 x: 0 y: 0 拖曳到右侧方块 全部擦除 的下方，将 x 的值修改为-100，如图 9.9 所示。

（5）单击“运动”方块组，将方块 面向 0 方向 拖曳到右侧方块 移到 x: -100 y: 0 的下方，将 90 修改为 0，如图 9.10 所示。

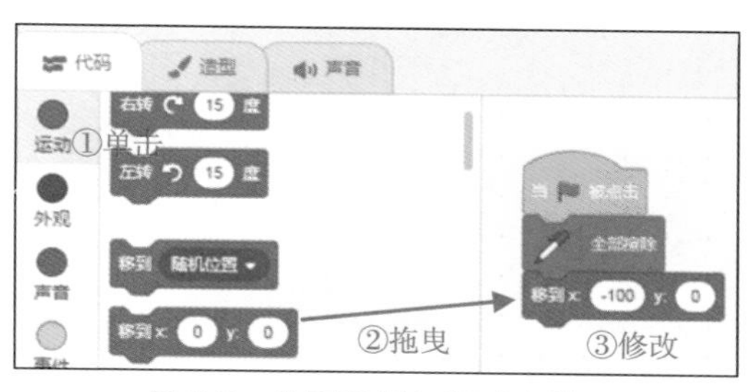

图 9.9　为画笔添加运动方块 1

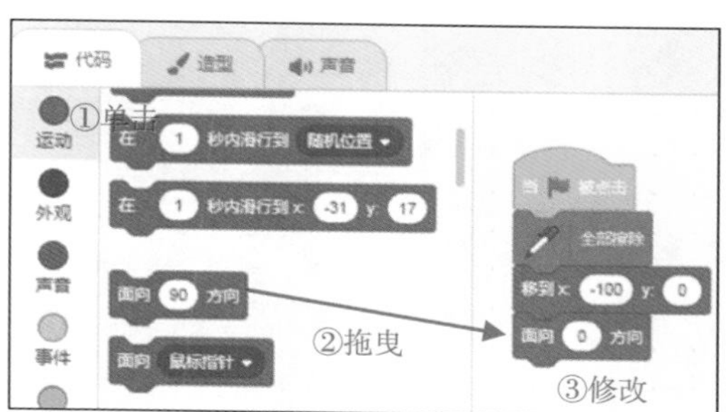

图 9.10　为画笔添加运动方块 2

(6)单击“侦测”方块组，将方块 询问 What's your name? 并等待 拖曳到右侧方块 面向 0 方向 的下方，将“What's your name?”修改为“你想画几边形呢？输入数字试试吧！”，如图 9.11 所示。

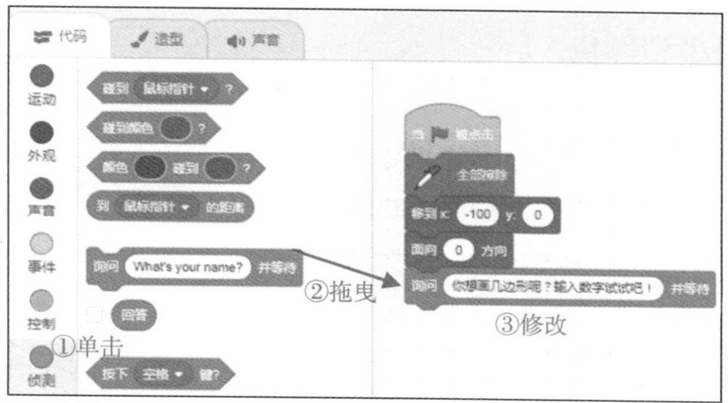

图 9.11　为画笔添加侦测方块

(7) 单击“变量”方块组，将方块 将 n 设为 0 拖曳到右侧方块 询问 你想画几边形呢？输入数字试试吧！ 并等待 的下方，如图 9.12 所示。

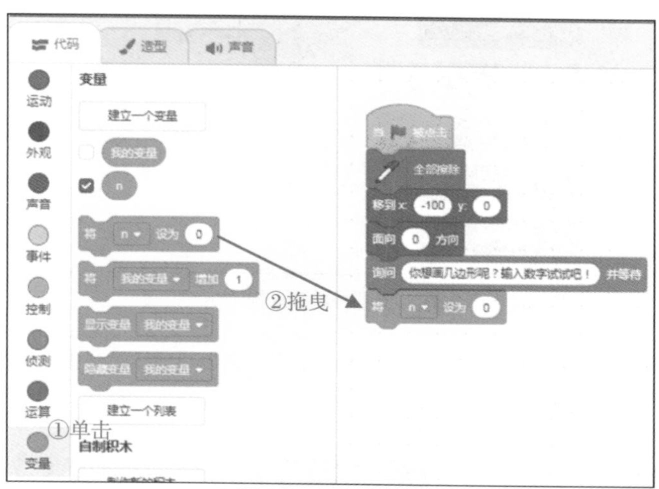

图 9.12　为画笔添加变量方块

(8) 单击“侦测”方块组，将方块 回答 拖曳到右侧方块 将 n 设为 0 中 0 的位置，如图 9.13 所示。

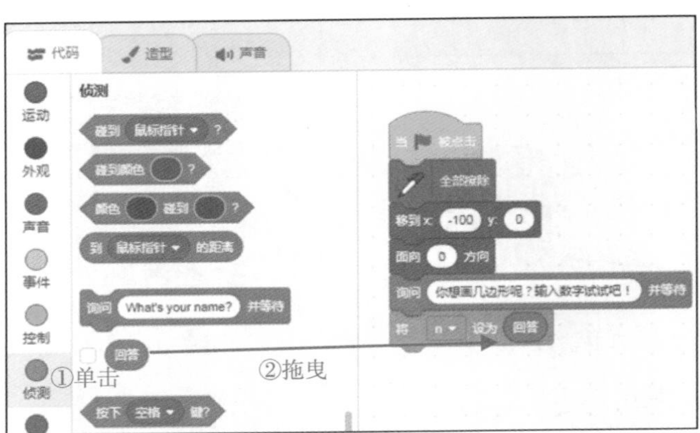

图 9.13　为画笔添加侦测方块

9.2.3　设置画笔大小和颜色

【本小节源代码：资源包\C9\3.sb3】

接下来，设置画笔的大小和颜色。具体操作如下：

（1）找到“画笔”方块组，将方块 落笔 拖曳到右侧方块 将 n 设为 回答 的下方，如图 9.14 所示。

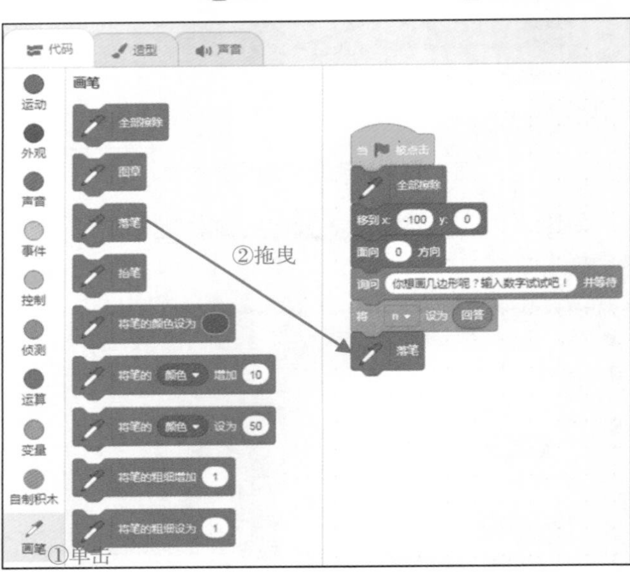

图 9.14　为画笔添加落笔方块

说明　如何找到“画笔”方块组呢？单击左下方的 图标，就可以发现很多扩展方块组，其中就包含“画笔”方块组，单击即可添加。

（2）单击“画笔”方块组，将方块 将笔的粗细设为 1 拖曳到右侧方块 落笔 的下方，并将 1 修改为 3，如图 9.15 所示。

（3）单击“画笔”方块组，将方块 将笔的 颜色 设为 50 拖曳到右侧方块 将笔的粗细设为 3 的下方，将数值 0 修改为 130，如图 9.16 所示。

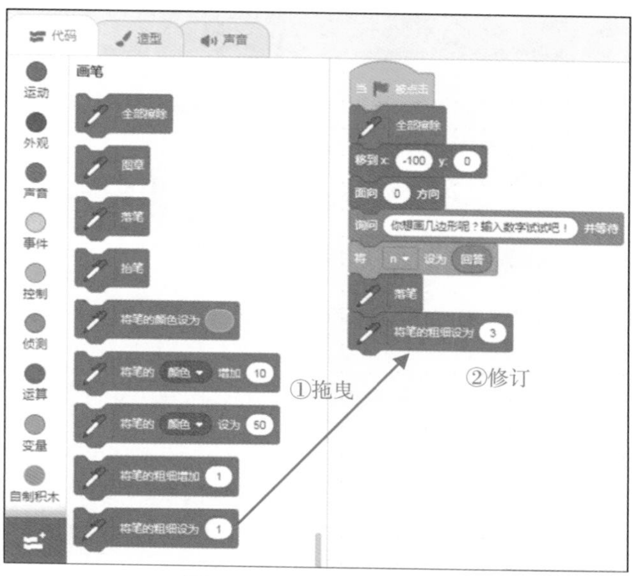

图 9.15　设定画笔的大小

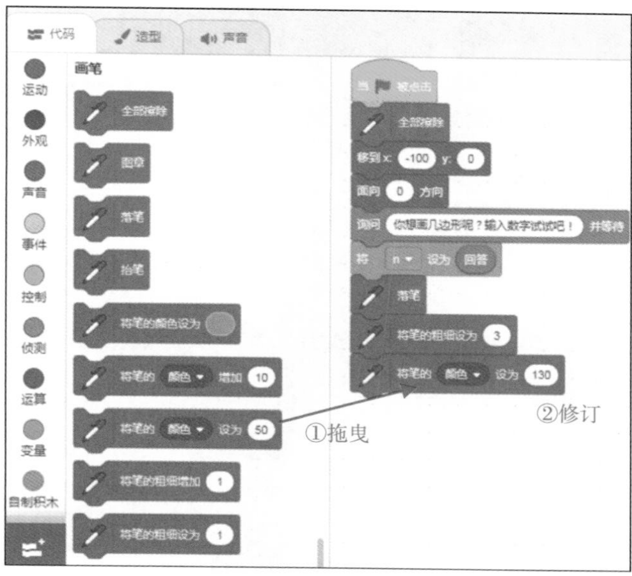

图 9.16　设定画笔的颜色

9.2.4　绘制多边形

【本小节源代码：资源包\C9\4.sb3】

准备好画笔后，根据设置的边数变量，开始让画笔绘制多边形。具体操作步骤如下：

（1）单击“控制”方块组，将方块 等待 1 秒 拖曳到右侧方块 将笔的 颜色 设为 130 的下方，如图 9.17 所示。

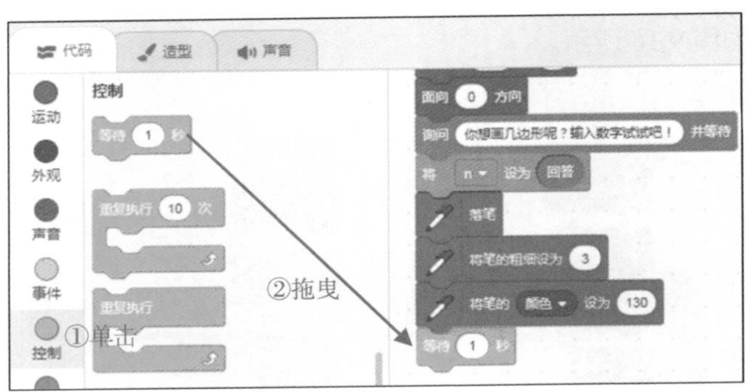

图 9.17　为画笔添加控制方块

（2）单击“控制”方块组，将方块拖曳到右侧方块的下方，如图 9.18 所示。

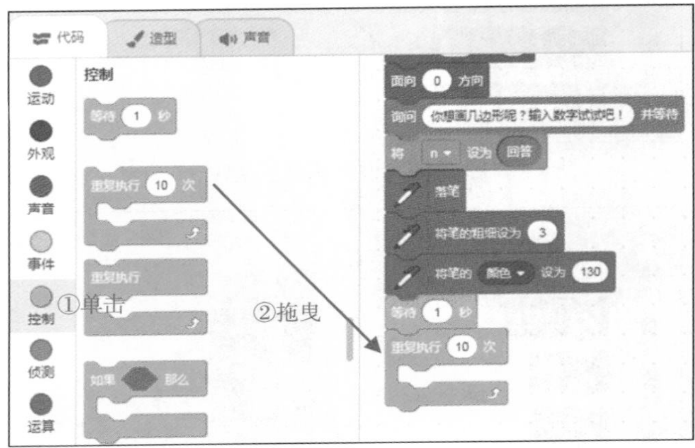

图 9.18　为画笔添加重复执行方块

（3）单击“变量”方块组，将方块拖曳到右侧方块中 10 的位置，如图 9.19 所示。

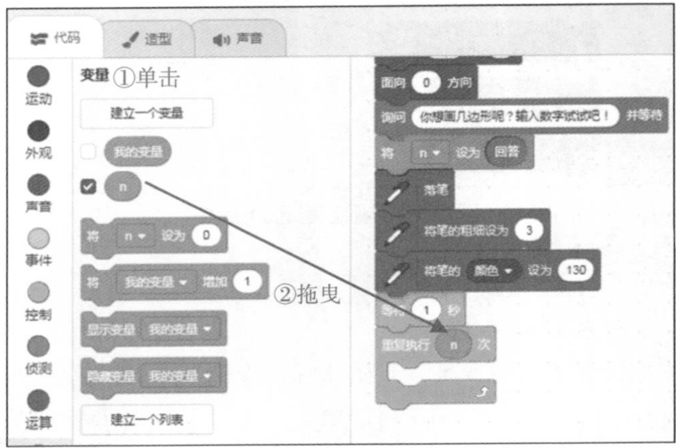

图 9.19　为画笔添加变量方块

（4）单击“运动”方块组，将方块 移动 10 步 拖曳到右侧方块 重复执行 n 次 的内部，将 10 修改成 50，如图 9.20 所示。

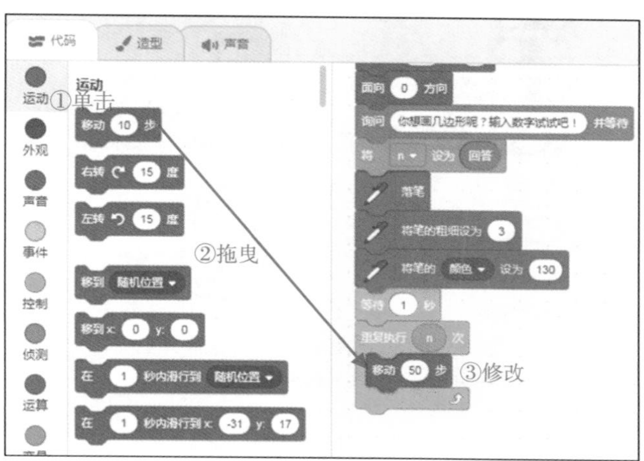

图 9.20　为画笔添加运动方块 1

（5）单击“运动”方块组，将方块 右转 15 度 拖曳到右侧方块 移动 50 步 的下方，如图 9.21 所示。

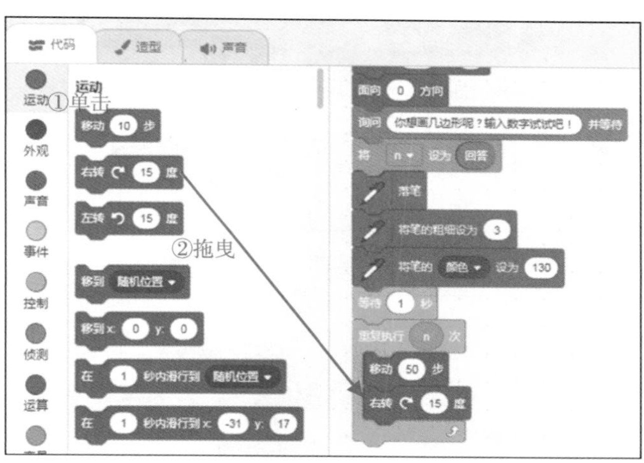

图 9.21　为画笔添加运动方块 2

（6）单击“运算”方块组，将方块 ( ) / ( ) 拖曳到右侧方块 右转 15 度 中的 15 的位置，如图 9.22 所示。

（7）在第一个空白格里输入 360，单击“变量”方块组，将方块 n 拖曳到第二个空白格的位置，如图 9.23 所示。

（8）单击“控制”方块组，将方块 等待 1 秒 拖曳到右侧方块 右转 360 / n 度 的下方，将“1 秒”修改成“0.5 秒”，如图 9.24 所示。

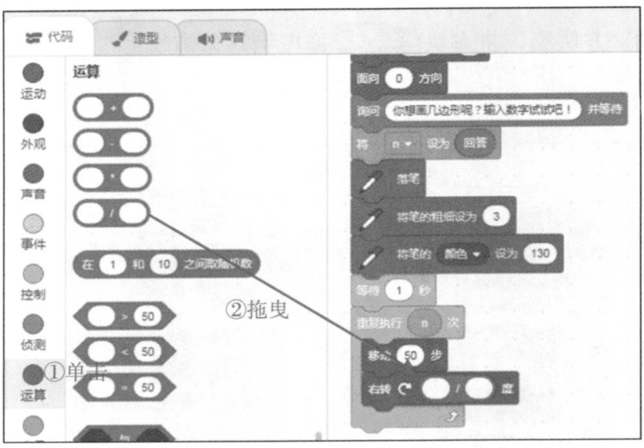

图 9.22　为画笔添加逻辑运算方块

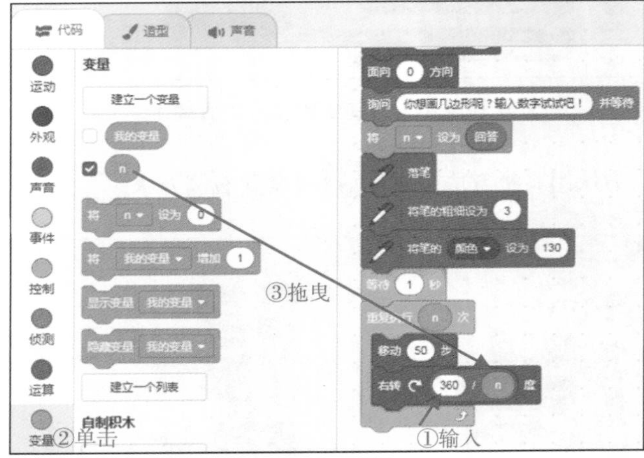

图 9.23　为画笔添加逻辑运算

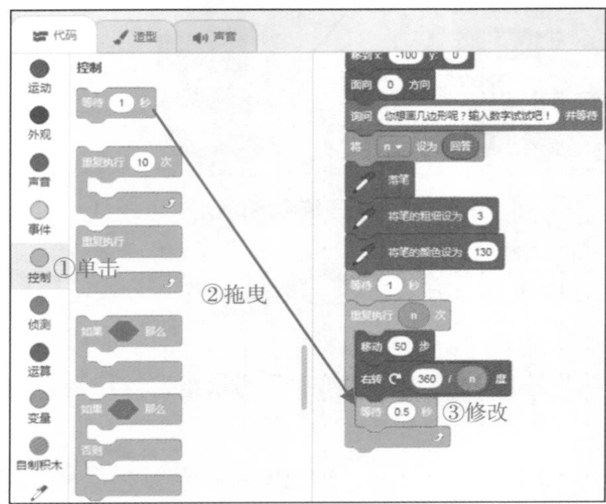

图 9.24　为画笔添加控制方块

（9）单击“画笔”方块组，将方块 抬笔 拖曳到右侧方块的最下方，如图 9.25 所示。

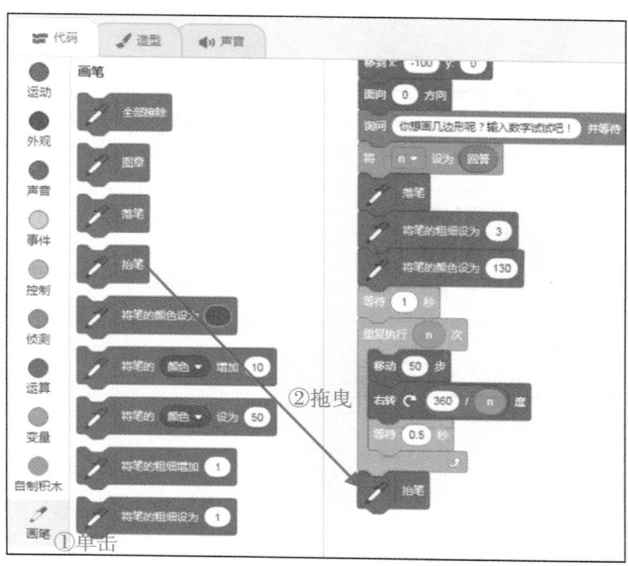

图 9.25　为画笔添加抬笔方块

（10）保存项目。选择 Scratch 软件上方菜单中的“文件”→“立即保存”命令即可，如图 9.26 所示。

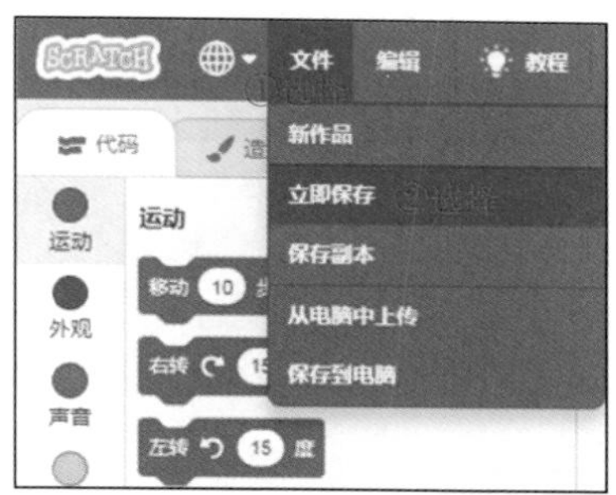

图 9.26　保存项目

9.3　总结

通过本章的学习，相信同学们已经学会了如何使用 Scratch 中的画笔模块，而且可以在画笔模块的基础上调整画笔的粗细和颜色，根据提示信息，让画笔角色自动画出各种各样的多边形。

9.3.1　整理方块

下面将画笔角色的方块整理一下，如图 9.27 所示。

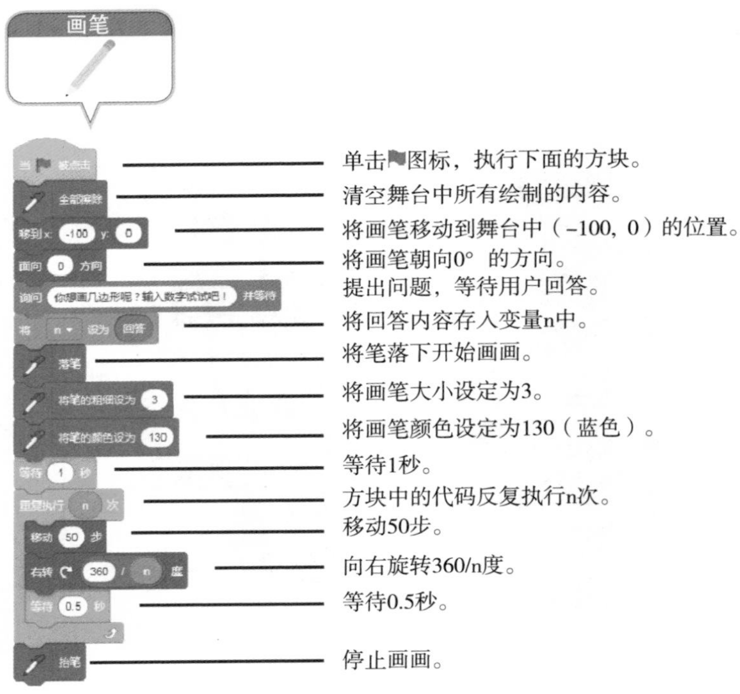

图 9.27　画笔角色的方块详解

9.3.2　学方块，想一想

同学们，看一看图 9.28 中的方块是否熟悉，想一想它们都有什么作用？

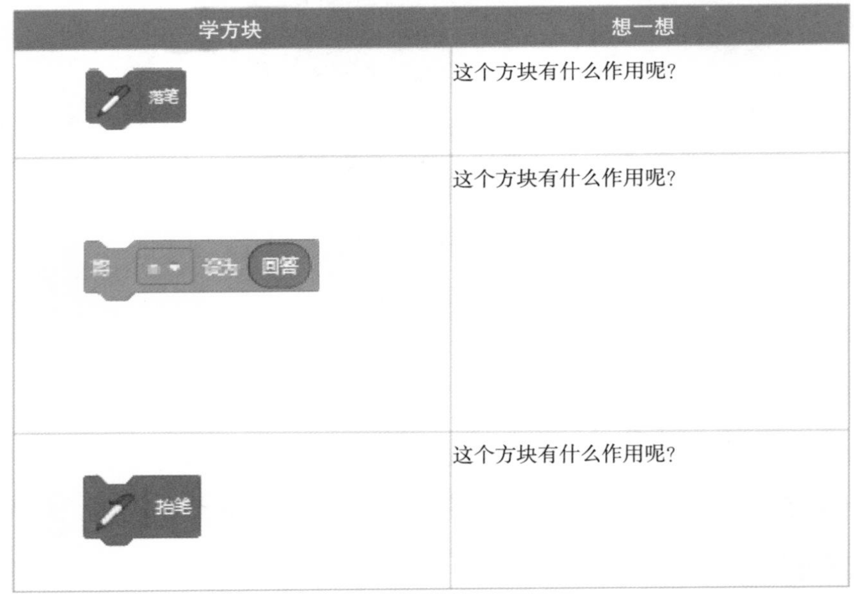

学方块	想一想
落笔	这个方块有什么作用呢？
将 n 设为 回答	这个方块有什么作用呢？
抬笔	这个方块有什么作用呢？

图 9.28　学方块，想一想

9.4　挑战一下

【本小节源代码：资源包\C9\挑战.sb3】

接下来，请同学们挑战下面的例子——红色多边形，如图 9.29 所示。具体要求如下：

- ❑ 在本章案例的基础上，再添加绘制红色多边形的功能。
- ❑ 红色多边形的长度要小于蓝色多边形的长度。

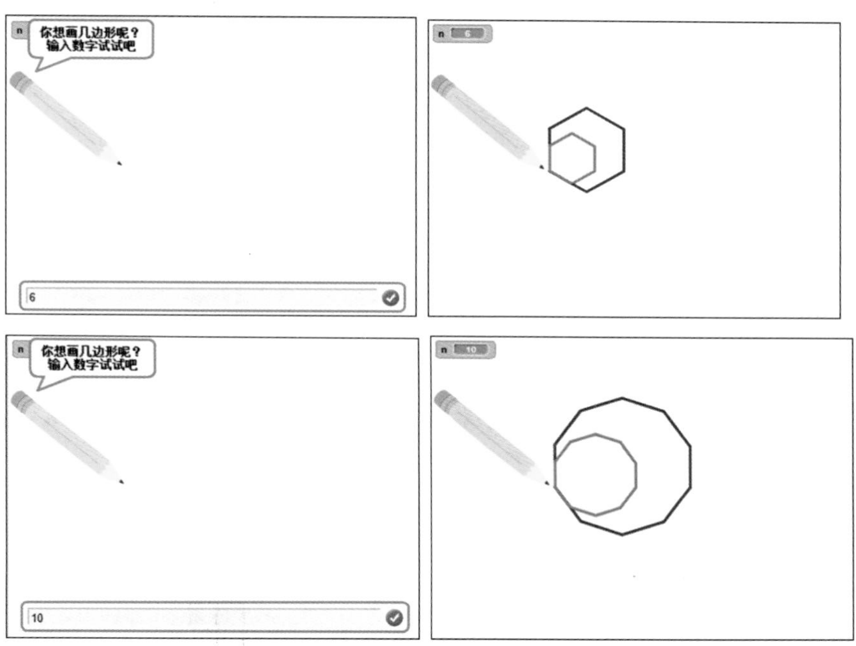

图 9.29　“挑战一下”示例的界面

第 10 章　运动模块：俄罗斯方块

大家听说过“俄罗斯方块”游戏吧？本章将使用 Scratch 当中的移动模块制作一个功能简单的“俄罗斯方块”游戏。使用键盘中的按键，可以在舞台中随意移动俄罗斯方块的位置，并且可以旋转方块等。下面一起动手试试吧！

本章学习目标：

- ❑ 学习实现上、下、左、右移动俄罗斯方块的方法。
- ❑ 学习固定俄罗斯方块的方法。

10.1　案例介绍

Scratch 中的运动模块可以让角色在舞台中移动，也可以让角色向左或向右旋转，配合键盘上的方向键，就可以制作很多有趣的动画效果。本章我们将重点介绍如何使用 Scratch 中的运动模块。

10.1.1　界面预览

图 10.1 所示是本章案例的流程效果。使用键盘中的方向键，就可以控制俄罗斯方块的移动和旋转。

图 10.1　舞台的界面效果

10.1.2　方块说明

图 10.2 所示是俄罗斯方块的关键方块代码解读，10.3.1 节将给出方块代码的详细解读。

图 10.2　俄罗斯方块的方块解读

10.2　动手试一试

下面开始使用 Scratch 软件实现“俄罗斯方块”的界面效果，逐步讲解具体的编程步骤。我们将从绘制俄罗斯方块、添加游戏向导、控制俄罗斯方块、添加旋转和声音 4 个方面进行讲解。

10.2.1 绘制俄罗斯方块

【本小节源代码：资源包\C10\1.sb3】

首先在舞台中绘制出俄罗斯方块。具体操作步骤如下：

（1）打开 Scratch 软件，删除舞台下方的小猫角色，如图 10.3 所示。

图 10.3　删除默认的小猫角色

（2）此时舞台一片空白，单击舞台下方的“绘制”图标，如图 10.4 所示。

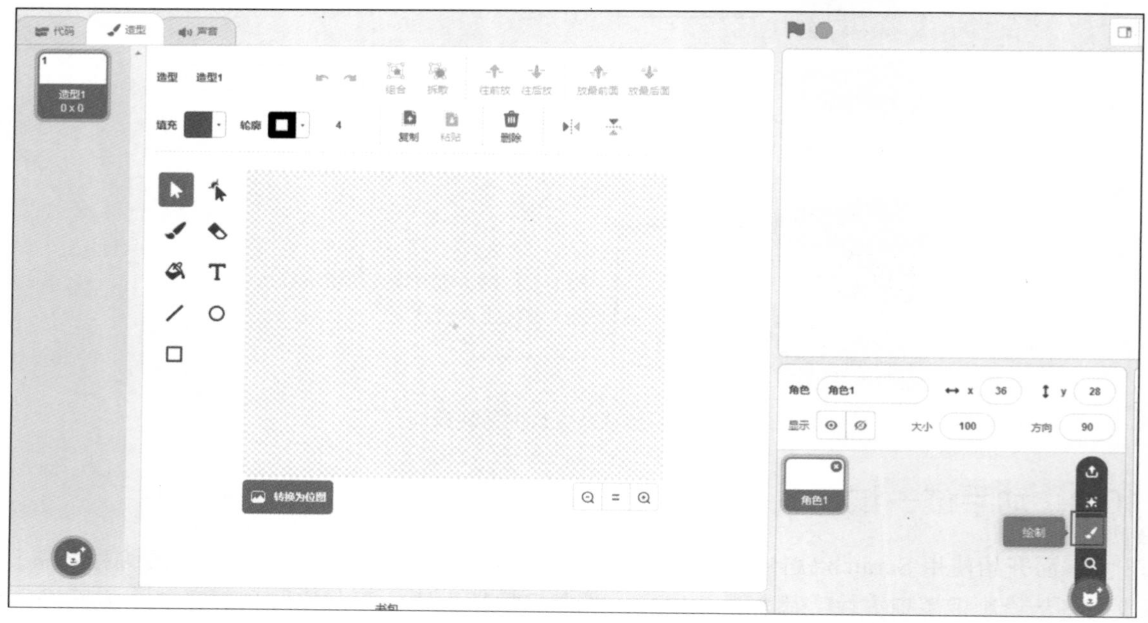

图 10.4　单击“绘制”图标

（3）单击绘制工具栏中的“矩形”工具，在绘制区域使用鼠标拖曳出一个矩形，如图 10.5 所示。

图 10.5　绘制俄罗斯方块

（4）单击绘制工具栏中的“填充”工具，在颜色库中选择黄色，单击俄罗斯方块的中间区域，方块就变成黄色的了，如图 10.6 所示。

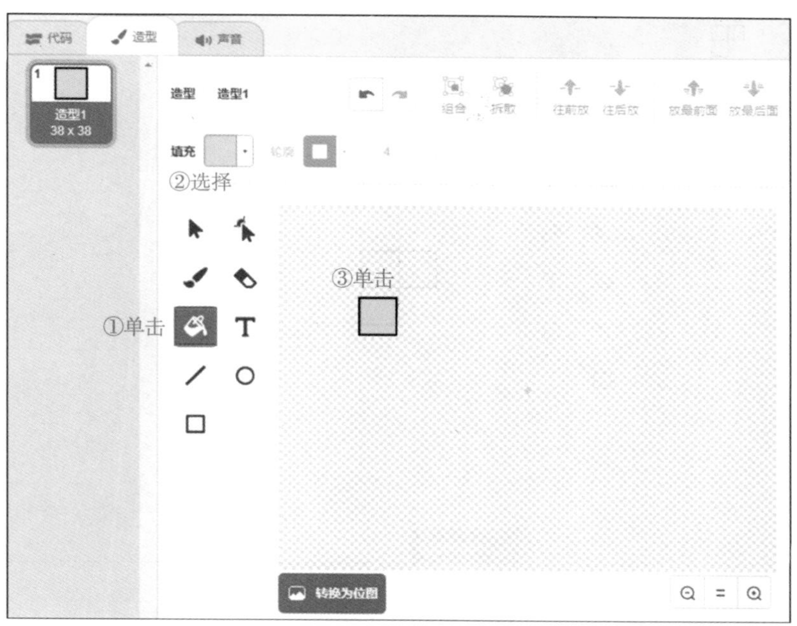

图 10.6　为俄罗斯方块添加颜色

(5) 单击绘制工具栏中的“选择”工具，选中俄罗斯方块，同时按键盘上的 Ctrl 键和 C 键（复制功能），再同时按键盘上的 Ctrl 键和 V 键（粘贴功能），将复制的方块拖曳到如图 10.7 所示的位置。

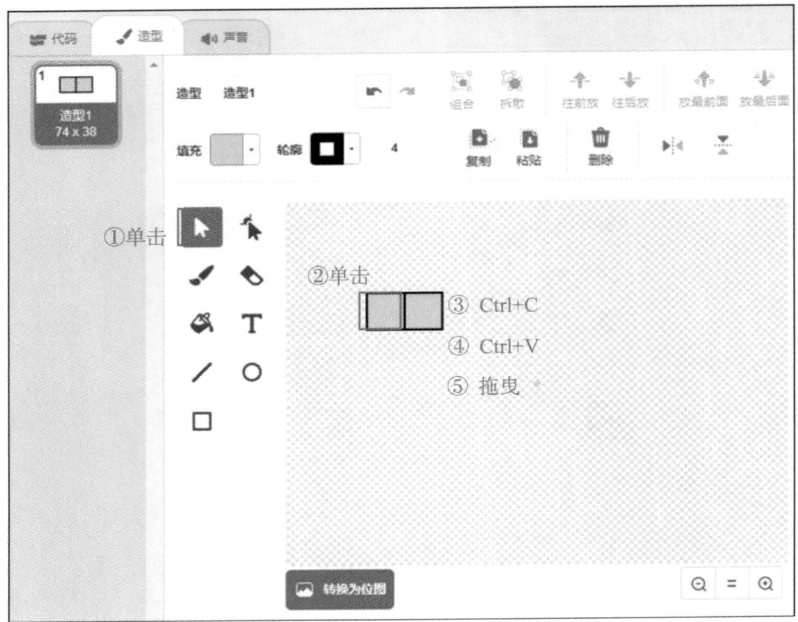

图 10.7　复制俄罗斯方块

(6) 重复步骤（5）的操作，再复制一个方块，如图 10.8 所示。

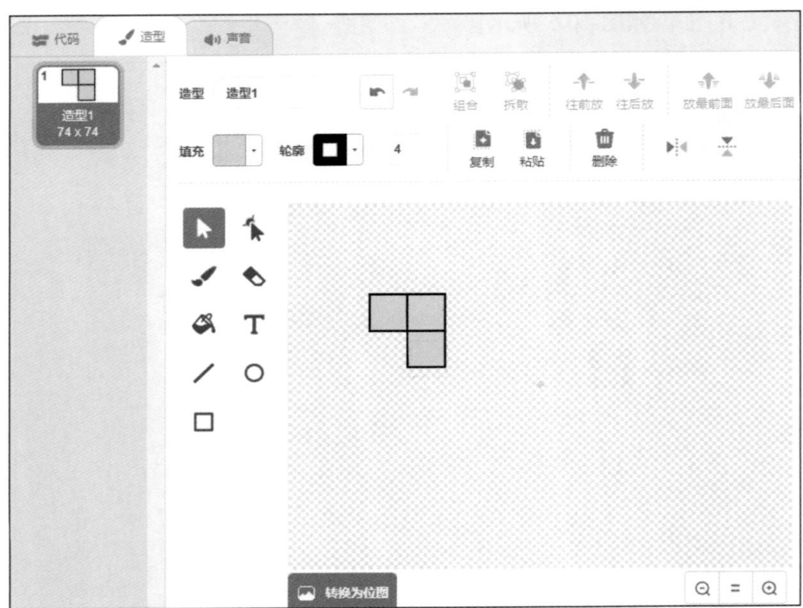

图 10.8　继续复制俄罗斯方块

(7) 单击绘制工具栏中的“选择”工具，将造型中心拖曳到如图 10.9 所示的位置。

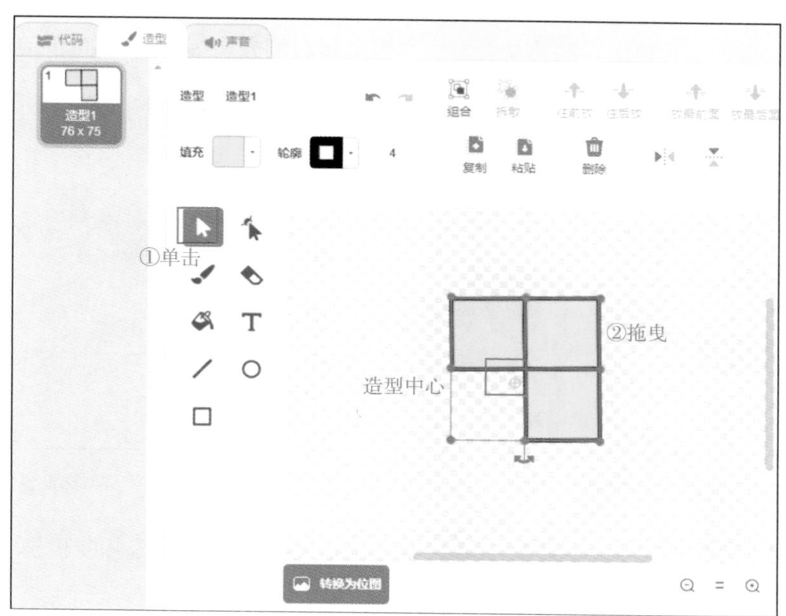

图 10.9　设置造型中心

10.2.2　添加游戏向导

【本小节源代码：资源包\C10\2.sb3】

在控制俄罗斯方块之前，在舞台中添加一个游戏向导，向用户说明一下游戏的规则。具体操作步骤如下：

（1）单击舞台下方的“选择一个角色”图标，在弹出的窗口中选择一个向导角色，如图 10.10 所示。

图 10.10　添加游戏向导

（2）单击“事件”方块组，将方块“当 被点击”拖曳到右侧方块编辑区，如图 10.11 所示。

（3）单击“外观”方块组，将方块“显示”拖曳到右侧方块“当 被点击”的下方，如图 10.12 所示。

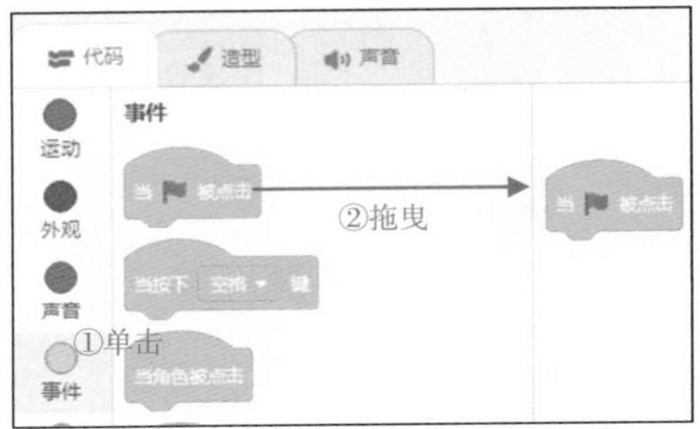

图 10.11　为向导添加事件方块

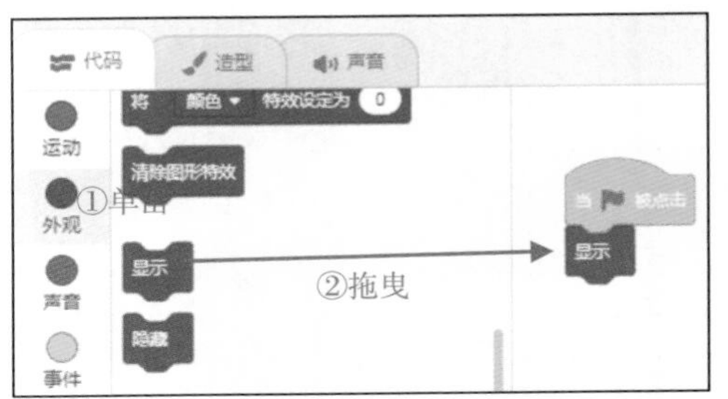

图 10.12　为向导添加显示方块

（4）单击“外观”方块组，将方块“说 你好！ 2 秒”拖曳到右侧方块“显示”的下方，将 hello 修改为“游戏规则说明一下！”，如图 10.13 所示。

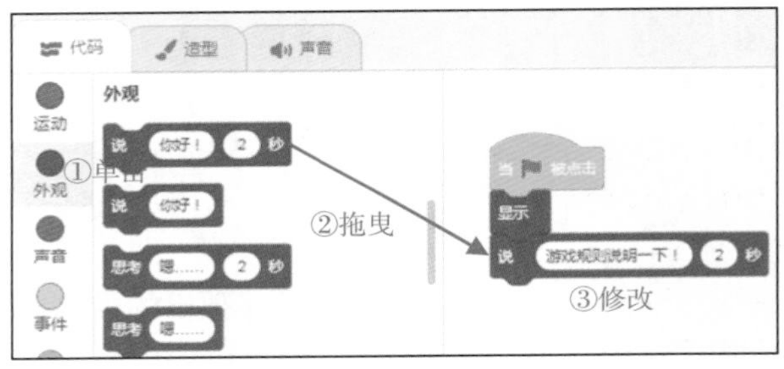

图 10.13　为向导添加外观方块 1

（5）单击“外观”方块组，将方块“下一个造型”拖曳到右侧方块“说 游戏规则说明一下！ 2 秒”的下方，如图 10.14 所示。

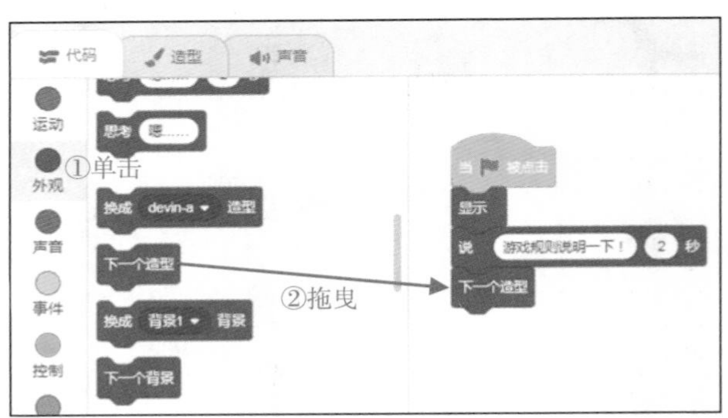

图 10.14　为向导添加外观方块 2

（6）单击“外观”方块组，将方块“说 你好！ 2 秒”拖曳到右侧方块“下一个造型”的下方。将 hello 修改为“‘Z 键’是旋转方块，‘空格键’是固定方块，‘方向键’是移动方块！”，如图 10.15 所示。

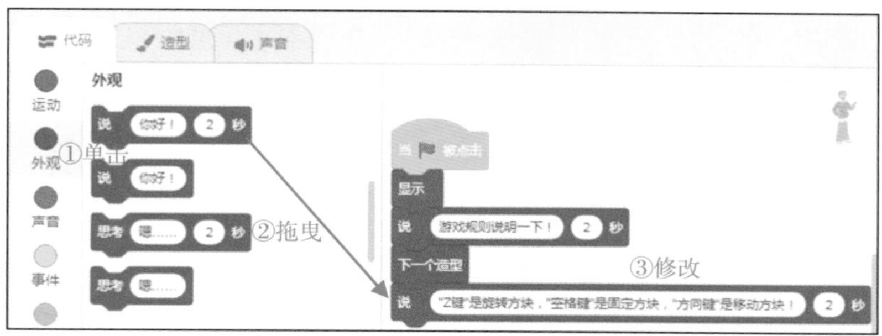

图 10.15　为向导添加外观方块 3

（7）单击“外观”方块组，将方块 拖曳到右侧方块 的下方，如图 10.16 所示。

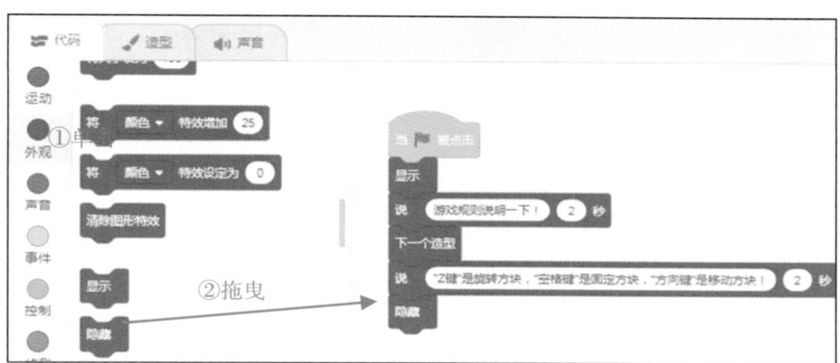

图 10.16　为向导添加外观方块 4

10.2.3　控制俄罗斯方块

【本小节源代码：资源包\C10\3.sb3】

设置完游戏向导后，开始添加控制俄罗斯方块的方块命令。具体操作如下：

（1）选中“角色 1”后，单击“事件”方块组，将方块 拖曳到右侧方块编辑区，如图 10.17 所示。

（2）单击“画笔”方块组，将方块 拖曳到右侧方块 的下方，如图 10.18 所示。

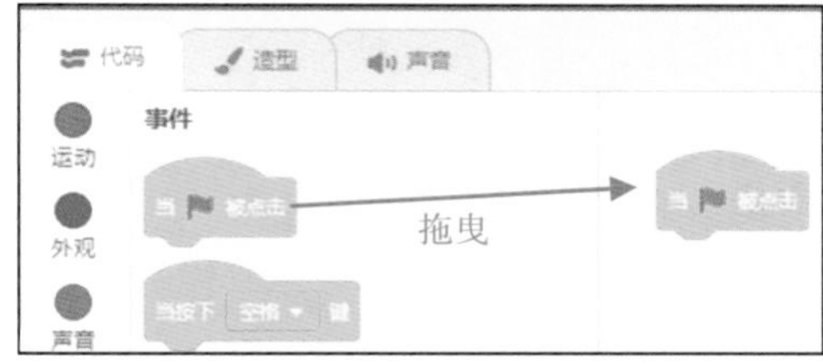

图 10.17　为俄罗斯方块添加事件方块

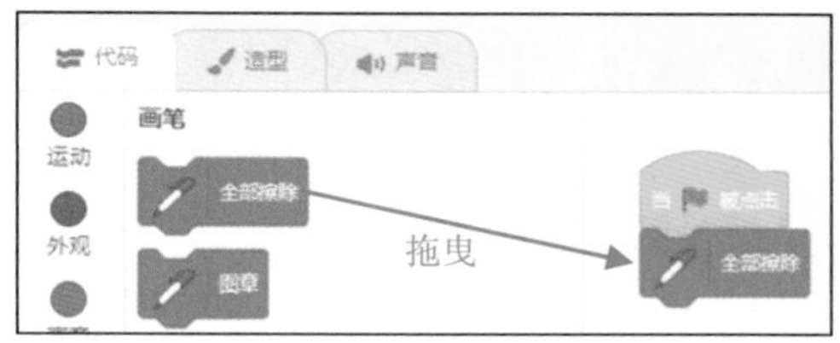

图 10.18　为俄罗斯方块添加全部擦除方块

(3) 单击“外观”方块组，将方块 隐藏 拖曳到右侧方块 全部擦除 的下方，如图 10.19 所示。

(4) 单击“运动”方块组，将方块 移到 x: 0 y: 0 拖曳到右侧方块 隐藏 的下方，将 y 的值修改为 180，如图 10.20 所示。

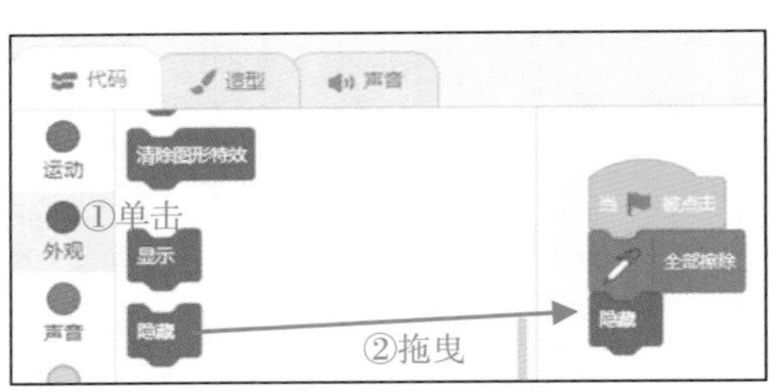

图 10.19 为俄罗斯方块添加隐藏方块

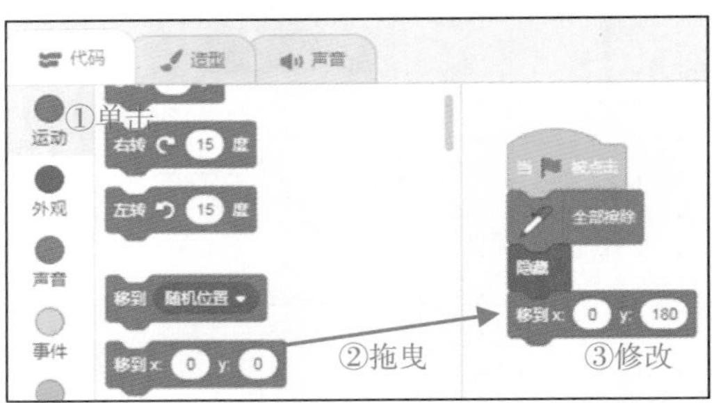

图 10.20 修改 y 值

(5) 单击“外观”方块组，将方块 显示 拖曳到右侧方块 移到 x: 0 y: 180 的下方，如图 10.21 所示。

(6) 单击“事件”方块组，将方块 当按下 空格 键 拖曳到右侧方块编辑区，将“空格”修改为“↓”，如图 10.22 所示。

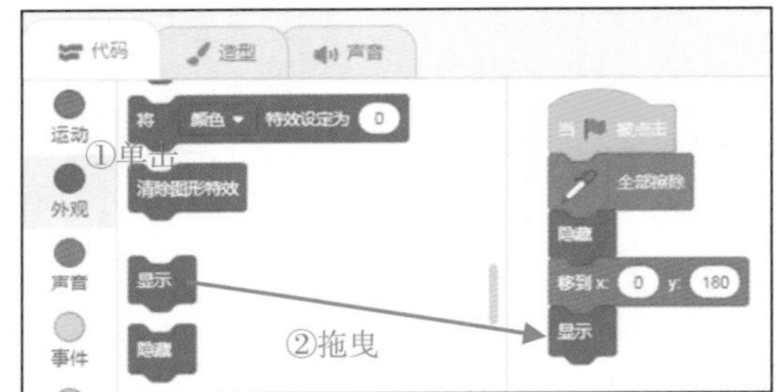

图 10.21 为俄罗斯方块添加显示方块

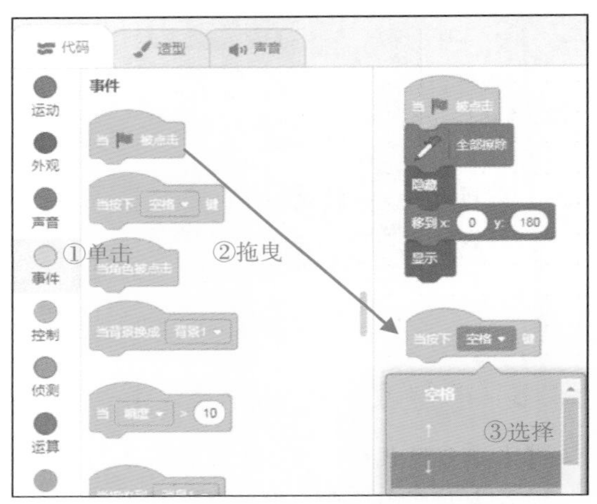

图 10.22 为俄罗斯方块添加事件方块

(7) 单击“运动”方块组，将方块 将y坐标增加 10 拖曳到右侧方块 当按下 ↓ 键 的下方，将 10 修改为-10，如图 10.23 所示。

(8) 按照同样的方法，完成“↑”“←”“→”键的方块搭建，如图 10.24 所示。

10.2.4 添加旋转和声音

【本小节源代码：资源包\C10\4.sb3】

最后为俄罗斯方块添加旋转、发出声音等功能。具体操作步骤如下：

(1) 单击“事件”方块组，将方块 当按下 空格 键 拖曳到右侧方块编辑区，将“空格”修改为 z，如图 10.25 所示。

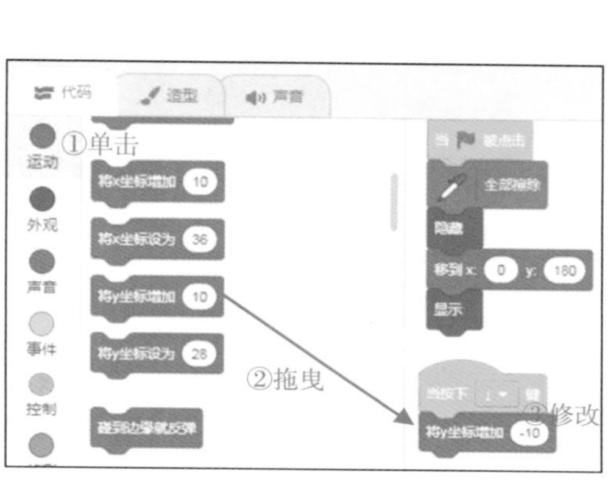

图 10.23　为俄罗斯方块添加运动方块

图 10.24　为俄罗斯方块添加控制方块

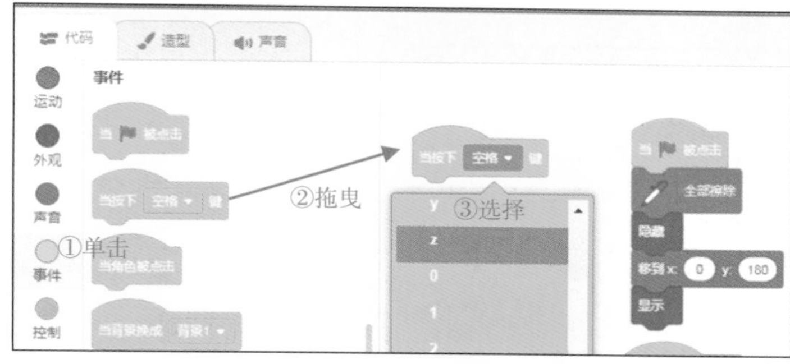

图 10.25　为俄罗斯方块添加事件方块

（2）单击“运动”方块组，将方块 右转 ↻ 15 度 拖曳到右侧方块 当按下 z 键 的下方，将 15 修改为 90，如图 10.26 所示。

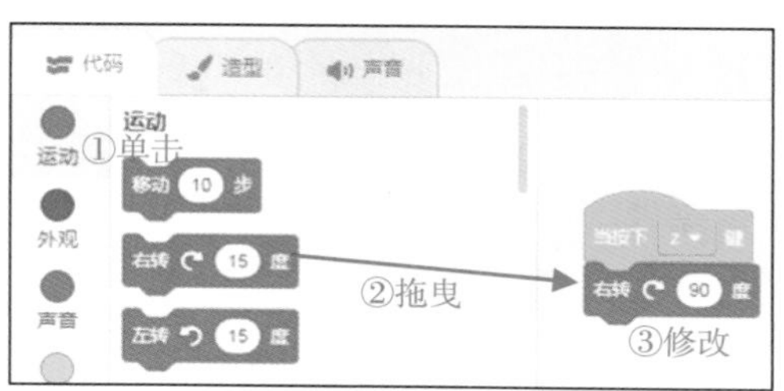

图 10.26　为俄罗斯方块添加运动方块

(3) 单击“事件”方块组，将方块 当按下 空格 键 拖曳到右侧方块编辑区，如图 10.27 所示。

(4) 单击“画笔”方块组，将方块 图章 拖曳到右侧方块 当按下 空格 键 的下方，如图 10.28 所示。

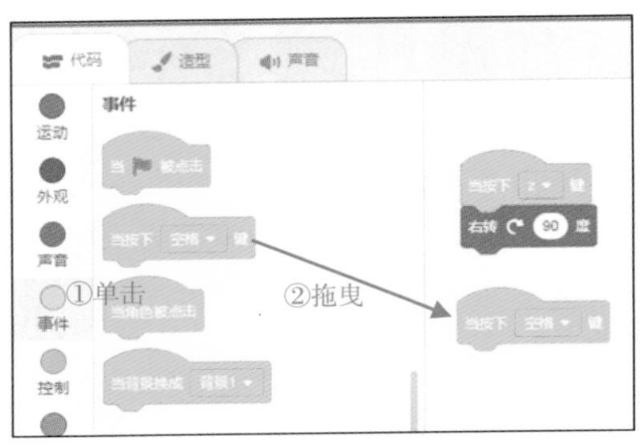

图 10.27　为俄罗斯方块添加事件方块

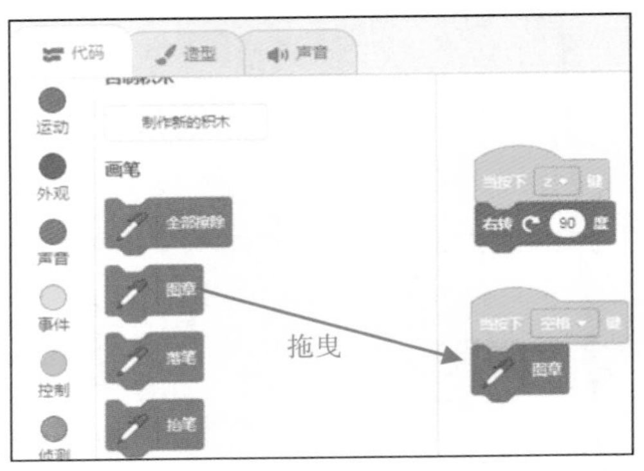

图 10.28　为俄罗斯方块添加图章方块

(5) 单击“运动”方块组，将方块 移到 x: 0 y: 0 拖曳到右侧方块 图章 的下方，将 y 的值修改为 180，如图 10.29 所示。

(6) 单击“声音”方块组，将方块 播放声音 啵 拖曳到右侧方块 移到 x: 0 y: 180 的下方，如图 10.30 所示，并调整为 zoop。

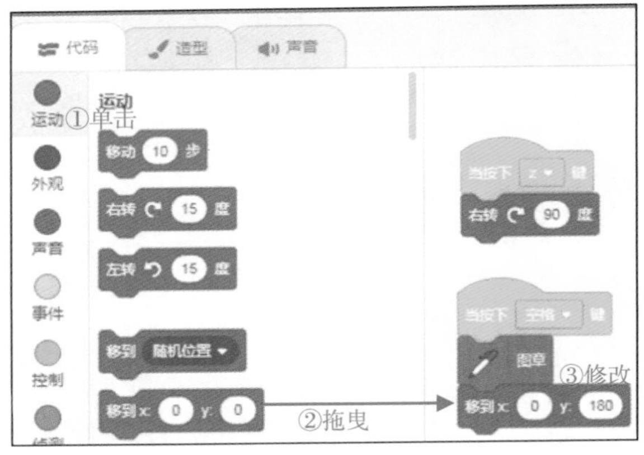

图 10.29　为俄罗斯方块添加运动方块

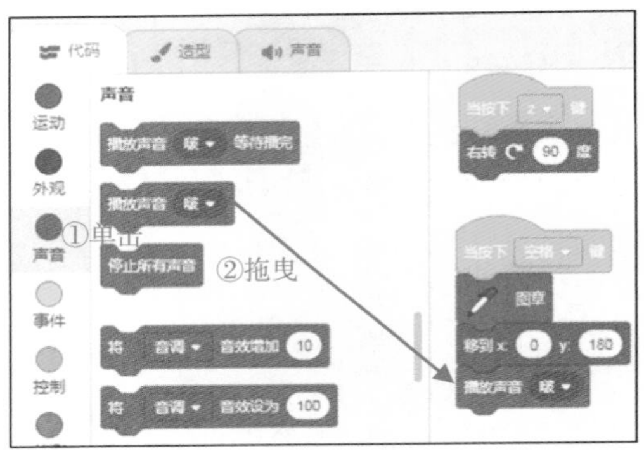

图 10.30　为角色添加声音方块

10.3　总结

通过本章的学习，相信同学们已经学会了如何使用 Scratch 中的运动模块。通过使用键盘中的方向键，可以上、下、左、右移动俄罗斯方块，而且学会了固定俄罗斯方块的方法。

10.3.1　整理方块

下面将俄罗斯方块的方块命令整理一下，如图 10.31 所示。

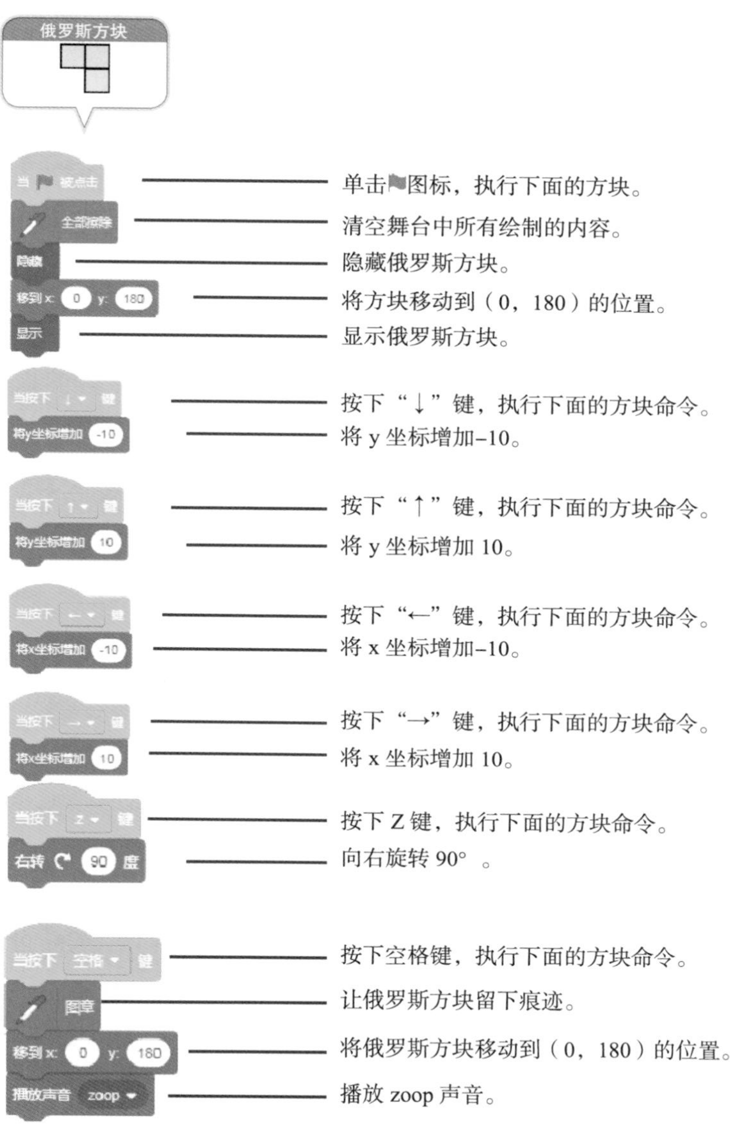

图 10.31　俄罗斯方块的方块详解

10.3.2　学方块，想一想

同学们，看一看图 10.32 中的方块是否熟悉，想一想它们都有什么作用？

10.4　挑战一下

【本小节源代码：资源包\C10\挑战.sb3】

接下来，请同学们挑战下面的例子——幽灵大战，如图 10.33 所示。具体要求如下：

- 在本章案例的基础上，在舞台上再添加一个“幽灵”角色。
- 让幽灵在舞台中四处移动碰撞。

学方块	想一想
图章	这个方块有什么作用呢?
将x坐标增加 -10	这个方块有什么作用呢?
将y坐标增加 10	这个方块有什么作用呢?

图 10.32　学方块，想一想

图 10.33　“挑战一下”示例的界面

第 11 章　游戏：大象吃橘子

橘子从天而降，砸到了大象的身上。为了不让大象被砸到，你可以使用键盘上的“←”键和“→”键让大象在舞台中左右移动，这样大象就不会被橘子砸到了。下面一起来完成这个游戏案例吧！

本章学习目标：

- ❑ 实现移动大象，躲避橘子。
- ❑ 实现橘子碰到大象或者地面时会改变造型。

11.1　案例介绍

在本游戏案例中，主要使用条件选择方块和循环方块控制大象的移动和碰撞处理。大象碰到橘子后，会改变大象和橘子的造型，实现有趣的动画效果。

11.1.1　界面预览

橘子从天而降，砸到了大象的身上，如图 11.1 所示。

图 11.1　大象吃橘子的界面效果

11.1.2　方块说明

图 11.2 所示是大象的关键方块代码解读，11.3.1 节中将给出方块代码的详细解读。

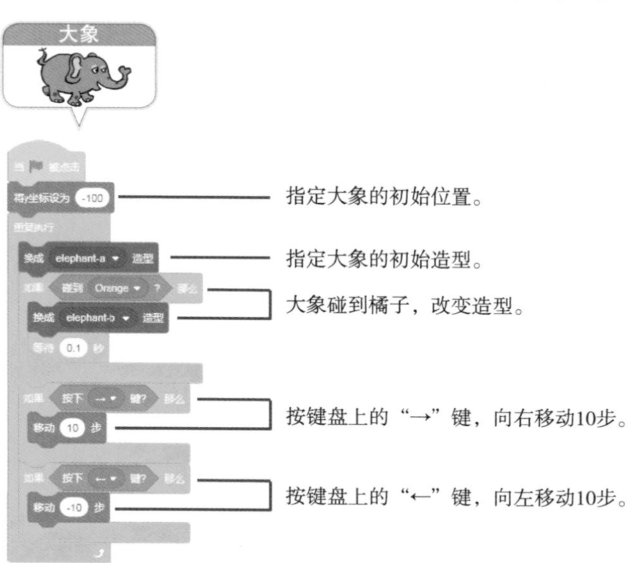

图 11.2　大象的方块解读

图 11.3 所示是橘子角色的关键方块代码解读，11.3.1 节中将给出方块代码的详细解读。

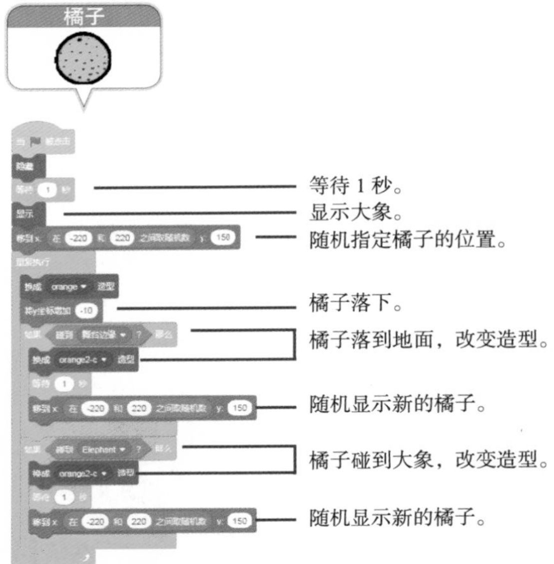

图 11.3　橘子的方块解读

11.2　动手试一试

下面开始使用 Scratch 软件实现“大象吃橘子”的界面效果，逐步讲解具体的编程步骤。我们将从准备大象和橘子、从天而降的橘子、橘子的碰撞处理、大象的反应、控制大象 5 个方面进行讲解。

11.2.1　准备大象和橘子

【本小节源代码：资源包\C11\1.sb3】

首先，我们在舞台上添加大象和橘子角色。具体操作步骤如下：

（1）打开 Scratch，删除舞台下方的小猫角色，如图 11.4 所示。

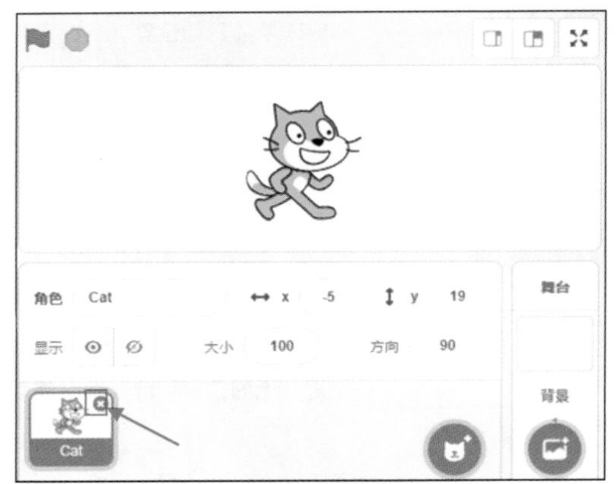

图 11.4　删除默认的小猫角色

（2）单击舞台下方的“选择一个角色”图标，在弹出的窗口中分别选择大象（Elephant）和橘子（Orange）角色。具体步骤如图 11.5 所示。

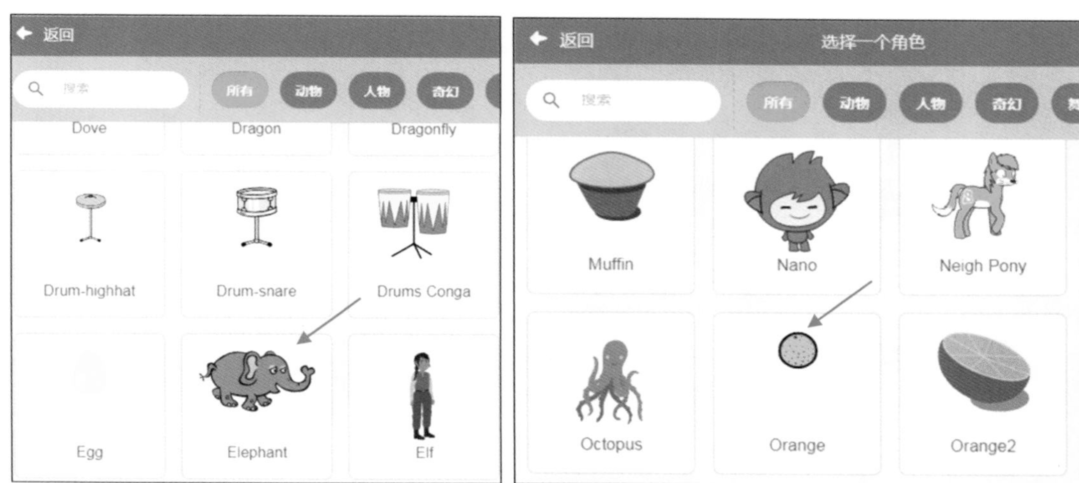

图 11.5　添加大象和橘子角色的操作步骤

（3）选中 Orange 角色，单击选项板上的“造型”标签，再单击下方的“选择一个造型”图标，添加一个破碎的橘子的造型，如图 11.6 所示。

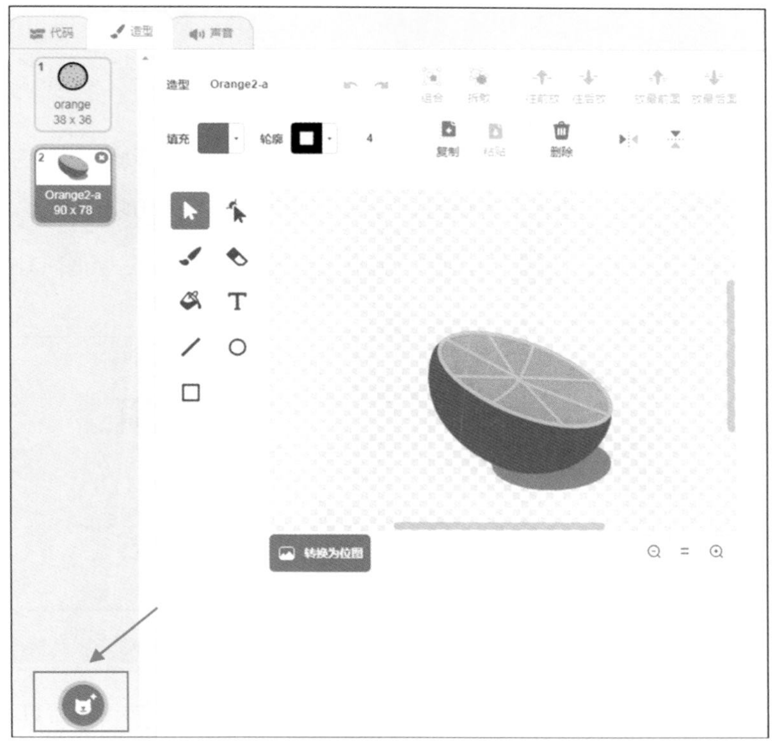

图 11.6　添加破碎橘子的造型

（4）改变破碎橘子造型的大小。单击“选择”工具，拖曳橘子到如图 11.7 所示的大小。

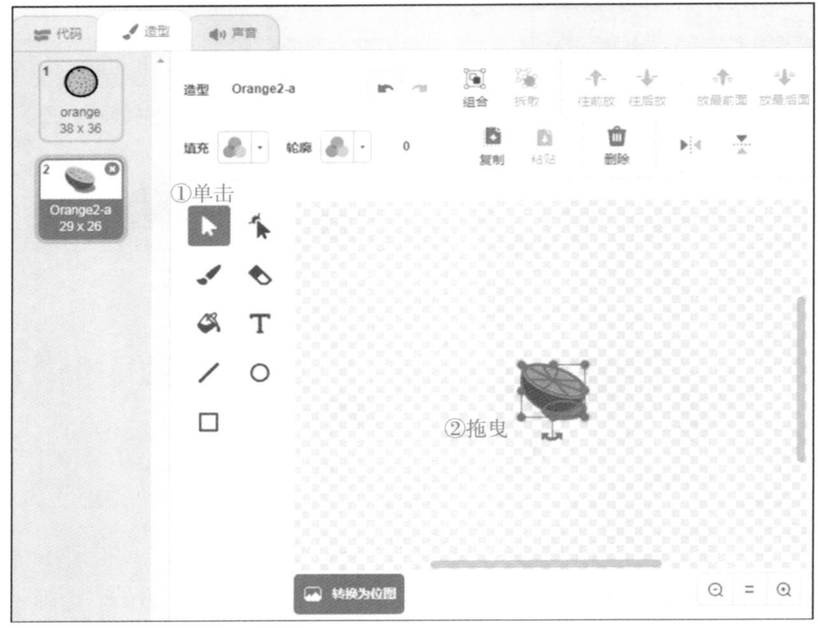

图 11.7　改变破碎橘子的大小

11.2.2　从天而降的橘子

【本小节源代码：资源包\C11\2.sb3】

准备好大象和橘子角色后，开始制作从天而降的橘子。具体操作步骤如下：

（1）选中橘子角色，单击“事件”方块组，将方块拖曳到方块编辑区，如图 11.8 所示。

（2）单击“外观”方块组，将方块拖曳到方块的下方，如图 11.9 所示。

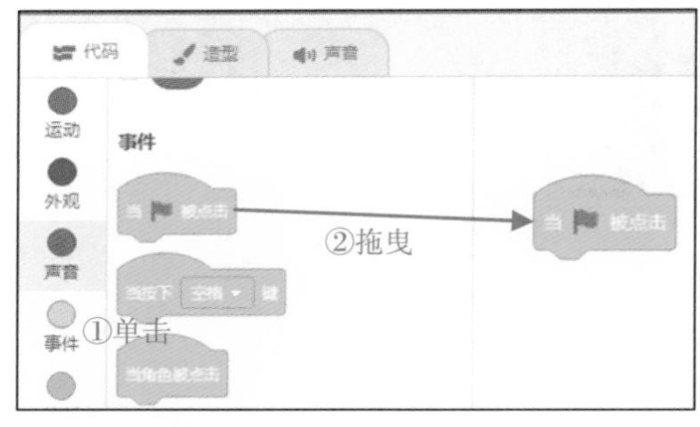

图 11.8　为橘子添加事件方块

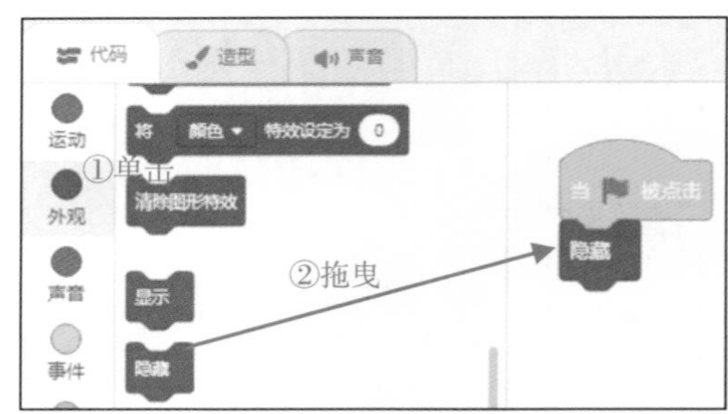

图 11.9　为橘子添加外观方块

（3）单击“控制”方块组，将方块拖曳到方块的下方，如图 11.10 所示。

（4）单击“外观”方块组，将方块拖曳到方块的下方，如图 11.11 所示。

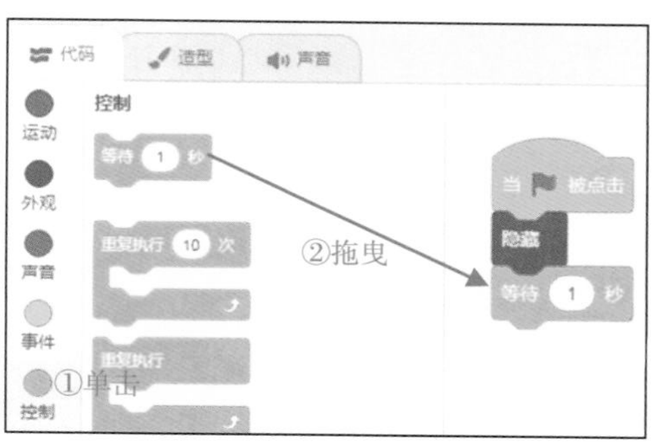

图 11.10　为橘子添加控制方块

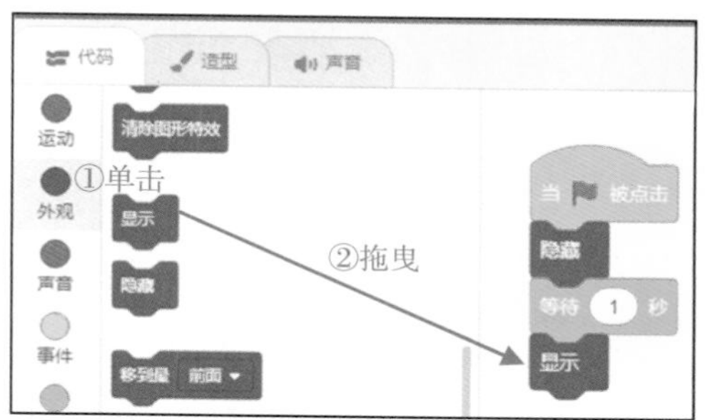

图 11.11　为橘子角色添加外观方块

（5）单击“运动”方块组，将 移到x: 0 y: 0 方块拖曳到 显示 方块的下方，如图 11.12 所示。

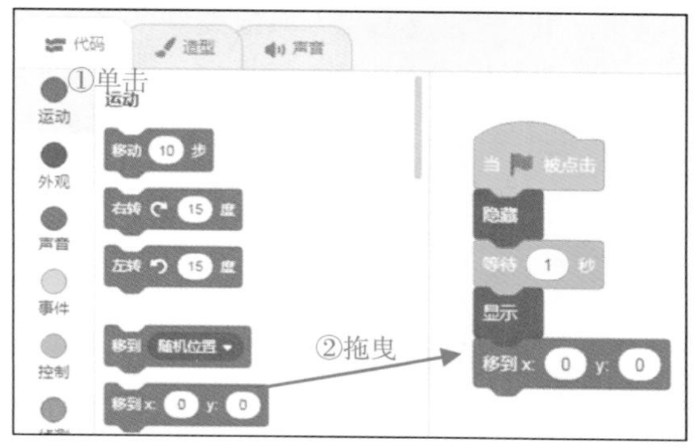

图 11.12　为橘子角色添加运动方块

（6）单击“运算”方块组，将 在 1 和 10 之间取随机数 方块拖曳到 移到x: 0 y: 0 方块的 x 值处，将 1 和 10 分别修改为-220 和 220，y 值修改为 150，如图 11.13 所示。

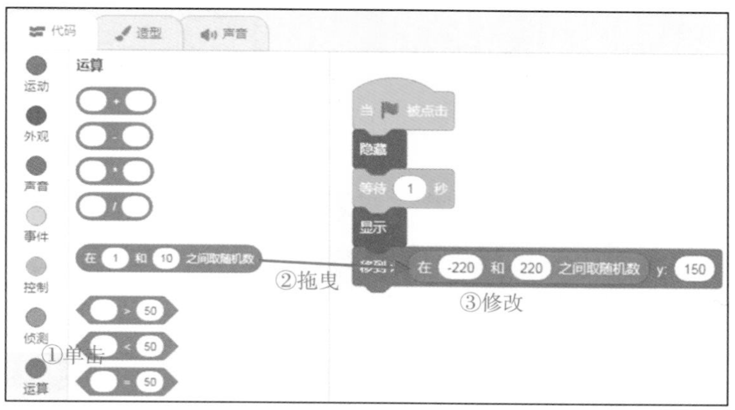

图 11.13　为橘子添加运动方块

（7）单击“控制”方块组，将 重复执行 方块拖曳到 移到x: 在 -220 和 220 之间取随机数 y: 150 方块的下方，如图 11.14 所示。

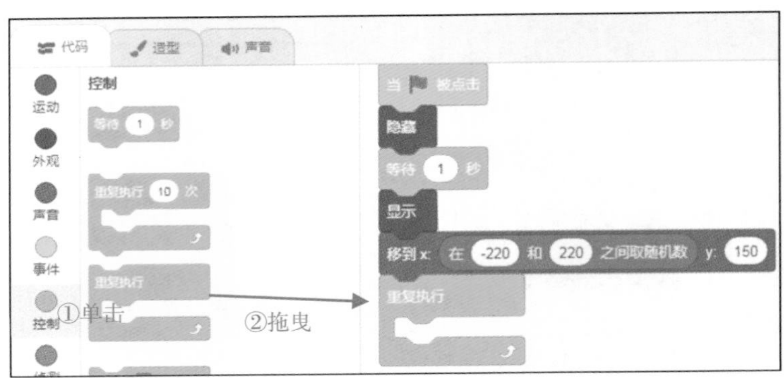

图 11.14　为橘子添加控制方块

（8）单击“外观”方块组，将 换成 orange 造型 方块拖曳到 重复执行 方块的内部，如图 11.15 所示。

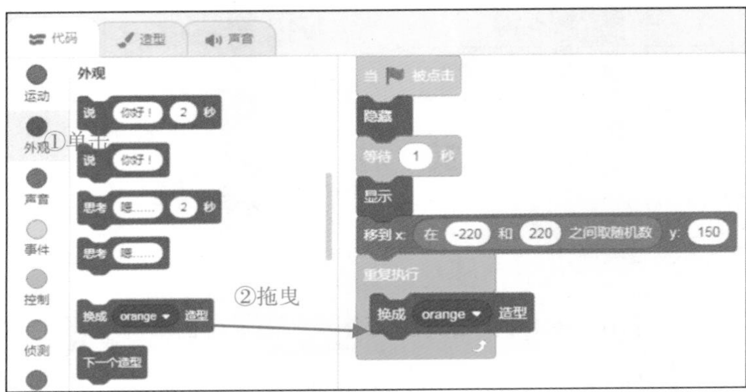

图 11.15　为橘子添加外观方块

（9）单击“运动”方块组，将 将y坐标增加 10 方块拖曳到 换成 orange 造型 方块的下方，将 10 修改为 -10，如图 11.16 所示。

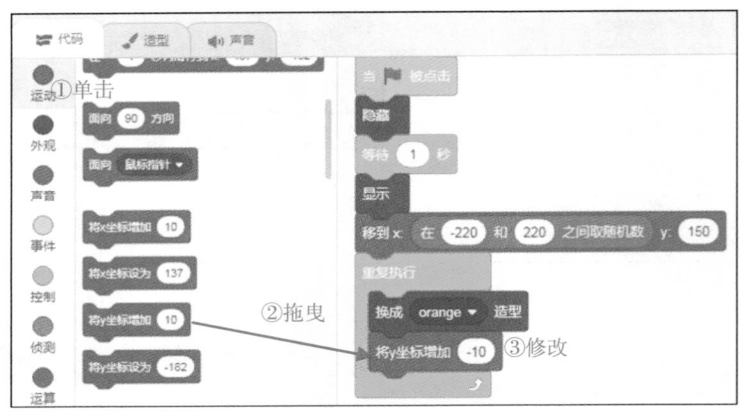

图 11.16　为橘子添加运动方块

11.2.3　橘子的碰撞处理

【本小节源代码：资源包\C11\3.sb3】

橘子什么时候会出现碰撞情况呢？落到地上时或者碰到大象的时候。接下来我们来实现橘子的碰撞处理。具体操作步骤如下：

（1）单击“控制”方块组，将 如果 那么 方块拖曳到 将y坐标增加 -10 方块的下方，如图 11.17 所示。

图 11.17　为橘子添加控制方块

（2）单击“侦测”方块组，将 碰到 鼠标指针 ? 方块拖曳到方块 如果 那么 的选项处，将“鼠标指针”修改为“舞台边缘”，如图 11.18 所示。

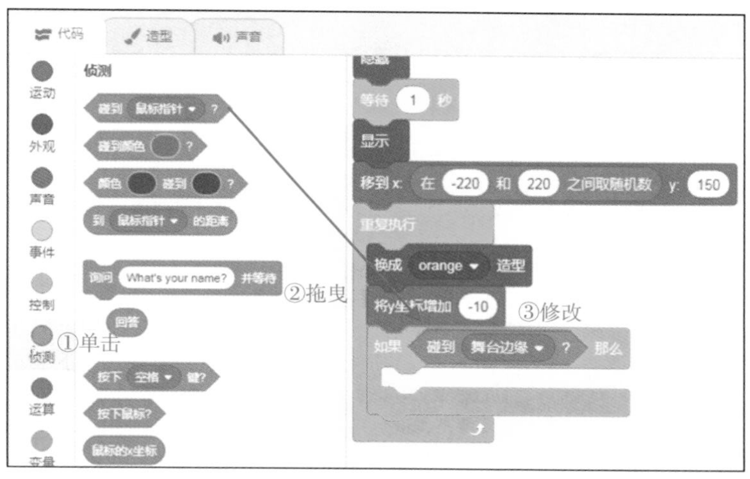

图 11.18　为橘子添加侦测方块

（3）单击“外观”方块组，将 换成 orange 造型 方块拖曳到方块 如果 那么 的内部，将 orange 修改为 Orange2-a，如图 11.19 所示。

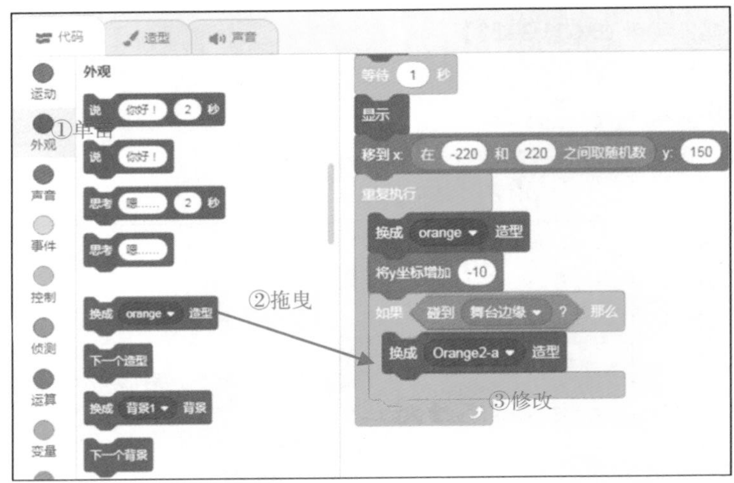

图 11.19　为橘子添加外观方块

（4）单击“控制”方块组，将 等待 1 秒 方块拖曳到方块 换成 Orange2-a 造型 的下方，如图 11.20 所示。

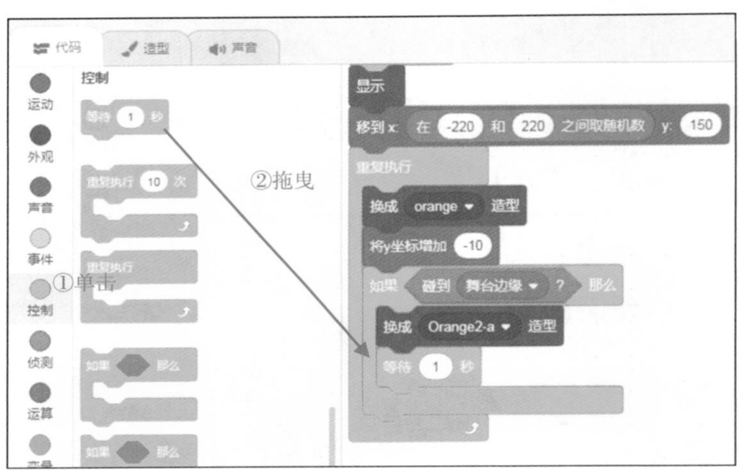

图 11.20　为橘子添加控制方块

（5）单击“运动”方块组，将 移到 x: 0 y: 0 方块拖曳到方块 等待 1 秒 的下方，如图 11.21 所示。

（6）单击“运算”方块组，将 在 1 和 10 之间取随机数 方块拖曳到 移到 x: 0 y: 0 方块的 x 值处，将 1 和 10 分别修改为-220 和 220，将 y 值修改为 150，如图 11.22 所示。

（7）右击 如果 那么 方块，在弹出的快捷菜单中选择“复制”命令，如图 11.23 所示。

（8）将“舞台边缘”选项修改为 Elephant，如图 11.24 所示。

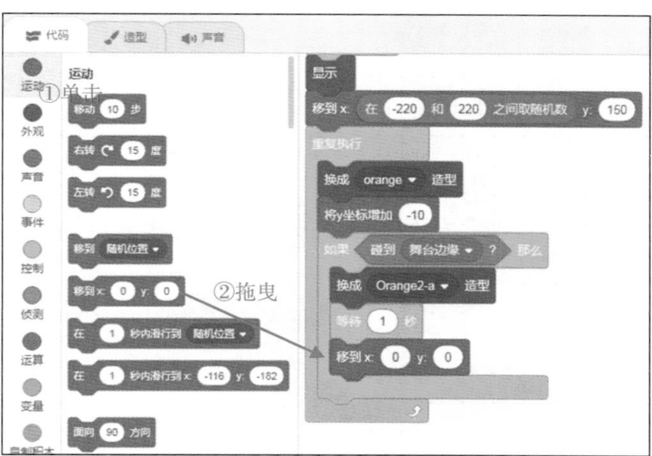

图 11.21　为橘子添加运动方块

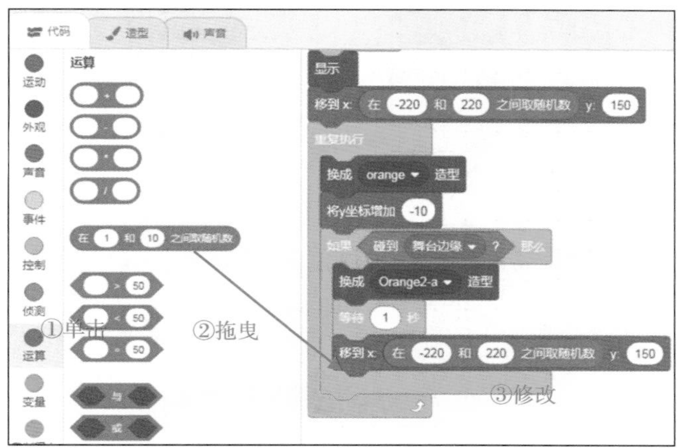

图 11.22　为橘子添加运算方块

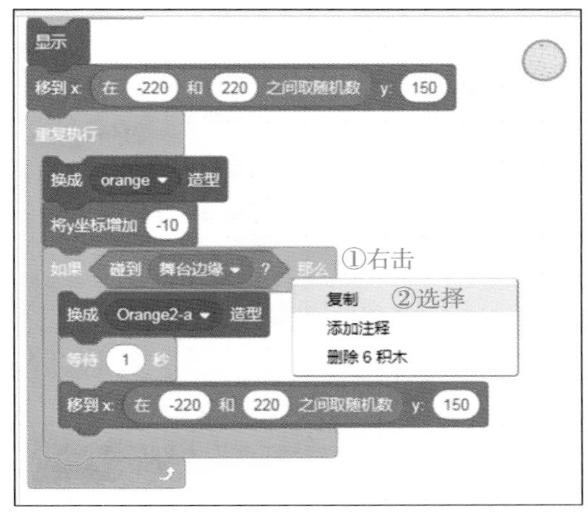

图 11.23　复制方块

图 11.24　修改选择条件

11.2.4 大象的反应

【本小节源代码：资源包\C11\4.sb3】

橘子的碰撞处理制作完毕，那么大象碰撞到橘子后会有什么样的反应呢？接下来，我们来制作大象碰到橘子时的效果。具体操作步骤如下：

（1）选中大象角色，单击“事件”方块组，将当🏳被点击方块拖曳到右侧的方块编辑区，如图 11.25 所示。

（2）单击“运动”方块组，将将y坐标设为 0 方块拖曳到当🏳被点击方块的下方，将 0 修改为-100，如图 11.26 所示。

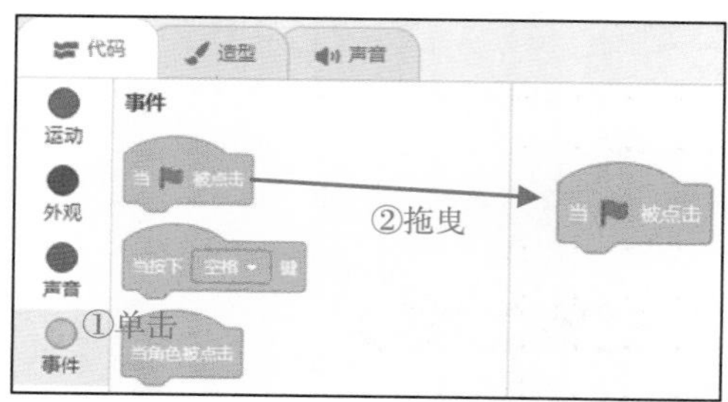

图 11.25 为大象添加事件方块

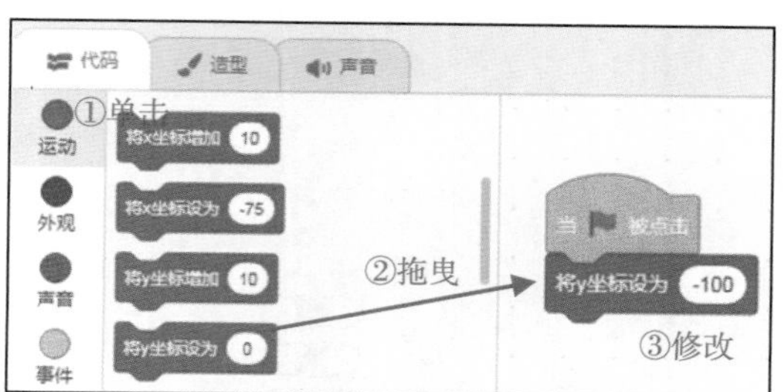

图 11.26 为大象添加事件方块

（3）单击“控制”方块组，将重复执行方块拖曳到将y坐标设为 -100 方块的下方，如图 11.27 所示。

（4）使用如果 那么方块完成大象的碰撞处理反应，方块解读如图 11.28 所示。

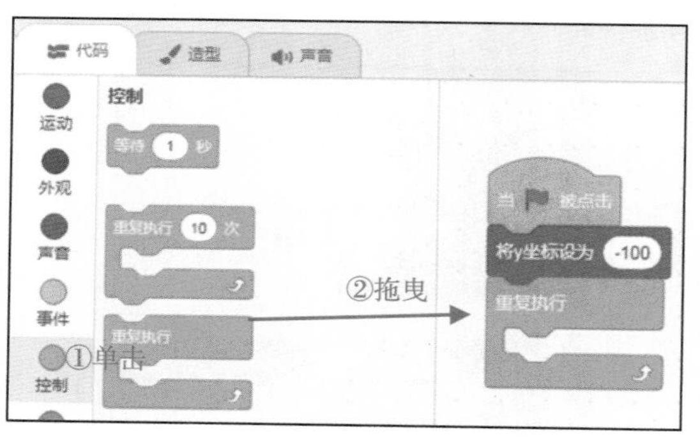

图 11.27 为大象添加控制方块

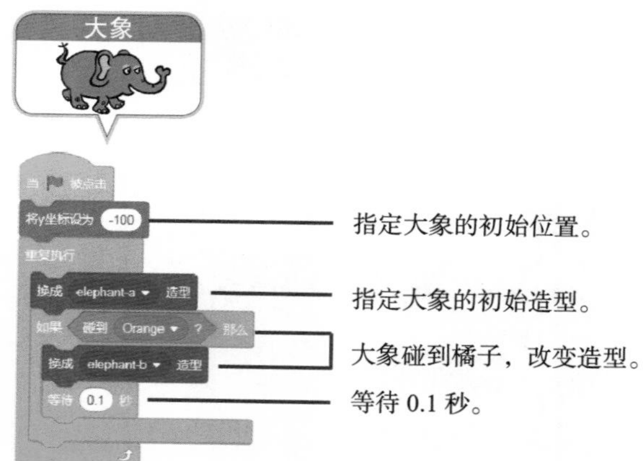

图 11.28 大象碰撞处理反应的方块解读

11.2.5 控制大象

【本小节源代码：资源包\C11\5.sb3】

为了不让橘子砸到大象，我们使用键盘上的“←”键和“→”键控制大象的移动。具体操作步骤如下：

（1）使用如果 那么方块，完成键盘上“→”键的处理，方块解读如图 11.29 所示。

图 11.29　为大象添加“→”键控制方块

（2）使用如果 那么方块，完成键盘上“←”键的处理，方块解读如图 11.30 所示。

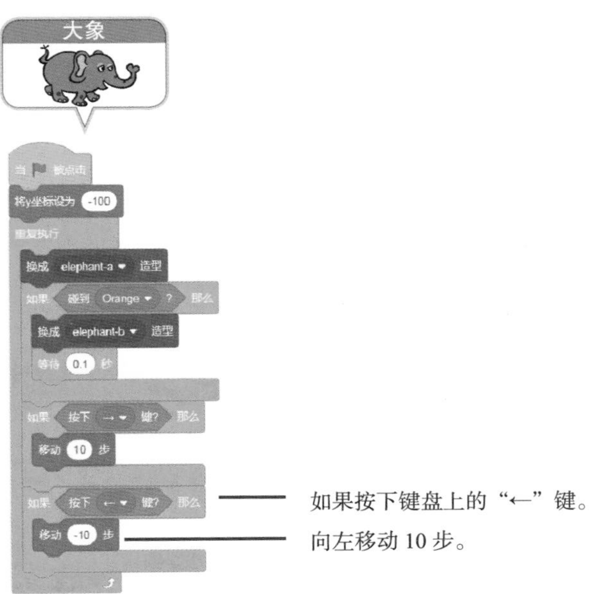

图 11.30　为大象添加“←”键控制方块

（3）单击舞台下方的“选择一个背景”图标，在弹出的界面中选择一张喜欢的图片，如图 11.31 所示。

添加舞台背景后的界面效果如图 11.32 所示。

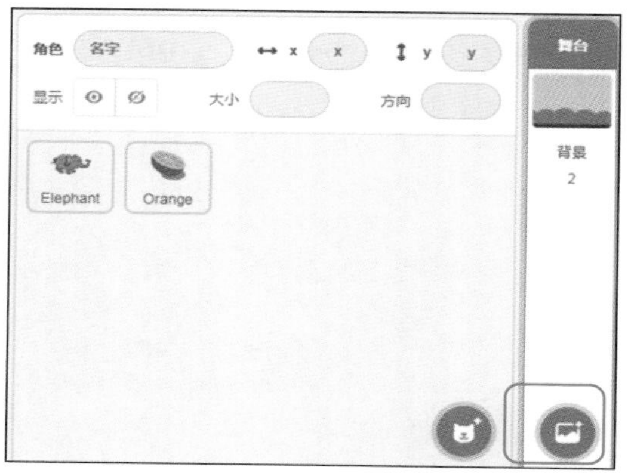

图 11.31　添加舞台背景

图 11.32　舞台背景效果

（4）保存项目。选择 Scratch 软件上方菜单中的“文件”→“立即保存”命令即可，如图 11.33 所示。

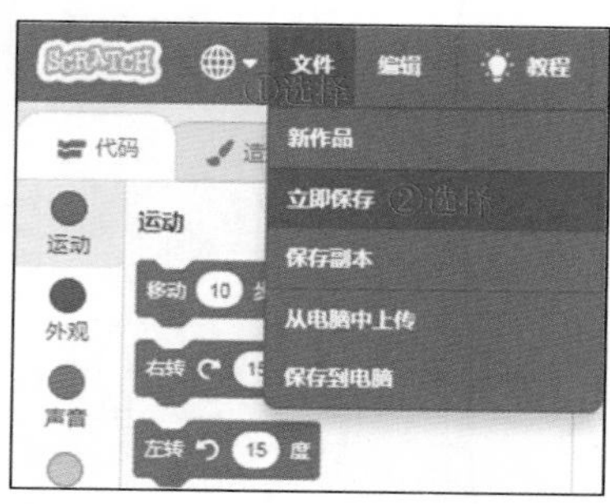

图 11.33　保存项目的操作过程

11.3　总结

通过本章的学习，同学们可以学会使用键盘控制大象的移动，从而躲避橘子。同时，可以实现当橘子碰到大象的时候，改变大象的造型。在此游戏的基础上，同学们还可以发挥想象力，用学习过的鼠标功能控制大象的移动。

11.3.1　整理方块

下面将“大象吃橘子”的方块整理一下，如图 11.34 和图 11.35 所示。

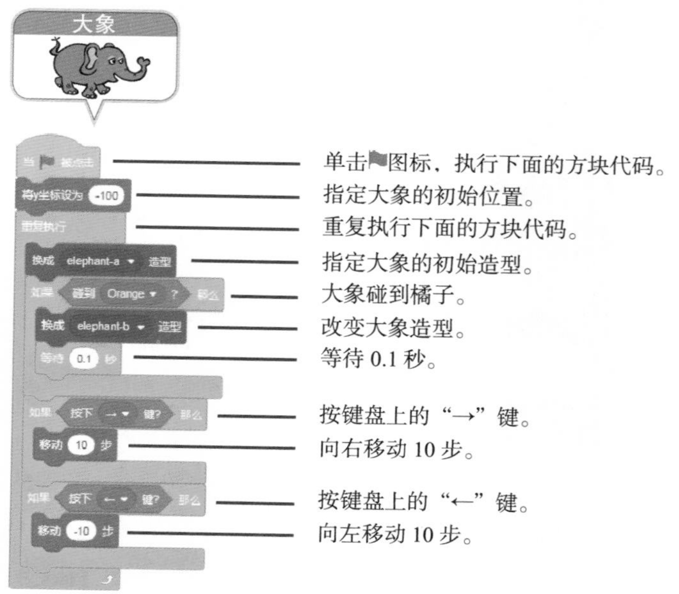

图 11.34　大象角色的方块详解

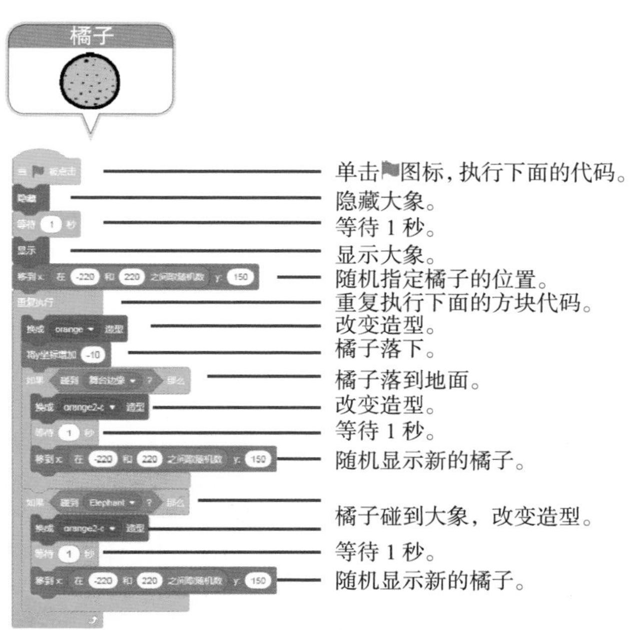

图 11.35　橘子角色的方块详解

11.3.2　学方块，想一想

同学们，看一看图 11.36 中的方块是否熟悉，想一想它们都有什么作用？

学方块	想一想
碰到 Orange ▾ ?	这个方块有什么作用呢？
重复执行	这个方块有什么作用呢？
按下 → ▾ 键?	这个方块有什么作用呢？

图 11.36　学方块，想一想

11.4 挑战一下

【本小节源代码：资源包\C11\挑战.sb3】

接下来，请同学们挑战下面的例子——西瓜砸幽灵，如图 11.37 所示。具体要求如下：

- ❑ 西瓜从天而降。
- ❑ 西瓜碰到幽灵或地面时改变造型。
- ❑ 幽灵碰到西瓜时也改变造型。

图 11.37 “挑战一下”示例的界面

第 12 章　游戏：小猫抢香蕉

一只饥饿的小猫发现香蕉后，就急不可耐地跑过去要吃。小猫跟随着鼠标移动，碰到香蕉后会发出声音，并且会说“真好吃”。香蕉也会随机显示在舞台的任意位置上，而且香蕉的颜色也时刻发生变化。下面一起完成这个案例吧！

本章学习目标：

- ❑ 用鼠标控制小猫移动。
- ❑ 时刻改变香蕉的颜色。

12.1　案例介绍

在本游戏案例中，使用颜色特效方块让香蕉呈现五颜六色的颜色效果，综合使用了碰撞方块、条件选择方块和循环方块，完成小猫碰撞香蕉时的方块处理。

12.1.1　界面预览

界面效果如图 12.1 所示。

图 12.1　小猫抢香蕉的界面效果

12.1.2　方块说明

图 12.2 所示是小猫的关键方块代码解读，12.3.1 节将给出方块代码的详细解读。

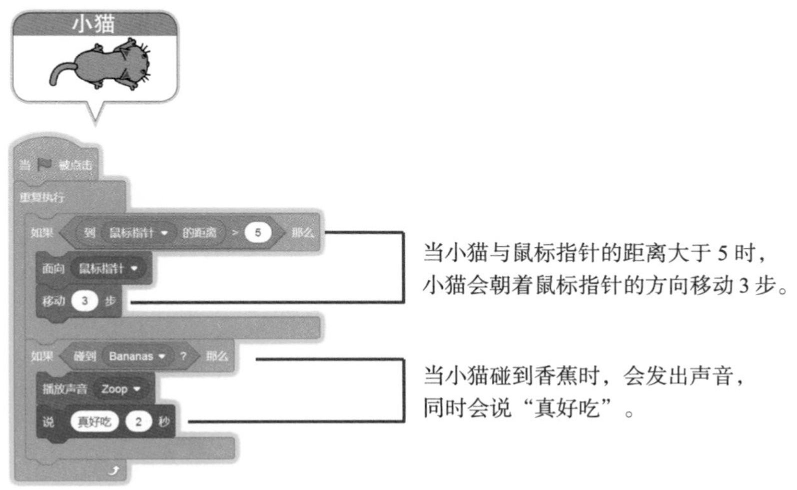

图 12.2　小猫的方块解读

图 12.3 所示是香蕉的关键方块代码解读，12.3.1 节将给出方块代码的详细解读。

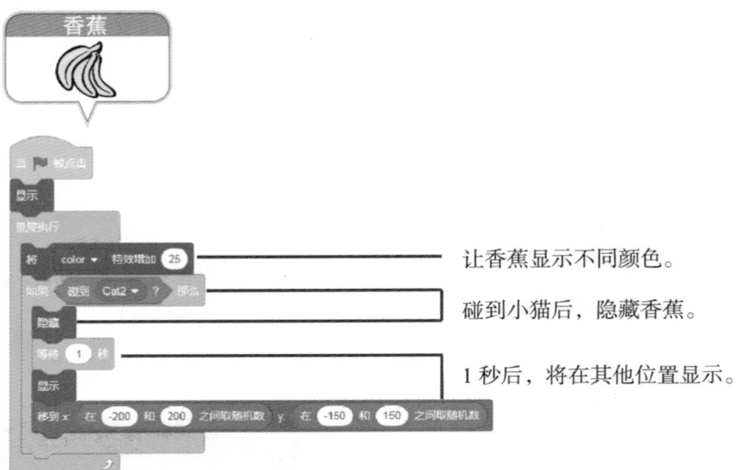

图 12.3　香蕉的方块解读

12.2　动手试一试

下面开始使用 Scratch 软件实现“小猫抢香蕉”的界面效果，逐步讲解具体的编程步骤。我们将从准备角色、鼠标控制小猫、碰撞处理、五颜六色的香蕉 5 个方面进行讲解。

12.2.1　准备角色

【本小节源代码：资源包\C12\1.sb3】

首先，我们在舞台上添加小猫和香蕉角色。具体操作步骤如下：

（1）打开 Scratch，删除舞台下方默认的小猫角色，如图 12.4 所示。

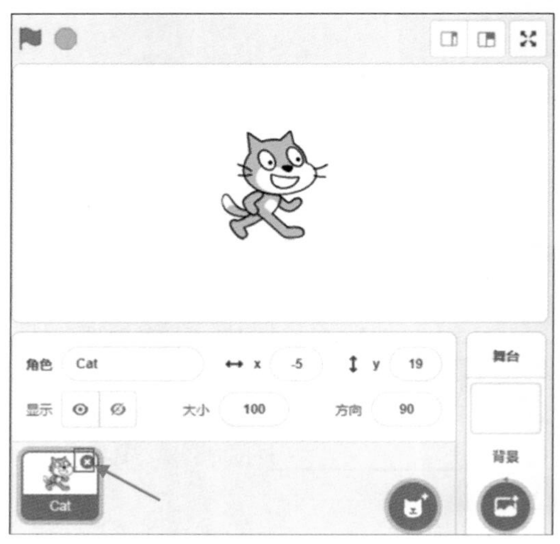

图 12.4　删除默认的小猫角色

（2）单击舞台下方的“选择一个角色”图标，在弹出的窗口中，分别单击小猫和香蕉角色，如图 12.5 所示。

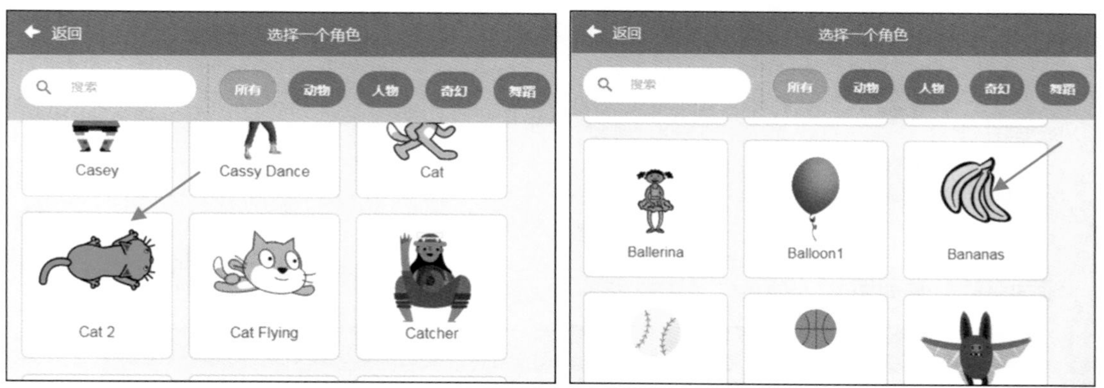

图 12.5　添加小猫和香蕉角色的操作步骤

（3）选中 Cat 2（小猫）角色，单击选项板上的“声音”标签，再单击下方的“选择一个声音”图标，添加一个模拟动作的特效声音，如图 12.6 所示。

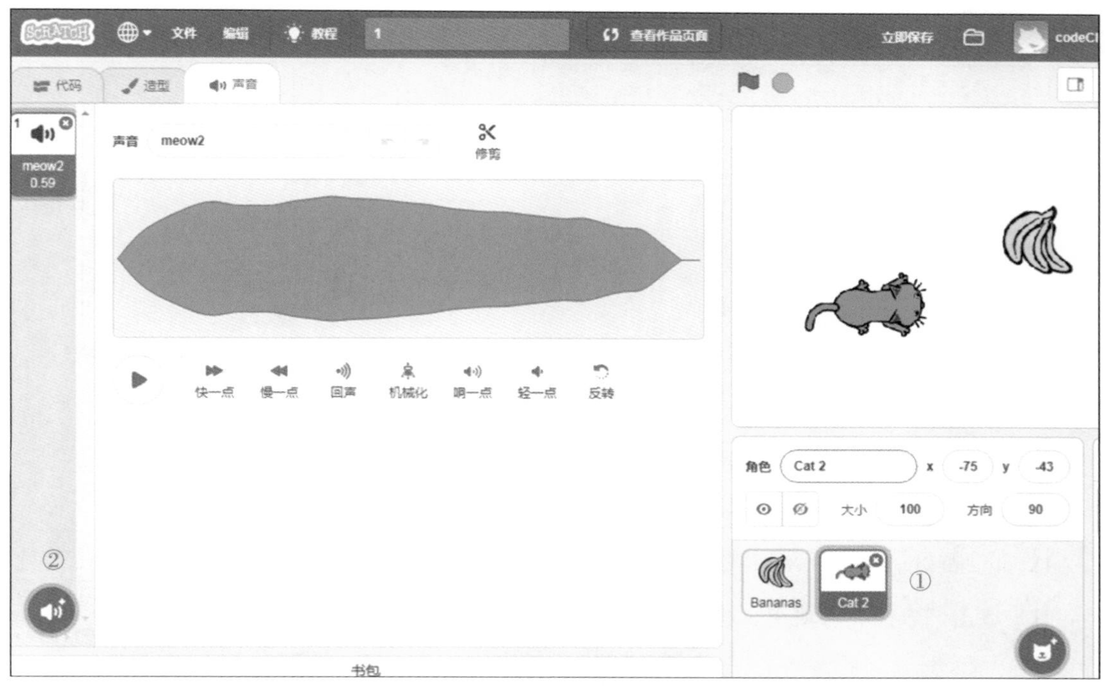

图 12.6　添加特效声音

（4）在弹出的对话框中，搜索并选择 Zoop 特效音，如图 12.7 所示。

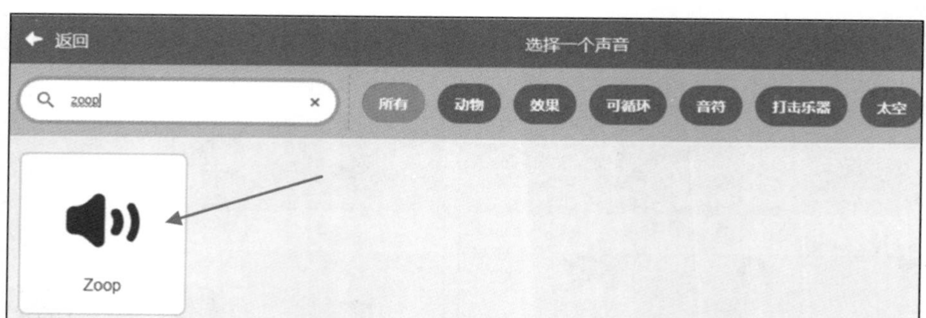

图 12.7　选择 Zoop 特效音

添加后的效果如图 12.8 所示。

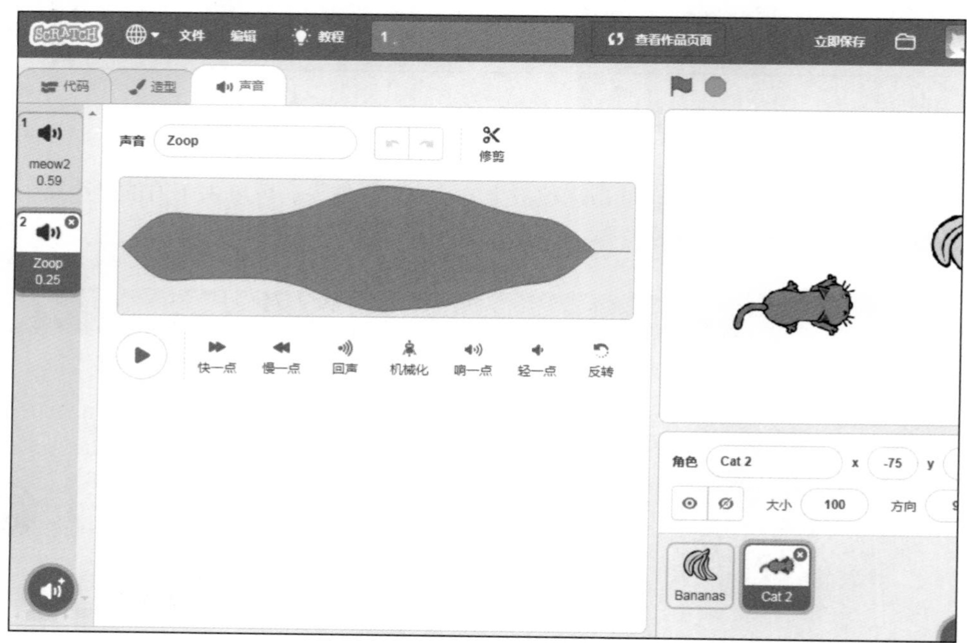

图 12.8　添加声音后的界面效果

12.2.2　鼠标控制小猫

【本小节源代码：资源包\C12\2.sb3】

角色都准备好后，接下来实现使用鼠标控制小猫。具体操作步骤如下：

（1）单击“事件”方块组，将 当 被点击 方块拖曳到方块编辑区，如图 12.9 所示。

（2）单击“控制”方块组，将 重复执行 方块拖曳到 当 被点击 方块的下方，如图 12.10 所示。

（3）单击“控制”方块组，将 如果 那么 方块拖曳到 重复执行 方块的内部，如图 12.11 所示。

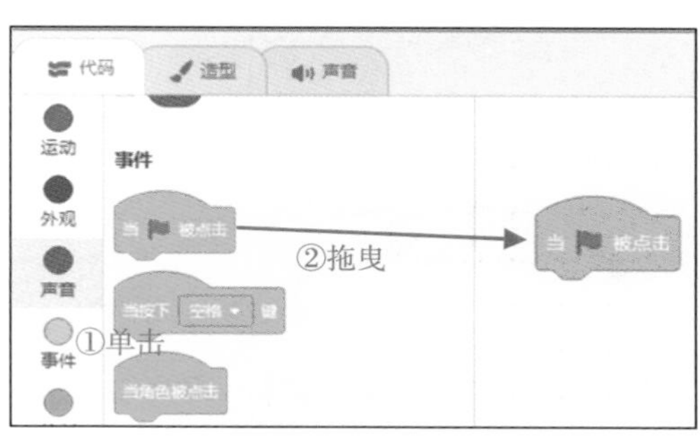

图 12.9　为小猫添加事件方块

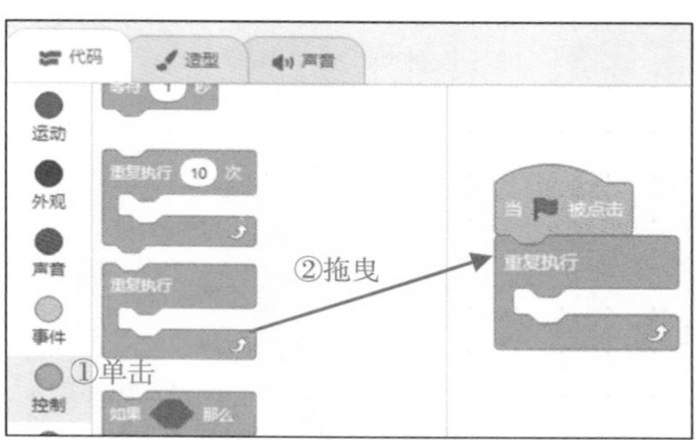

图 12.10　为小猫添加控制方块 1

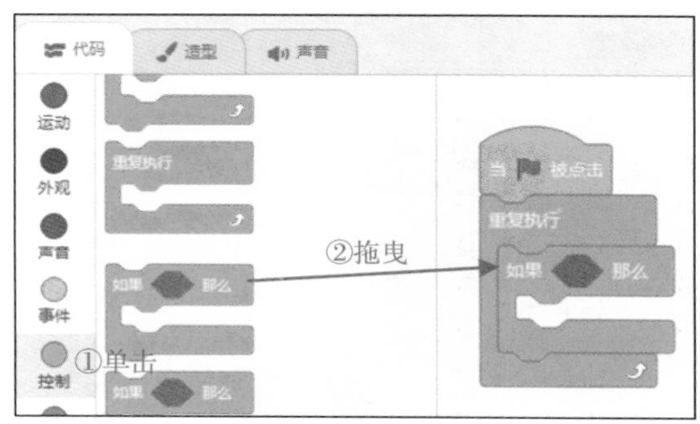

图 12.11　为小猫添加控制方块 2

（4）使用 面向 鼠标指针 方块，完成鼠标控制小猫的操作。方块解读如图 12.12 所示。

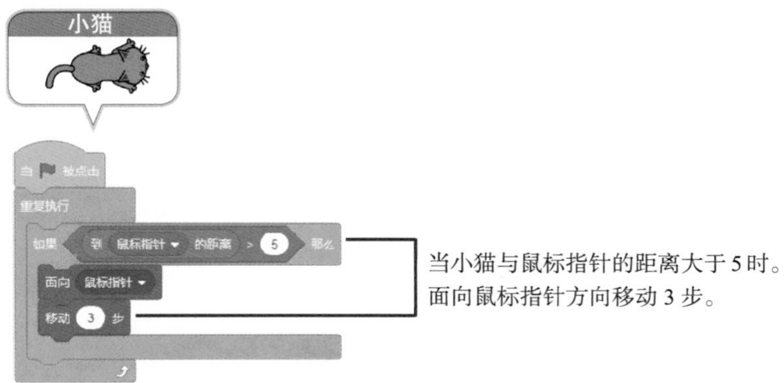

图 12.12　用鼠标控制小猫

12.2.3　碰撞处理

【本小节源代码：资源包\C12\3.sb3】

接下来，处理小猫和香蕉碰撞的情况。具体操作步骤如下：

（1）单击“控制”方块组，将 如果 那么 方块拖曳到 重复执行 方块的内部，如图 12.13 所示。

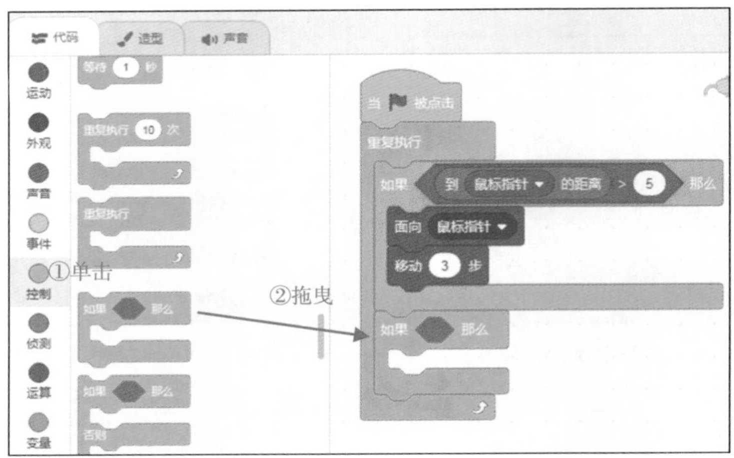

图 12.13　为小猫添加控制方块

（2）单击“侦测”方块组，将 碰到 鼠标指针 ? 方块拖曳到方块 如果 那么 的选项处，将“鼠标指针”修改为 Bananas，如图 12.14 所示。

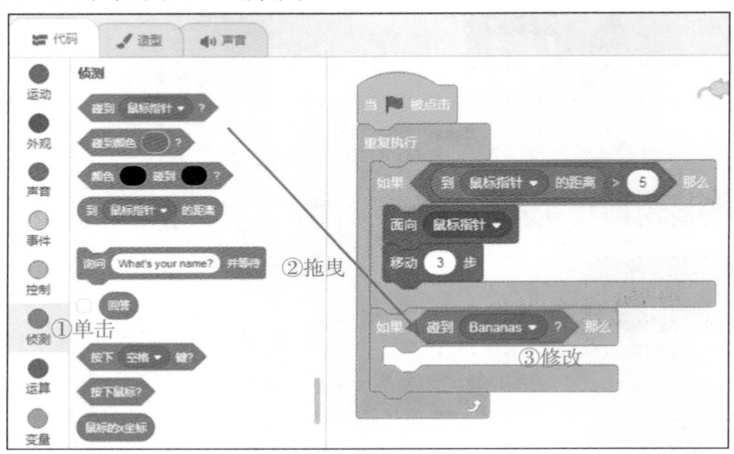

图 12.14　为小猫添加侦测方块

（3）单击“声音”方块组，将 播放声音 meow2 方块拖曳到方块 如果 那么 的内部，将 meow2 修改为 Zoop，如图 12.15 所示。

（4）单击“外观”方块组，将 说 你好！ 2 秒 方块拖曳到方块 播放声音 Zoop 的下方，将“你好”修改为“真好吃！”，如图 12.16 所示。

12.2.4　五颜六色的香蕉

【本小节源代码：资源包\C12\4.sb3】

最后，我们来制作五颜六色的香蕉。具体操作如下：

（1）选中香蕉角色。单击“事件”方块组，将 当 被点击 方块拖曳到右侧的方块编辑区，如图 12.17 所示。

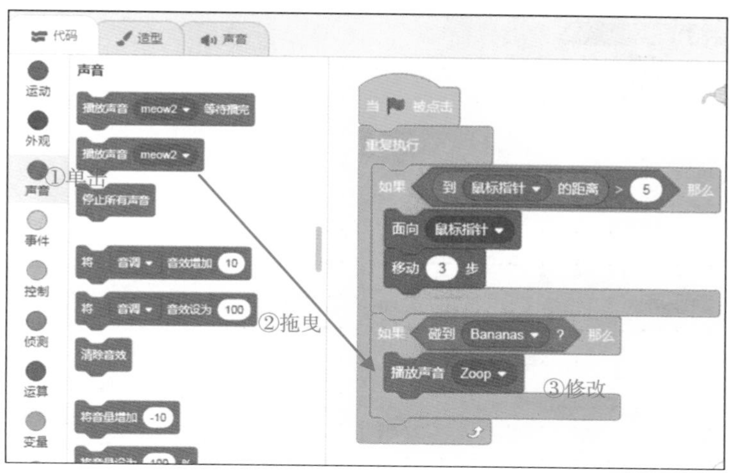

图 12.15　为小猫添加声音方块

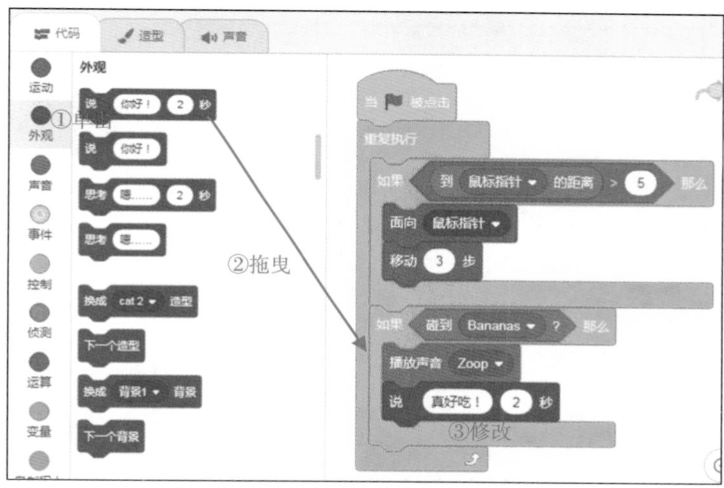

图 12.16　为小猫添加外观方块

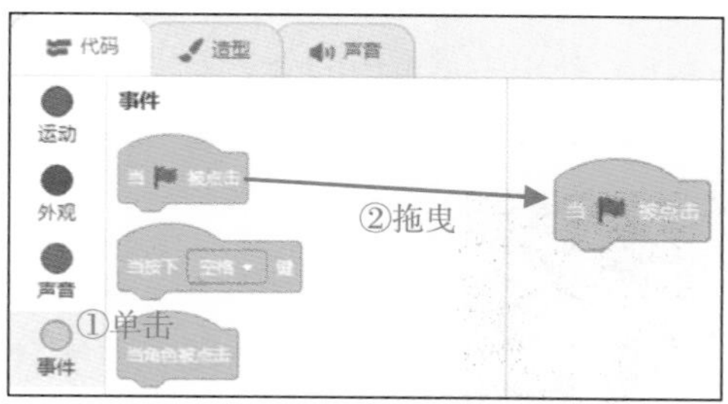

图 12.17　为香蕉添加事件方块

（2）使用“在 1 和 10 之间取随机数”方块完成香蕉的方块搭建。方块解读如图 12.18 所示。

（3）单击舞台下方的“选择一个背景”图标，在弹出的界面中选择一张喜欢的图片，如图 12.19 所示。

添加舞台背景后的界面效果如图 12.20 所示。

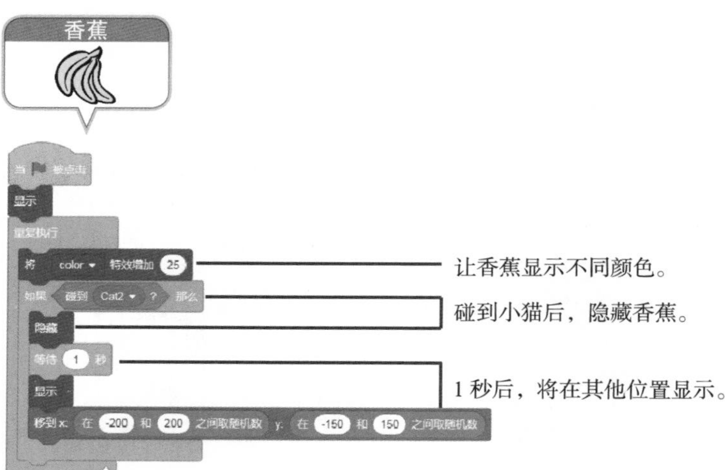

图 12.18　香蕉方块的解读

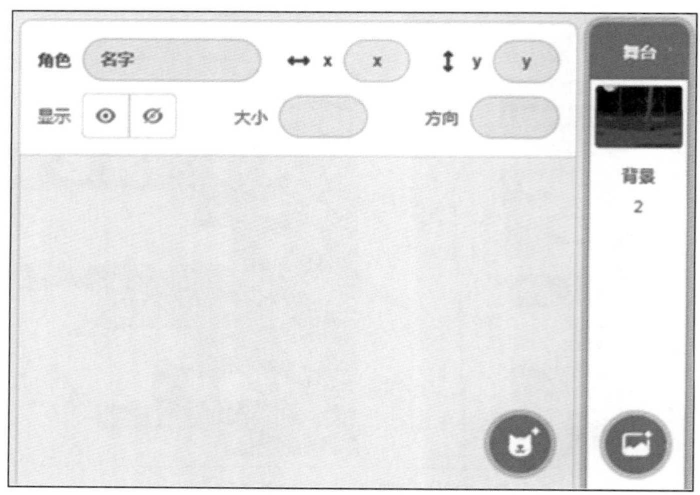

图 12.19　添加舞台背景

（4）保存项目。选择 Scratch 软件上方菜单中的“文件”→“立即保存”命令即可，如图 12.21 所示。

图 12.20　舞台背景效果

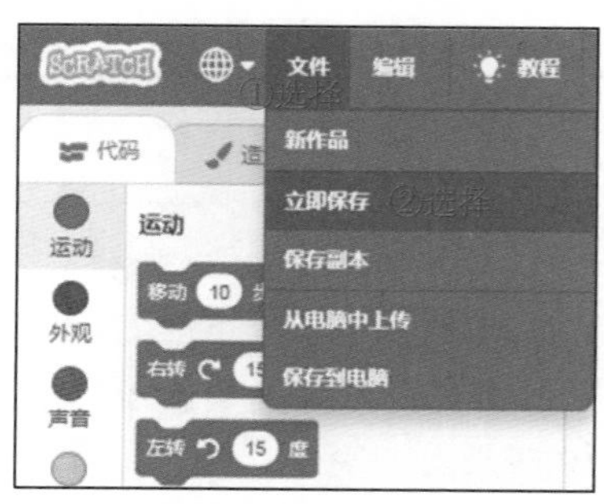

图 12.21　保存项目

12.3 总结

通过本章的学习，类似鼠标控制小猫这样的游戏，相信同学们都能制作出来。像连连看和消消乐这样的游戏也都是使用鼠标来控制舞台中的角色，进行游戏逻辑的变化的。

12.3.1 整理方块

下面将“小猫抢香蕉”的方块整理一下，如图 12.22 和图 12.23 所示。

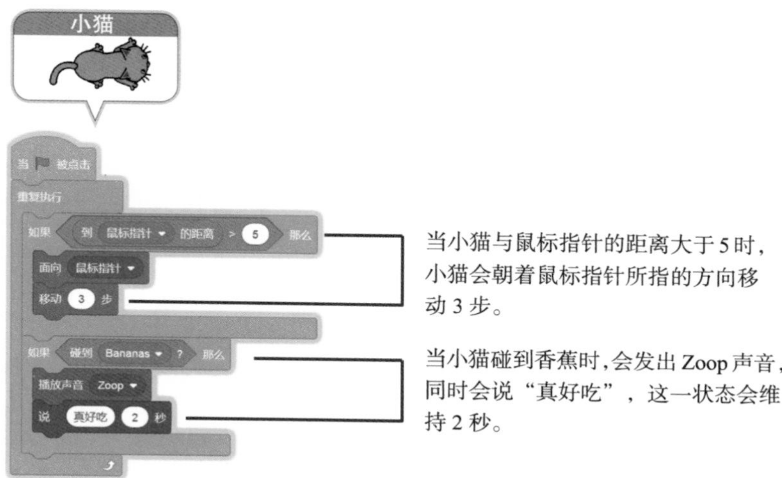

图 12.22　小猫角色的方块详解

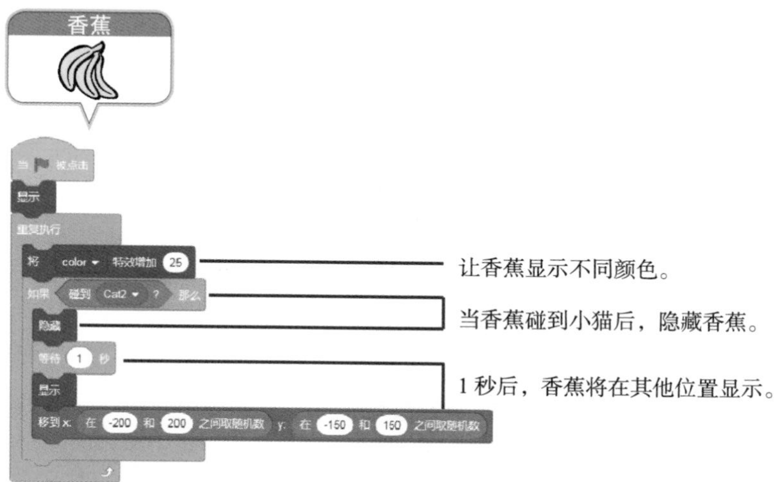

图 12.23　香蕉角色的方块详解

12.3.2 学方块，想一想

同学们，看一看图 12.24 所示的方块是否熟悉，想一想它们都有什么作用？

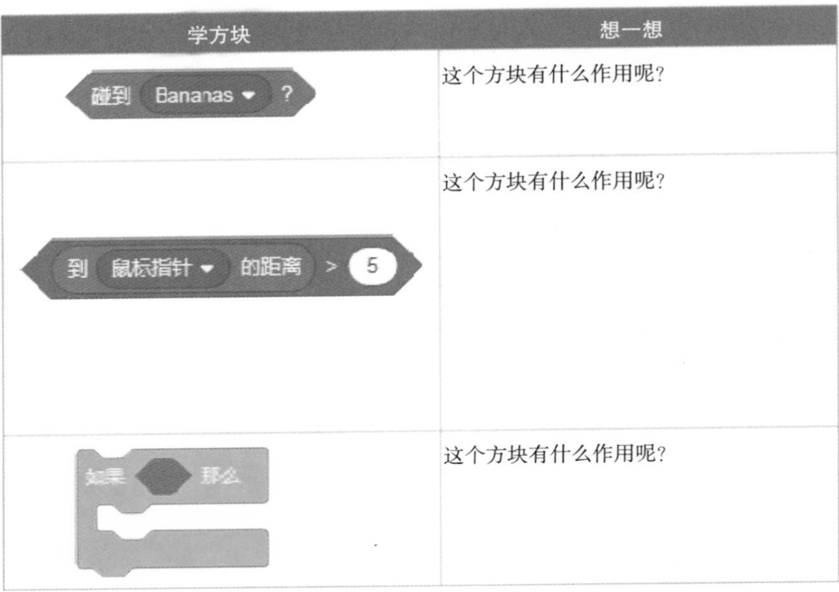

学方块	想一想
碰到 Bananas ?	这个方块有什么作用呢？
到 鼠标指针 的距离 > 5	这个方块有什么作用呢？
如果 那么	这个方块有什么作用呢？

图 12.24　学方块，想一想

12.4　挑战一下

【本小节源代码：资源包\C12\挑战.sb3】

接下来，请同学们挑战下面的例子——甲壳虫抓蝴蝶，如图 12.25 所示。具体要求如下：

- ❑ 实现甲壳虫跟着鼠标移动。
- ❑ 实现五颜六色的蝴蝶。

图 12.25　“挑战一下”示例的界面

第 13 章　游戏：警车比赛

警察局要组织一场警车比赛。比赛规则是在最短的时间内，首先到达红旗处的警车将获胜。如果警车在沿途中碰到蓝色标线，将重新开始。下面一起完成这个案例吧！

本章学习目标：

- ❑ 使用键盘上的方向键控制警车的移动。
- ❑ 使用重复执行模块，控制游戏循环进行。

13.1　案例介绍

在本游戏案例中，综合使用了碰撞方块、条件选择方块和循环方块，完成警车碰撞地图标线和红旗时的处理。游戏难度不大，可以在此游戏的基础上增加障碍物、倒计时等角色，增加游戏的难度和乐趣。

13.1.1　界面预览

游戏界面预览如图 13.1 所示。

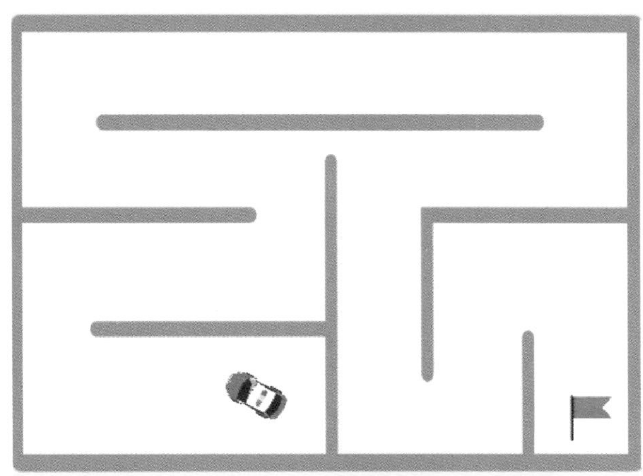

图 13.1　警车比赛的界面效果

13.1.2　方块说明

图 13.2 所示是警车的关键方块代码解读，13.3.1 节将给出方块代码的详细解读。

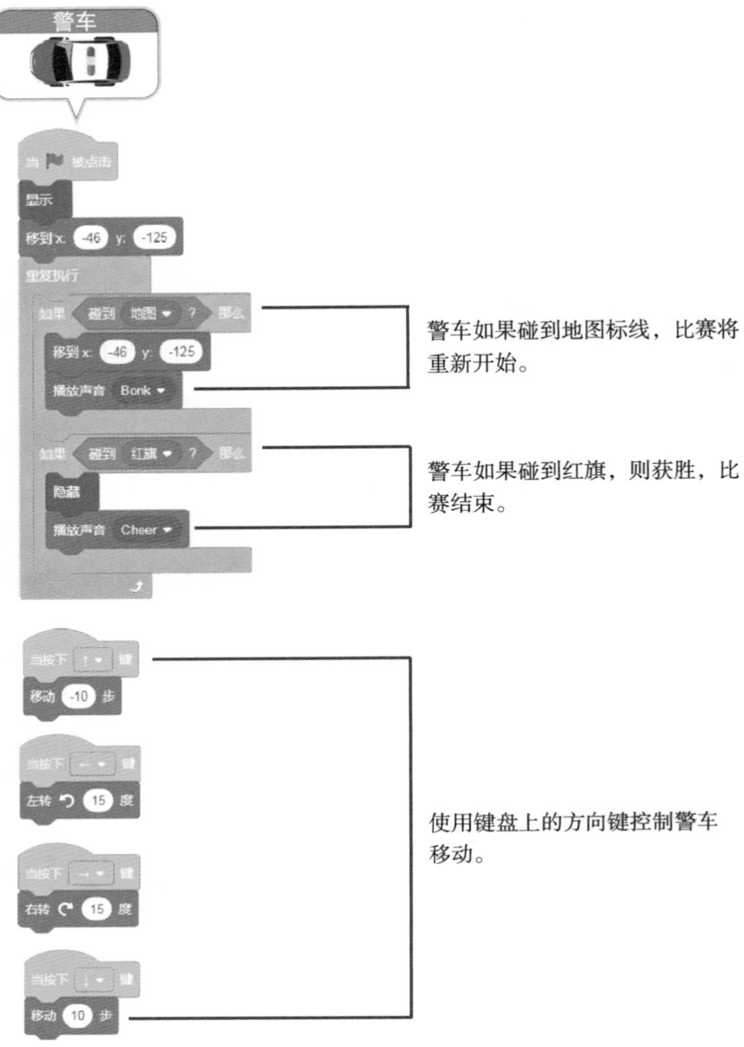

图 13.2　警车角色的方块解读

13.2　动手试一试

下面开始使用 Scratch 软件实现“警车比赛”的界面效果，逐步讲解具体的编程步骤。我们将从准备角色、方向键控制警车移动、碰撞处理、添加音效 4 个方面进行讲解。

13.2.1　准备角色

【本小节源代码：资源包\C13\1.sb3】

【本小节源代码：资源包\C13\素材】

首先，我们在舞台上添加必要的角色。具体操作步骤如下：

（1）打开 Scratch，删除舞台下方默认的小猫角色，如图 13.3 所示。

图 13.3　删除默认的小猫角色

（2）单击舞台下方的“上传角色”图标，在弹出的窗口中找到从本章素材中复制到计算机中的“地图.png”图片，如图 13.4 所示。

图 13.4　添加地图图片的操作步骤

添加图片后的效果如图 13.5 所示。

（3）使用同样的方法，将素材中的“警车.png”图片和“红旗.png”图片都添加到舞台中，如图 13.6 所示。

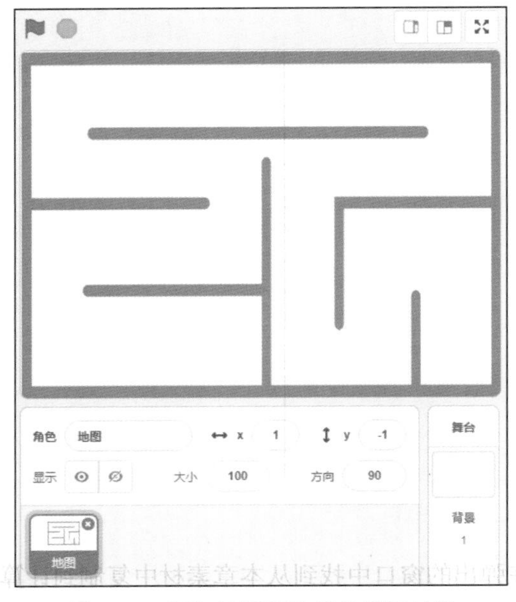

图 13.5 添加地图图片后的界面效果

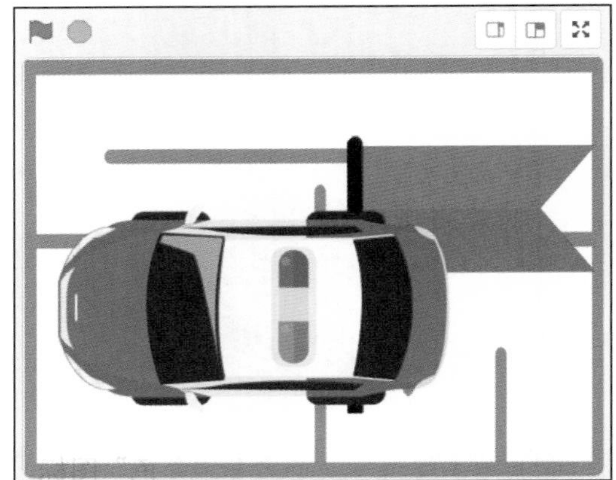

图 13.6 将警车和红旗图片添加到舞台中的界面效果

（4）可以发现，警车和红旗的大小与舞台并不匹配。修改舞台下方“大小”输入框中的数值，就可以调整警车和红旗的大小和位置，如图 13.7 所示。

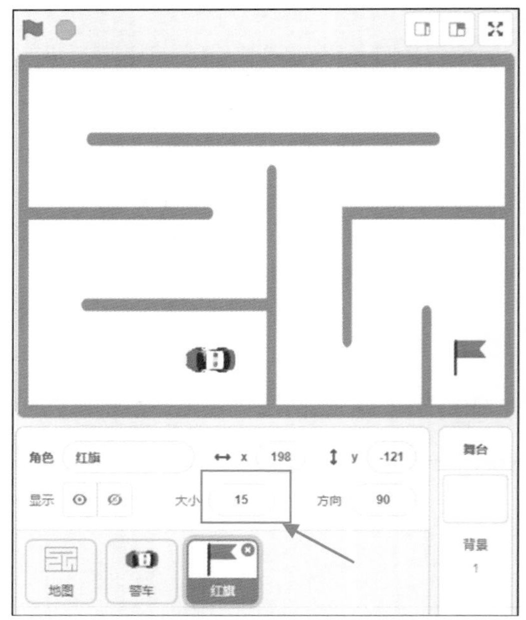

图 13.7 调整警车和红旗的大小和位置

13.2.2　方向键控制警车移动

【本小节源代码：资源包\C13\2.sb3】

角色都准备好后，接下来，我们来实现使用方向键控制警车的移动。具体操作步骤如下：

（1）选中“警车”角色。单击“事件”方块组，将 当按下 空格 键 方块拖曳到方块编辑区，将“空格”修改为“↑”，如图 13.8 所示。

（2）单击“运动”方块组，将 移到x: 0 y: 0 方块拖曳到 当按下 ↑ 键 方块的下方，将 x 和 y 的值分别修改为-46 和-125，如图 13.9 所示。

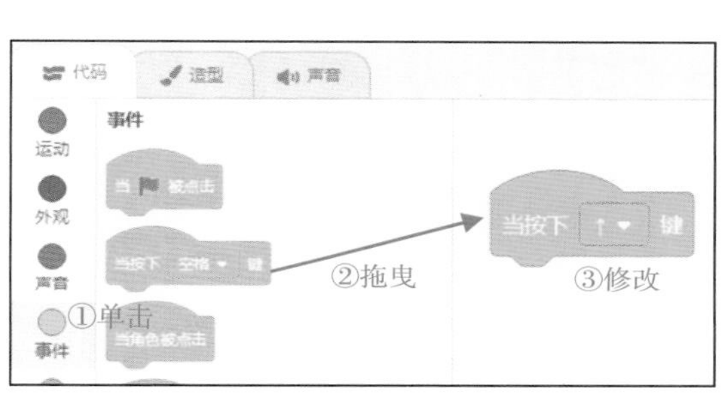

图 13.8　为警车添加事件方块

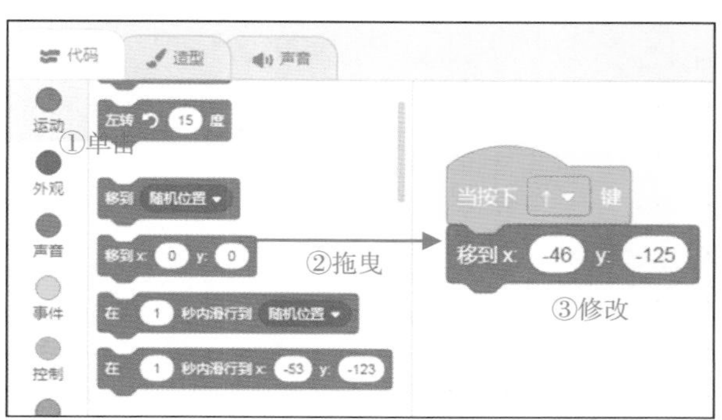

图 13.9　为警车添加运动方块

（3）使用同样的方法，为“警车”添加“←”键、“↓”键和“→”键的方块代码，如图 13.10 所示。

（4）执行代码可以发现，按下键盘上的方向键，舞台上的警车就可以四处移动了，如图 13.11 所示。

图 13.10　添加方向键的方块代码

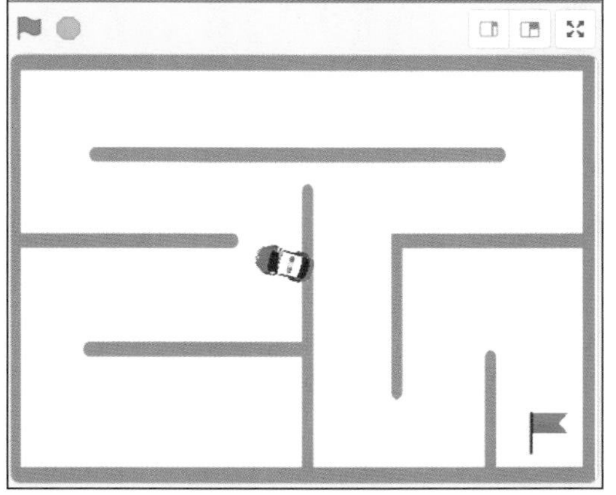

图 13.11　舞台中移动的警车

13.2.3　碰撞处理

【本小节源代码：资源包\C13\3.sb3】

接下来，处理警车的碰撞情况。具体操作步骤如下：

（1）单击“事件”方块组，将 当 被点击 方块拖曳到右侧的方块编辑区，如图 13.12 所示。

（2）单击“外观”方块组，将 显示 方块拖曳到方块 当 被点击 的下方，如图 13.13 所示。

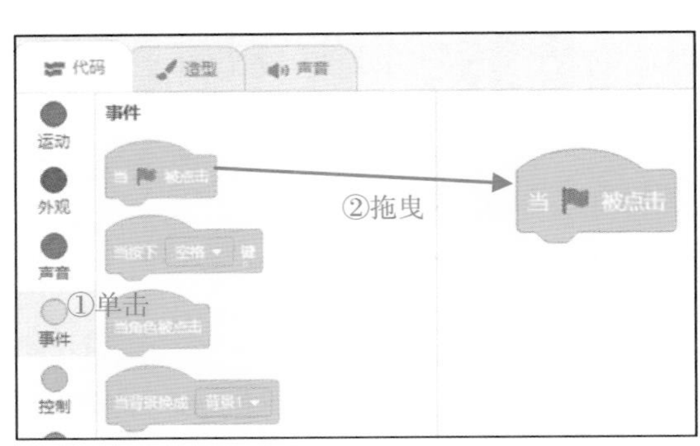

图 13.12　为警车添加事件方块

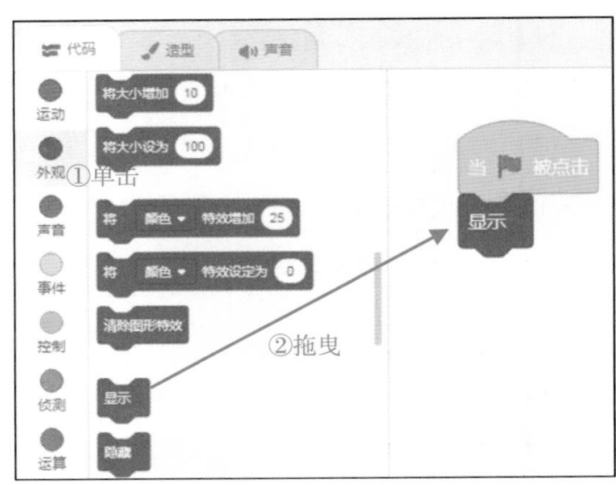

图 13.13　为警车添加外观方块

（3）单击“运动”方块组，将 移到x: 0 y: 0 方块拖曳到方块 显示 的下方，将 x 和 y 的值分别修改为−46 和−125，如图 13.14 所示。

（4）单击“控制”方块组，将 重复执行 方块拖曳到方块 移到x: -46 y: -125 的下方，如图 13.15 所示。

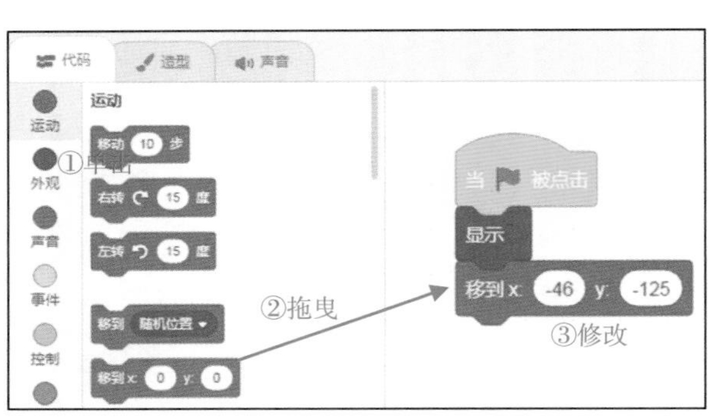

图 13.14　为警车添加运动方块

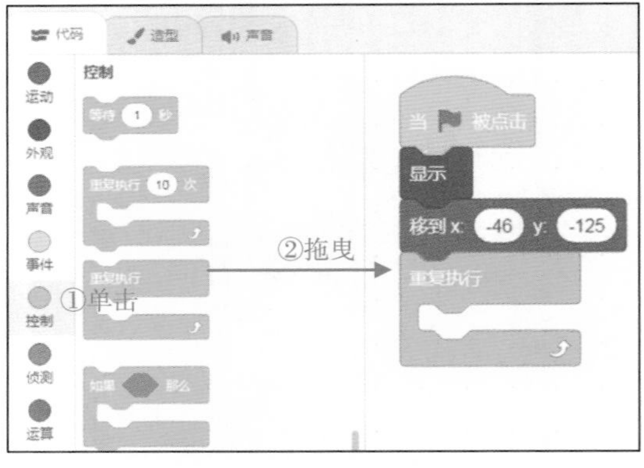

图 13.15　为警车添加控制方块

（5）使用 碰到 鼠标指针 ? 方块和 如果 那么 方块，实现警车碰到地图标线的方块代码。方块解读如图 13.16 所示。

（6）使用同样的模块，实现警车碰到红旗时的方块代码。方块解读如图 13.17 所示。

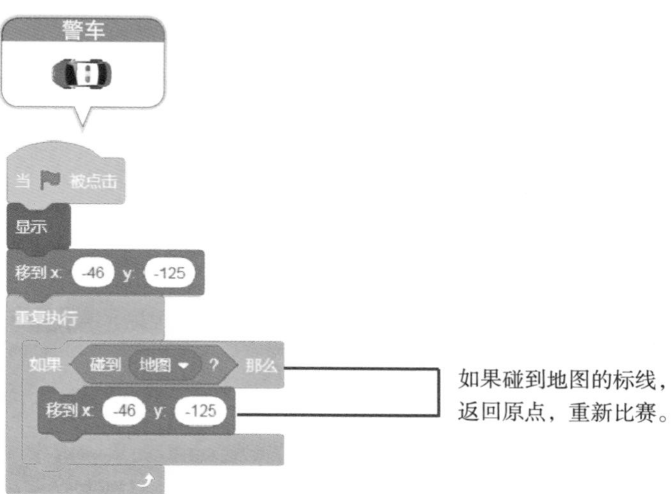

图 13.16　警车碰到地图标线的方块解读

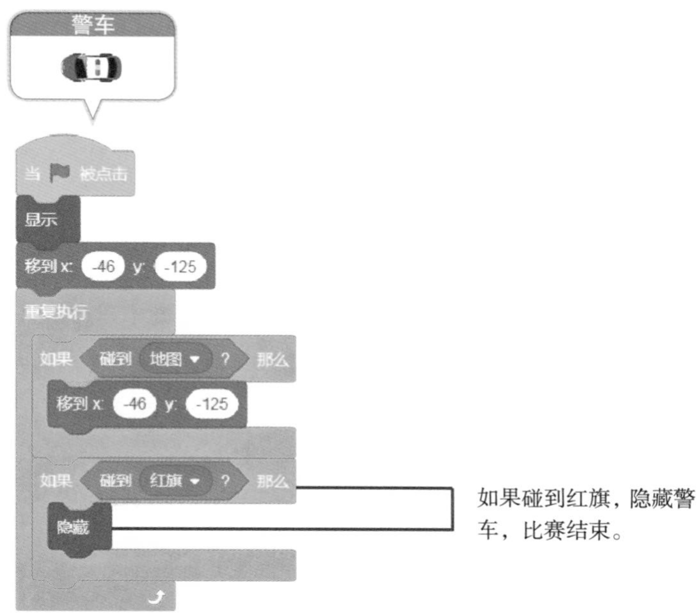

图 13.17　警车碰到红旗的方块解读

13.2.4　添加音效

【本小节源代码：资源包\C13\4.sb3】

最后，我们为警车胜利和失败时添加一些音效。具体操作如下：

（1）选中“警车”角色，单击选项板上的“声音”标签，再单击下方的“选择一个声音”图标，然后添加一个模拟动作的特效声音，如图 13.18 所示。

（2）在弹出的对话框中，搜索并选择 Cheer 和 Bonk 特效音，如图 13.19 所示。

添加后的效果如图 13.20 所示。

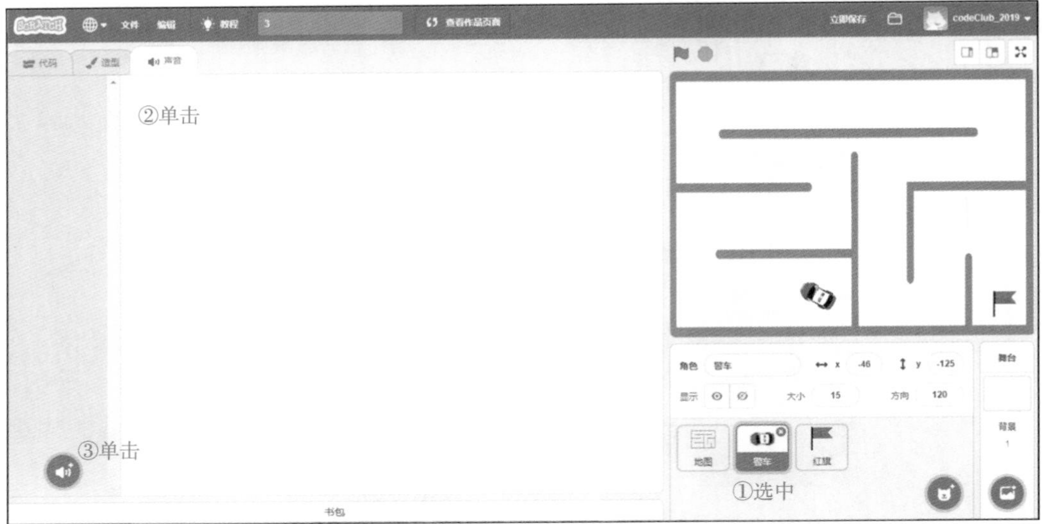

图 13.18　为警车添加音效

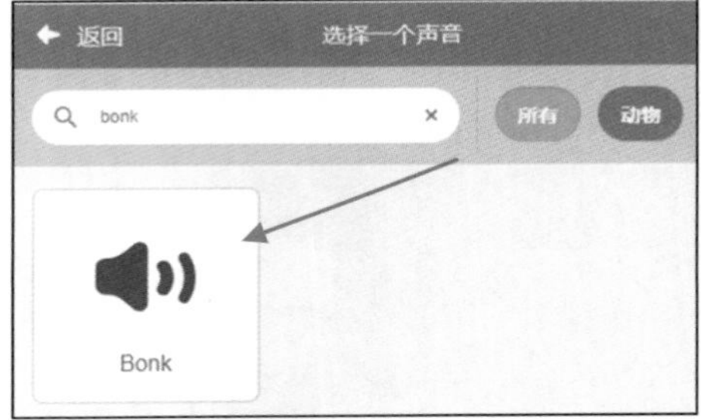

图 13.19　选择特效音

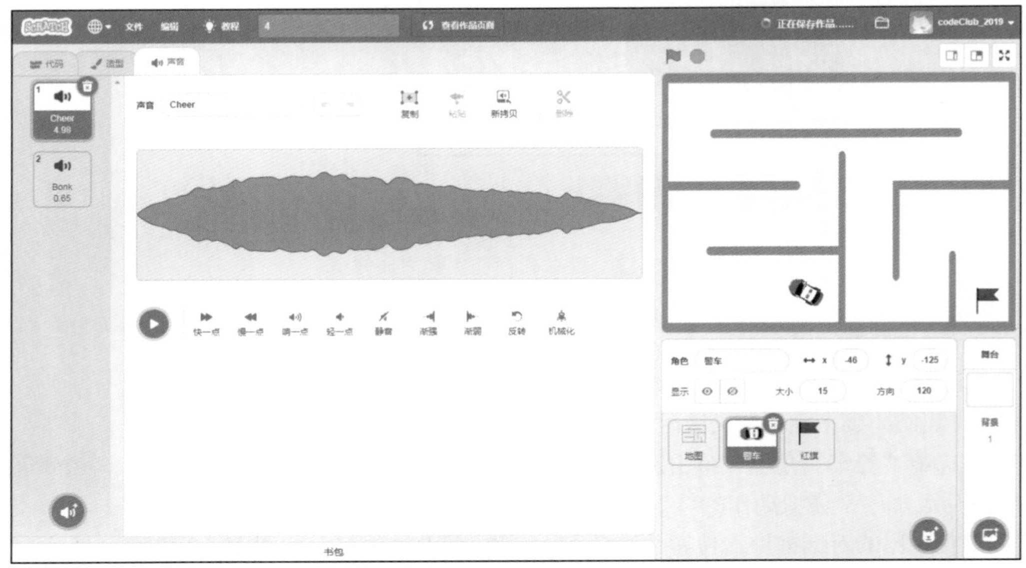

图 13.20　添加声音后的界面效果

（3）使用 播放声音 Cheer 方块为警车添加特效音，如图 13.21 所示。

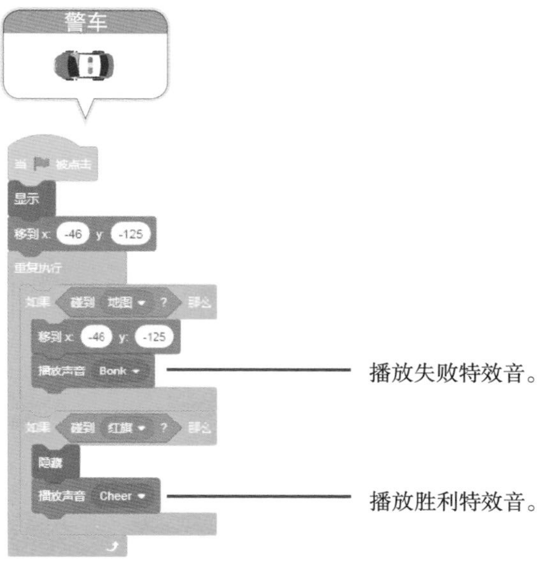

图 13.21　为警车添加声音方块

（4）保存项目。选择 Scratch 软件上方菜单中的“文件”→“立即保存”命令即可，如图 13.22 所示。

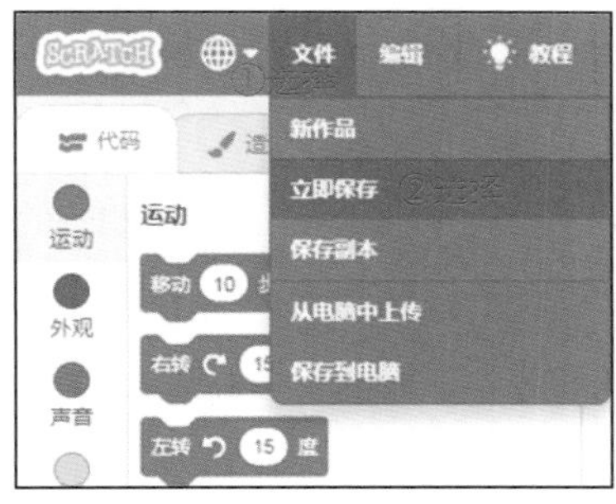

图 13.22　保存项目的操作过程

13.3　总结

通过本章的学习，相信同学们已经实现了自己的警车比赛的游戏。除了使用方向键控制警车的移动，还可以尝试使用鼠标方向控制警车的移动，此外，还可以改变地图的难度，增加游戏的乐趣。

13.3.1　整理方块

下面将“警车比赛”的方块整理一下，如图 13.23 所示。

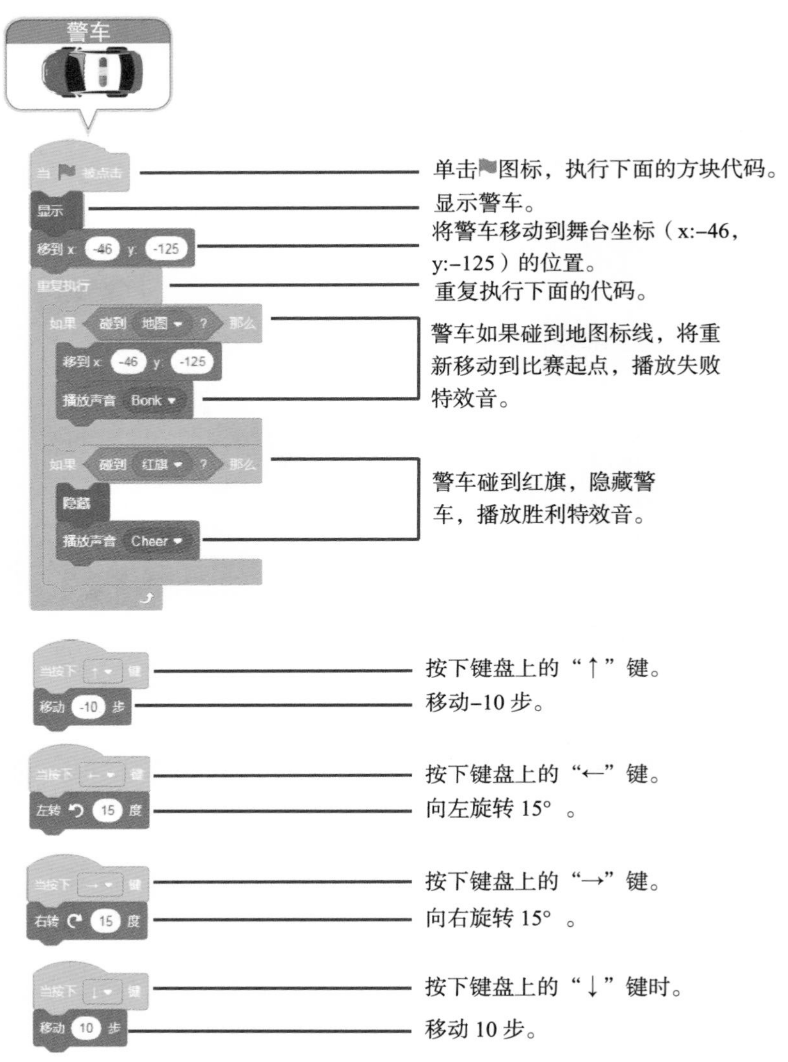

图 13.23　警车角色的方块详解

13.3.2　学方块，想一想

同学们，看一看图 13.24 中的方块是否熟悉，想一想它们都有什么作用？

13.4　挑战一下

【本小节源代码：资源包\C13\挑战.sb3】

接下来，请同学们挑战下面的例子——鼠标点气球，如图 13.25 所示。具体要求如下：

- ❑ 用鼠标单击屏幕中的气球，气球不断变大。
- ❑ 当碰到舞台边缘时，气球发生爆炸。

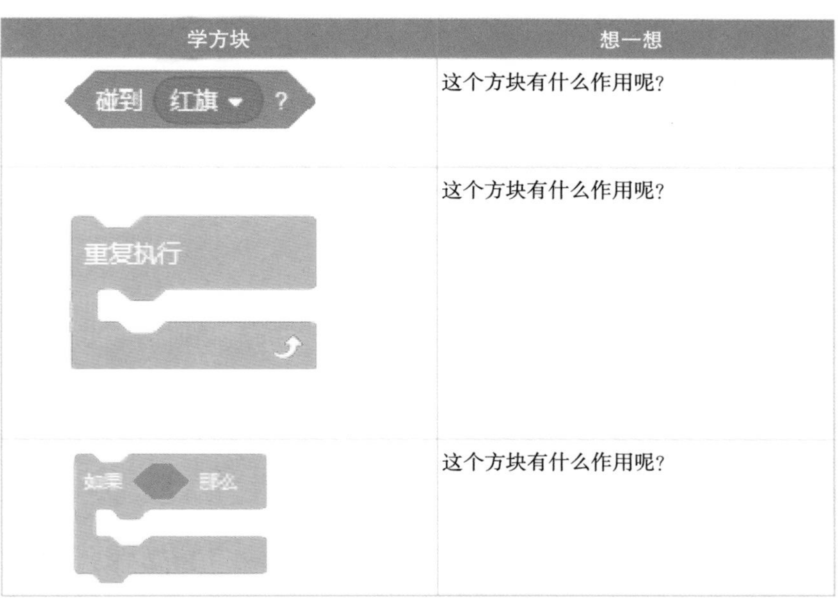

学方块	想一想
碰到 红旗 ?	这个方块有什么作用呢?
重复执行	这个方块有什么作用呢?
如果 那么	这个方块有什么作用呢?

图 13.24　学方块，想一想

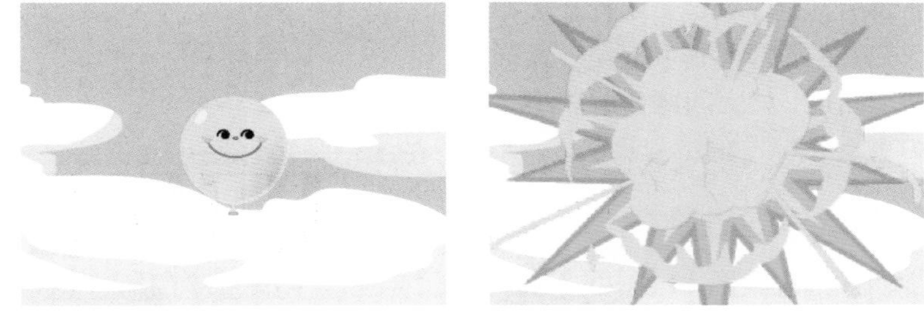

图 13.25　“挑战一下”示例的界面

第 14 章　音乐：动物音乐会

同学们，还记得动物园里各种动物的声音吗？比如猴子的声音，还有老虎的声音等。下面我们就使用 Scratch 软件把这些动物召集起来，制作一场别具风格的动物钢琴音乐会，一起来完成吧。

本章学习目标：

❑ 理解基本音阶的含义。

❑ 使用键盘上的按键，弹奏不同的音符。

❑ 对照钢琴上的琴键，设计实现弹奏音符的方块编码。

14.1　算法设计

同学们，首先仔细分析图 14.1 中的界面效果。可以发现，界面中有钢琴琴键，还有音符和五线谱等，那么我们就从钢琴琴键和音阶（音符五线谱等内容）两个角度，将大问题分解成小问题，然后设计出“弹奏钢琴”的编程算法。

图 14.1　动物音乐会的界面效果

14.1.1　分析弹奏钢琴的过程

首先，请同学们仔细观察图 14.2 中的琴键，仔细思考弹奏钢琴的过程是如何进行的。

图 14.2　钢琴琴键界面

可以发现，图 14.2 中的小动物们相当于前面学习的基本音阶。例如，最左侧的蝙蝠是音阶 C，小红螃蟹就是音阶 D，以此类推。图 14.3 中是我们分析的结果。请同学们试一下，思考空白框内的内容应该是什么呢？

答案是“播放基本音阶中的 B 音阶”。

14.1.2　设计弹奏钢琴的算法

根据前面的分析结果，接下来我们具体设计“弹奏钢琴”的算法。观察如图 14.4 所示的键盘，为了便于操作，我们将键盘中的 A、S、D、F、G、H 和 J，分别对应基本音阶中的 C、D、E、F、G、A 和 B，也就是分别对应唱名中的 do、re、mi、fa、sol、la 和 si，这样，在实际的操作中，就会和弹奏真实的钢琴的体验接近。

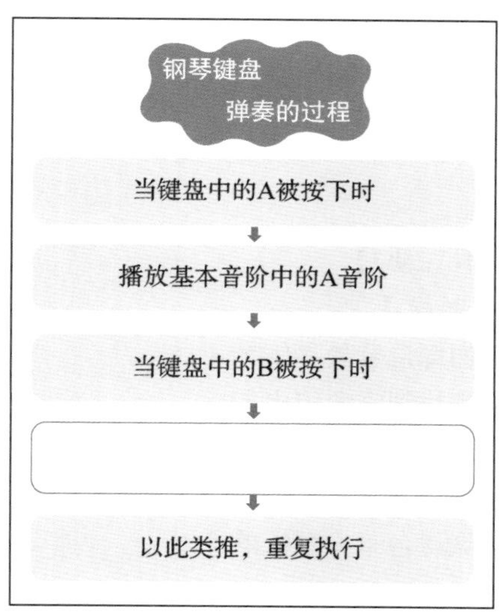

图 14.3　钢琴键盘弹奏的过程

图 14.4　计算机键盘的界面

这里以最左侧的蝙蝠对象为例，设计“钢琴弹奏”的具体算法。其他音阶上的小动物的算法与此基本相似，如图 14.5 所示。

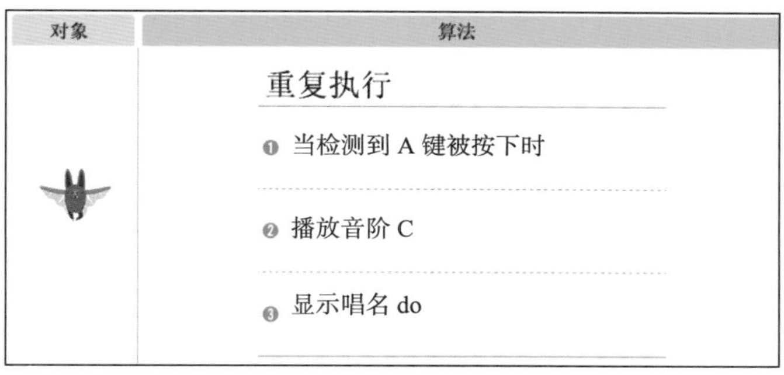

图 14.5　蝙蝠对象的算法设计

14.2 Scratch 编程详解

设计完算法，下面开始使用 Scratch 软件编程实现动物音乐会界面效果。下面以最左侧的蝙蝠为例，逐步讲解具体的编程步骤，其他动物的编码方法与此基本相同。

14.2.1 搭建舞台

【本小节源代码：资源包\C14\1.sb3】

【本小节素材：资源包\C14\素材\】

首先，我们要搭建舞台，添加舞台背景和钢琴琴键，让舞台更加美观。请同学们找到资源包中的素材文件，其中有备好的舞台背景图片，找到后复制到自己的计算机中，其余操作步骤如下：

（1）打开 Scratch 软件，删除舞台下方默认的小猫角色，如图 14.6 所示。

（2）单击舞台下方的“上传背景”图标，在弹出的窗口中找到复制到计算机中的 bg.png 图片文件并打开，具体操作步骤如图 14.7 所示。

图 14.6 删除默认的小猫角色

图 14.7 从本地文件中上传背景图片的操作步骤

上传后的舞台界面如图 14.8 所示。

图 14.8　上传背景图片后的界面效果

说明　同学们可以发挥创意，上传自己喜欢的舞台背景。

(3) 添加钢琴琴键的角色图片。单击舞台下方的“从本地文件中上传角色”图标，在弹出的窗口中，找到复制到计算机中的 piano.png 图片文件并打开，如图 14.9 所示。

图 14.9　上传钢琴琴键图片

上传钢琴琴键后的舞台界面如图 14.10 所示。

观察舞台可以发现，钢琴琴键的大小与舞台背景并不搭配，此时可以修改“大小”输入框中的数值对钢琴琴键进行调整，如图 14.11 所示。

图 14.10　上传钢琴琴键后的界面效果

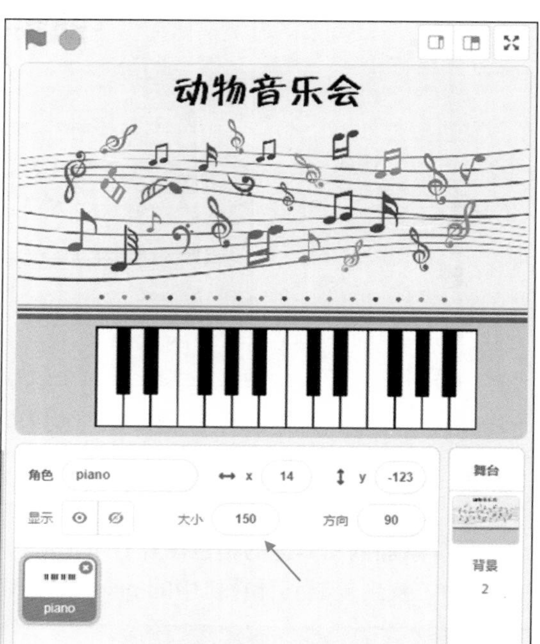

图 14.11　调整钢琴琴键大小的操作步骤

（4）保存项目。选择 Scratch 软件上方菜单中的“文件”→“立即保存”命令即可，如图 14.12 所示。

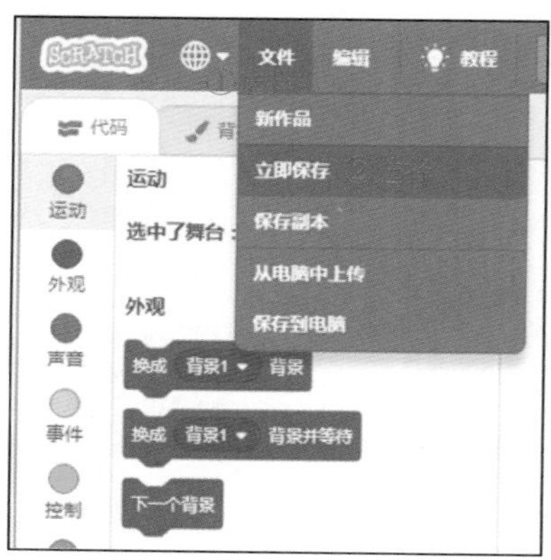

图 14.12　保存项目

14.2.2　添加可爱的小动物

【本小节源代码：资源包\C14\2.sb3】

引入背景图片和钢琴琴键后，我们开始添加可爱的小动物。下面以蝙蝠为例，逐步讲解具体的添加过程。

（1）单击舞台下方的“选择一个角色”图标，在弹出的角色库中单击上方菜单中的“动物”标签，然后选中 Bat 图片并确定，如图 14.13 所示。

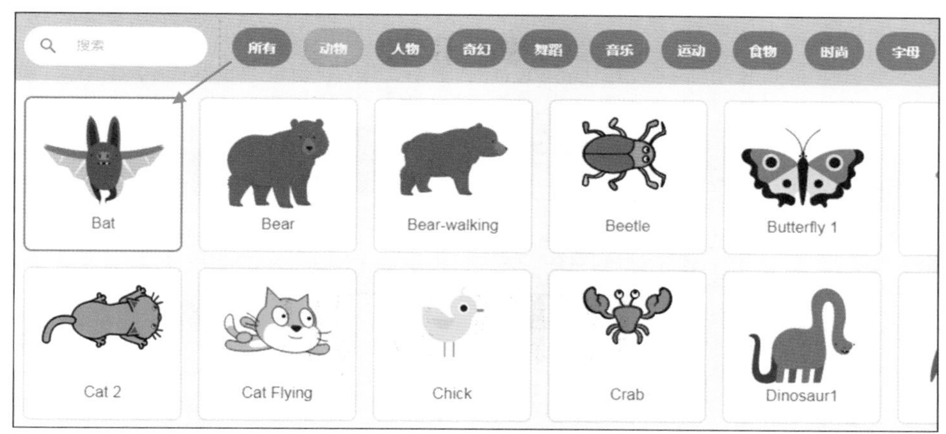

图 14.13　添加蝙蝠的操作步骤

添加蝙蝠后的界面效果如图 14.14 所示。

（2）调整蝙蝠的大小和位置。观察舞台可以发现，蝙蝠的大小与舞台背景并不匹配，修改菜单栏上“大小”输入框的数值，对蝙蝠的大小进行调整。操作步骤如图 14.15 所示。

图 14.14　添加蝙蝠后的界面效果

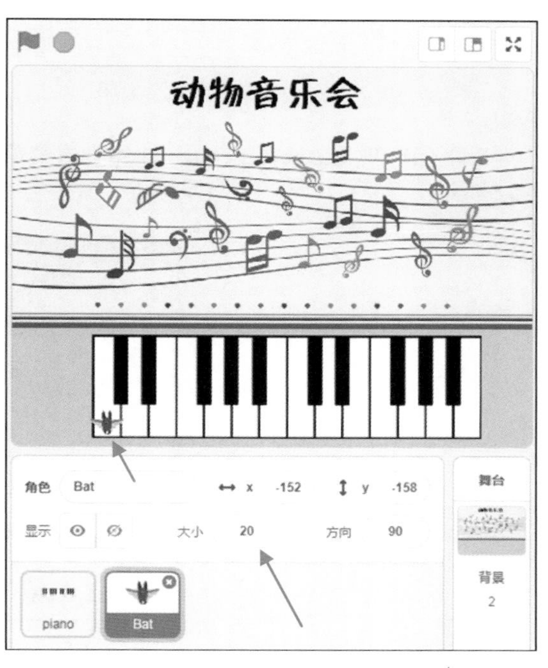

图 14.15　调整蝙蝠的大小和位置

（3）添加其他 6 个小动物。与添加蝙蝠的方法一样，同学们可以在角色库中任意添加 6 个小动物，添加后，分别调整这些小动物的大小和舞台位置，可以让它们分别对应到钢琴键盘中的指定位置，舞台界面如图 14.16 所示。

图 14.16　添加其他动物后的界面效果

(4) 保存项目。选择 Scratch 软件上方菜单中的“文件”→“立即保存”命令即可，如图 14.17 所示。

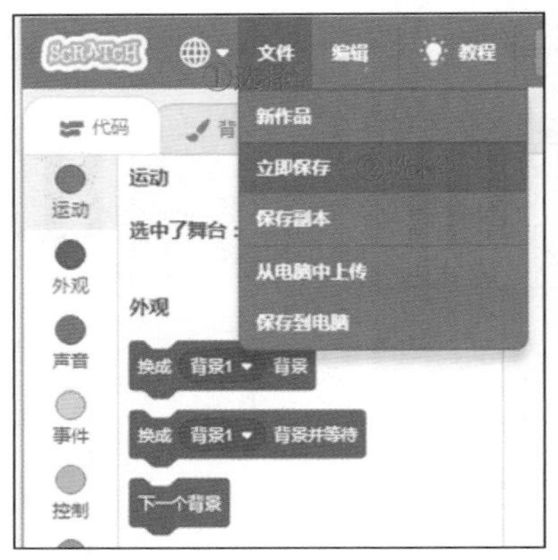

图 14.17　保存项目

14.2.3　搭建方块代码

【本小节源代码：资源包\C14\3.sb3】

现在，舞台上该有的角色都已经添加完毕，接下来开始让动物动起来，钢琴弹起来。这里仍以蝙蝠对象为例来讲解具体的搭建方块的过程。具体操作步骤如下：

（1）让蝙蝠对象进入搭建方块编辑状态。单击选中蝙蝠，观察代码区，如果出现了蝙蝠对象，则说明蝙蝠对象进入方块编辑状态，如图 14.18 所示。

图 14.18　让蝙蝠对象进入方块编辑状态

（2）搭建蝙蝠对象的方块，代码解读如图 14.19 所示。

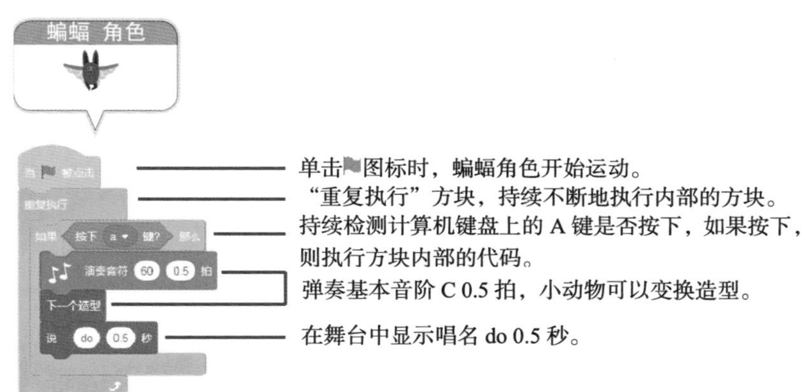

图 14.19　蝙蝠的代码解读

（3）保存项目。选择 Scratch 软件上方菜单中的“文件”→“立即保存”命令即可。

14.2.4 其他动物的方块代码解读

【本小节源代码：资源包\C14\4.sb3】

根据前面蝙蝠对象的代码搭建过程，建议同学们完成其他小动物的代码搭建。算法基本上都是相似的，只是“检测计算机键盘的按键”和“弹奏的音符”不同。其他动物的方块代码如图 14.20～图 14.22 所示。

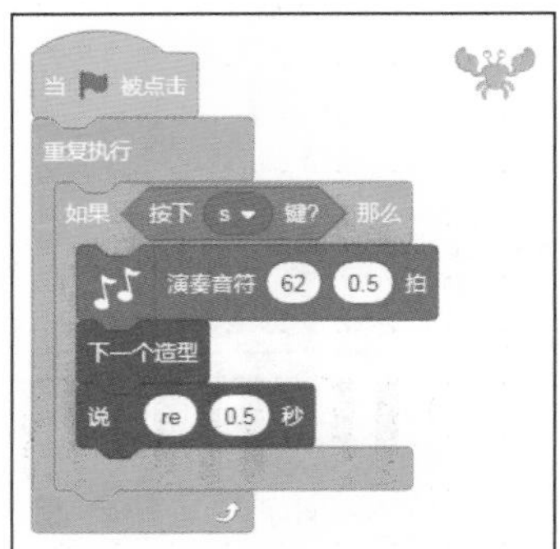

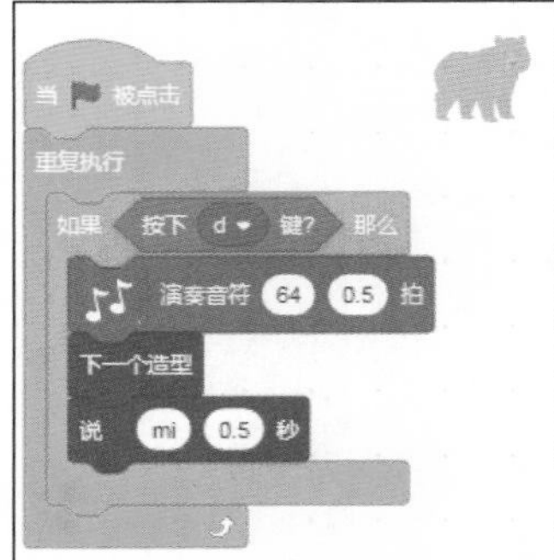

图 14.20 基本音阶 D 和 E

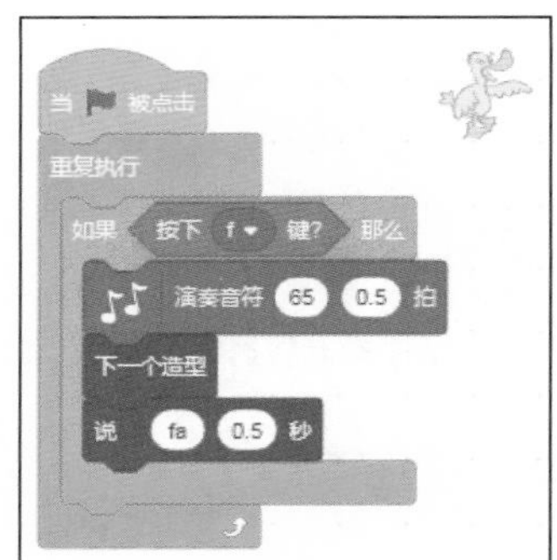

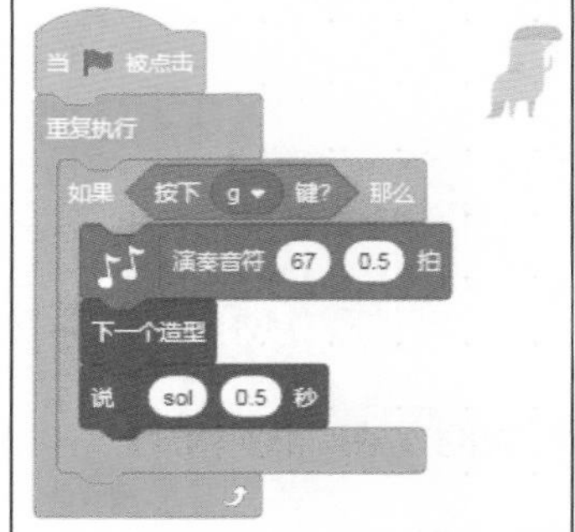

图 14.21 基本音阶 F 和 G

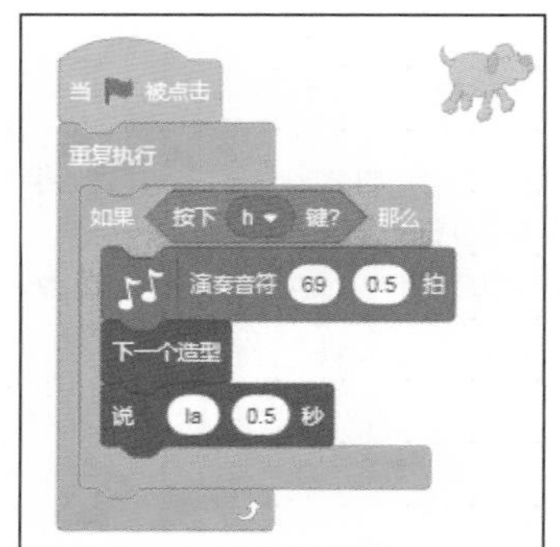

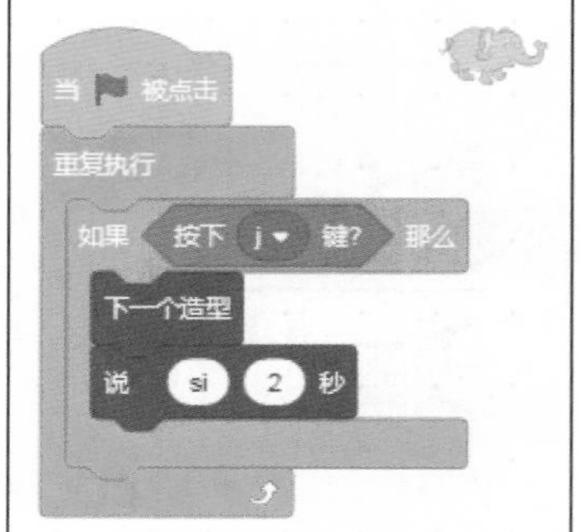

图 14.22 基本音阶 A 和 B

14.3　总结

同学们，你的音乐会作品完成了吗？通过本章的学习，相信你一定能创作出属于自己的独特音乐会效果。在本章案例的基础上，同学们还可以进一步发挥创造力，比如可以将一些简单的儿歌演奏出来，同时还可以让小动物一边听音乐，一边跳舞唱歌。怎么样？发挥想象力，继续体验 Scratch 的更多乐趣吧。

14.3.1　整理方块

下面将“动物音乐会”的方块整理说明一下（以“螃蟹”角色为例），如图 14.23 所示。

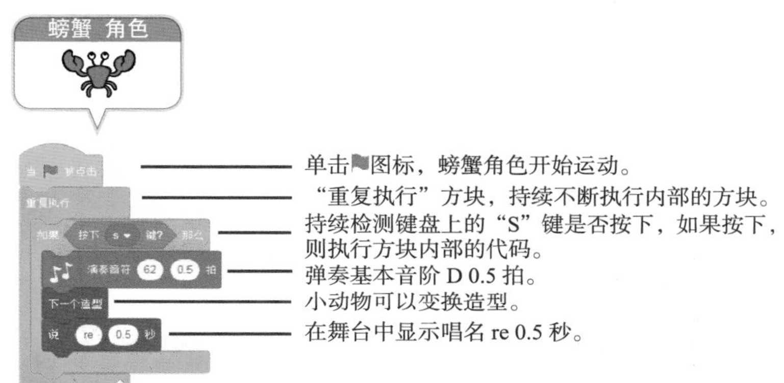

图 14.23　螃蟹角色的方块详解

14.3.2　学方块，想一想

同学们，看一看图 14.24 中的方块是否熟悉，想一想它们都有什么作用呢？

学方块	想一想
按下 a 键?	这个方块有什么作用呢?
演奏音符 71 0.5 拍	这个方块有什么作用呢?
下一个造型	这个方块有什么作用呢?

图 14.24　学方块，想一想

14.4 挑战一下

【本小节源代码：资源包\C14\挑战.sb3】

接下来，请同学们挑战下面的例子——舞蹈女孩，如图 14.25 所示，具体要求如下：

- ❑ 添加背景和人物角色。
- ❑ 每隔一秒，改变一次角色的动作。

图 14.25 “挑战一下”示例的界面

第 15 章　美术：认识图形

本章我们将使用 Scratch 软件完成一个关于美术的有趣的案例。使用鼠标单击不同的图形，画笔就会自动画出相应的图形，比如三角形或圆形等，然后单击“再试一次”按钮，将清空画板，可以重新再画。现在就来一步一步地完成吧。

本章学习目标：

- ❑ 学习使用画笔方块组的各种方块。
- ❑ 设计并实现自动画图形的方块编码。

15.1　算法设计

如图 15.1 所示，在本案例中，我们将使用 Scratch 软件自动画各种图形。那么关于图形，同学们又是如何认识、学习的呢？比如长方形和正方形，生活中存在很多长方形和正方形，可以设置玩积木的活动，区分积木中的长方形和正方形，也可以运用多媒体呈现教室场景，通过观察教室中的国旗、黑板、课桌等物体来寻找长方形和正方形，用呈现生活中事物的方式使同学们对图形产生直观的认识，为后续学习奠定基础。

我们来思考一下，如何通过 Scratch 软件完成自动画图形的过程，并且设计出自动画图形编程算法？

15.1.1　分析自动画图形的过程

首先，请同学们观察图 15.2 所示的界面，仔细思考制作绘画板的过程是如何进行的。

图 15.1　舞台的界面效果

图 15.2　自动画图形的界面

观察后发现，首先小男孩会让我们选择一个图形，然后画笔就会自动画出图形。图 15.3 所示是思考分析过程。

15.1.2 设计自动画图形的算法

根据前面的分析结果，接下来我们设计自动画图形的算法，如图 15.4 所示。

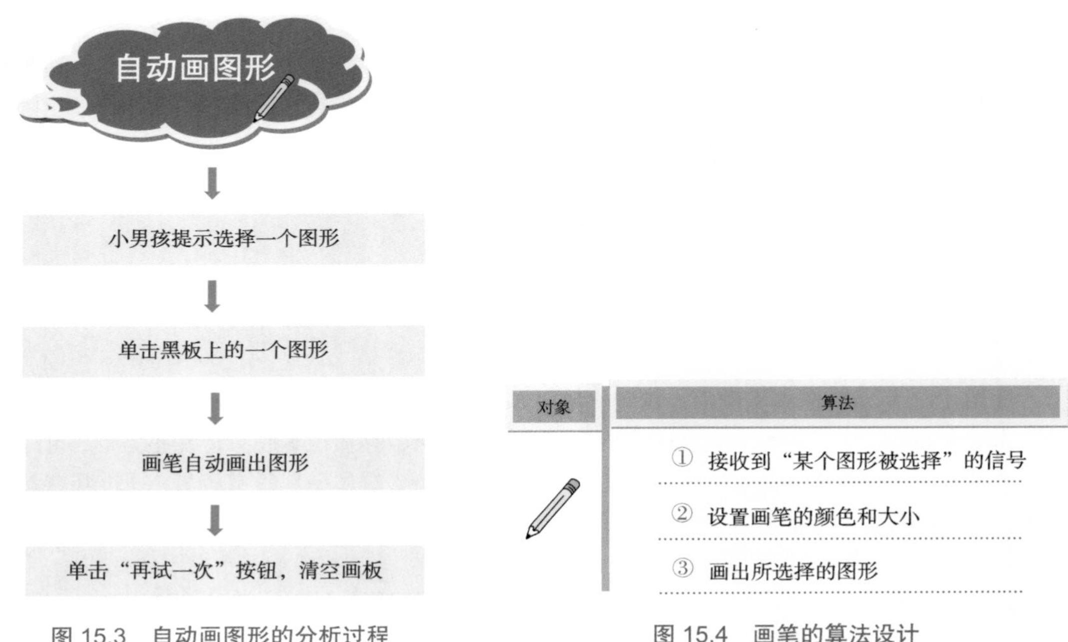

图 15.3 自动画图形的分析过程　　图 15.4 画笔的算法设计

15.2 Scratch 编程详解

设计完算法，下面开始使用 Scratch 软件搭建方块，编程实现自动画图形的舞台效果，逐步讲解具体的编程步骤。

15.2.1 搭建舞台

【本小节源代码：资源包\C15\1.sb3】

【本小节素材：资源包\C15\素材】

在搭建方块之前，先搭建舞台，在舞台中添加背景和角色。这些图片都在本章资源包的“素材”文件夹中，找到后，复制到自己的计算机中即可。接下来，具体操作步骤如下：

（1）打开 Scratch 软件，删除舞台下方的小猫角色，如图 15.5 所示。

（2）单击舞台下方的“上传背景”图标，在弹出的窗口中选中复制到计算机中的 bg.png 图片文件并打开，如图 15.6 所示。

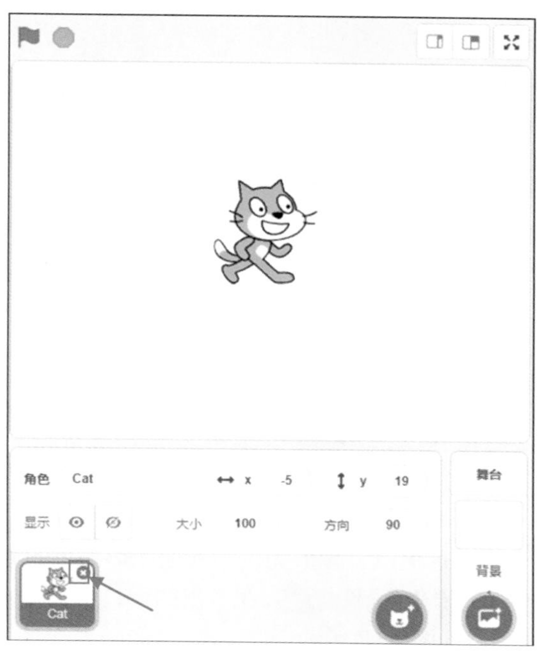

图 15.5　删除默认的小猫角色

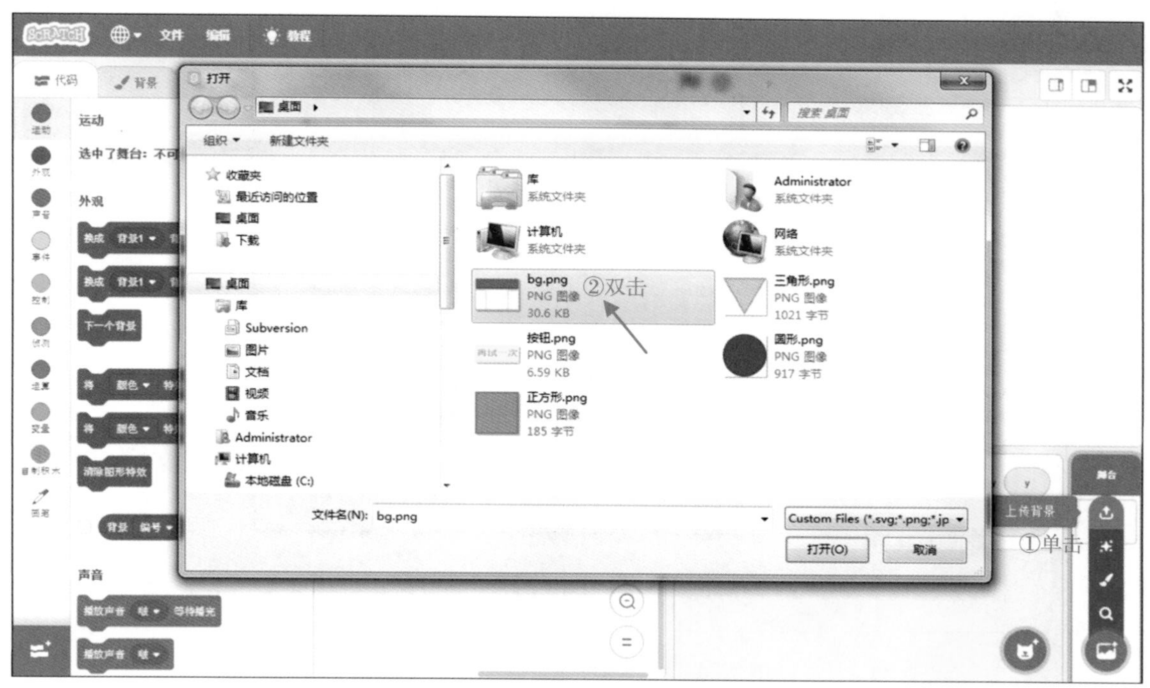

图 15.6　给舞台添加背景

添加背景后的界面效果如图 15.7 所示。

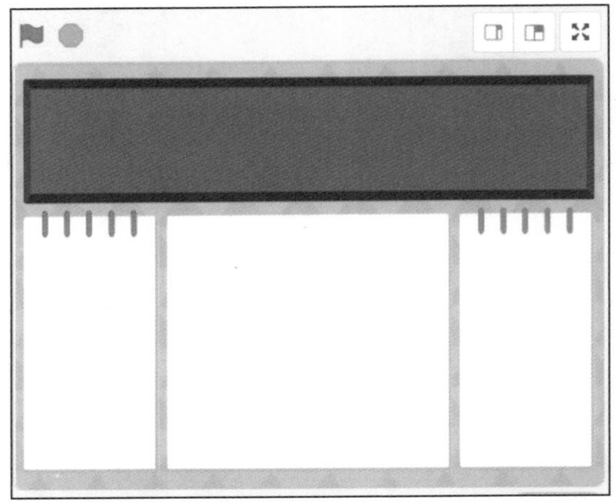

图 15.7　添加背景后的界面效果

（3）将图形添加到舞台上。这里以三角形为例，其他图形角色的添加方法与此基本相似。具体操作如下：单击舞台下方的“上传角色”图标，在弹出的窗口中选中素材文件中的“三角形.png”图片，单击“打开”按钮即可，如图 15.8 所示。

图 15.8　将三角形角色添加到舞台上

添加三角形角色后的界面效果如图 15.9 所示。

（4）调整三角形角色的位置和大小。修改菜单栏上“大小”的数值，对三角形进行调整，如

图 15.10 所示。

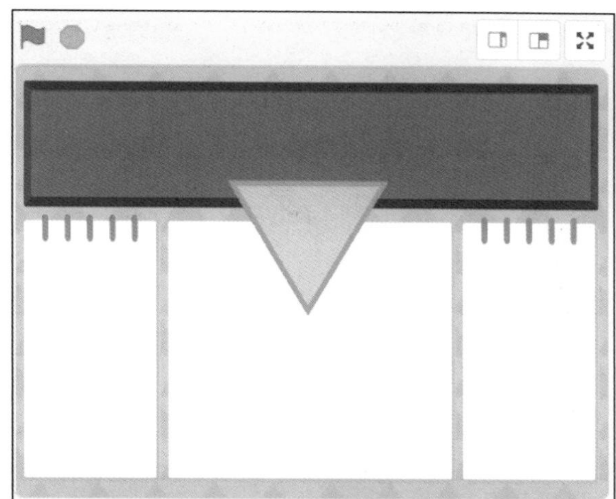

图 15.9　添加三角形后的界面效果

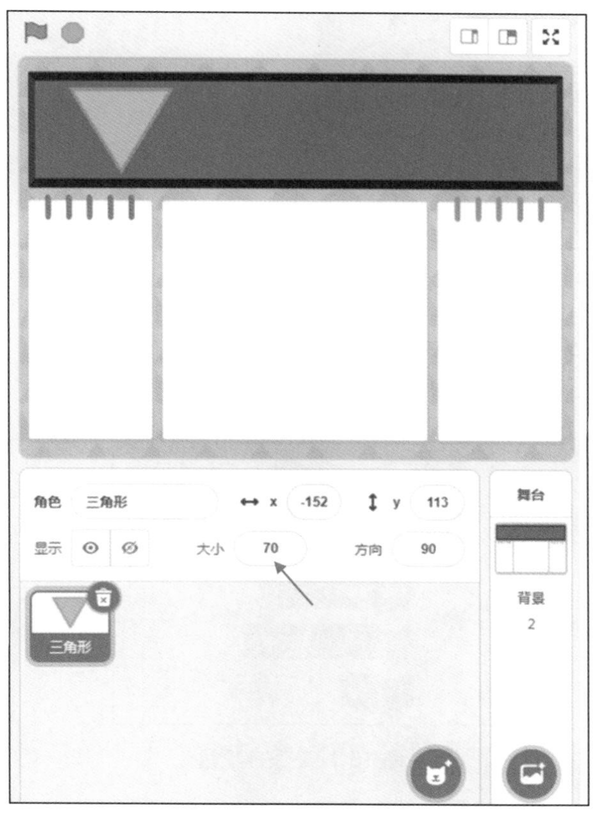

图 15.10　调整三角形角色的大小和位置

接下来使用同样的方法，将其他角色分别添加到舞台中，如图 15.11 所示。

（5）保存项目。选择 Scratch 软件上方菜单中的“文件”→“立即保存”命令即可，如图 15.12 所示。

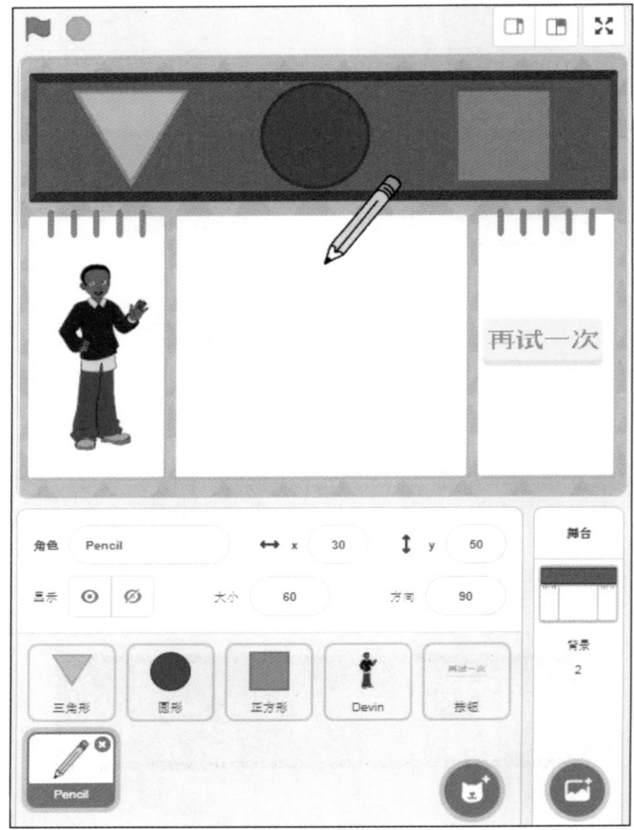

图 15.11　舞台搭建完毕后的界面

图 15.12　保存项目

15.2.2　鼠标点一点，自动画图形

【本小节源代码：资源包\C15\2.sb3】

接下来，我们开始为图形角色搭建方块。这里以三角形角色为例，当用鼠标单击三角形时，画

笔会自动绘制出三角形的形状。其他图形的方块搭建原理也与此类似。具体操作步骤如下：

（1）选中三角形角色，使其进入方块编辑状态，如图 15.13 所示。

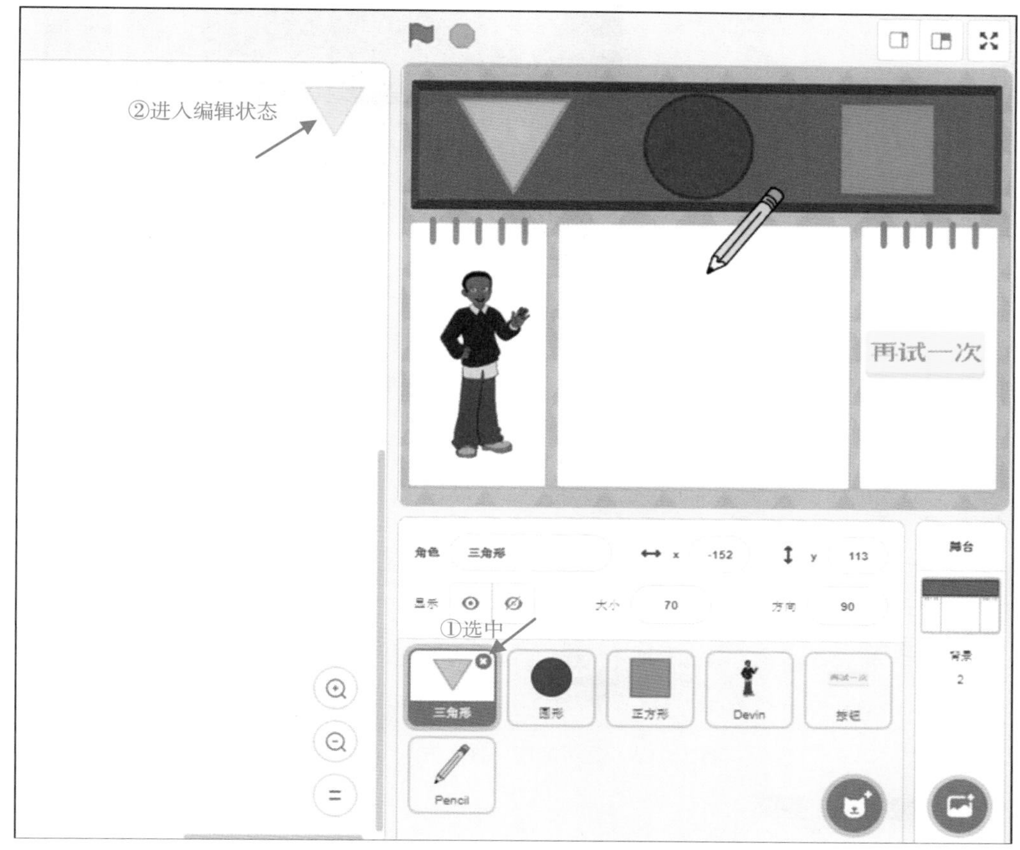

图 15.13　使三角形角色进入方块编辑状态

（2）为三角形角色搭建方块，单击三角形时，发送“画三角形”的广播消息，代码解读如图 15.14 所示。

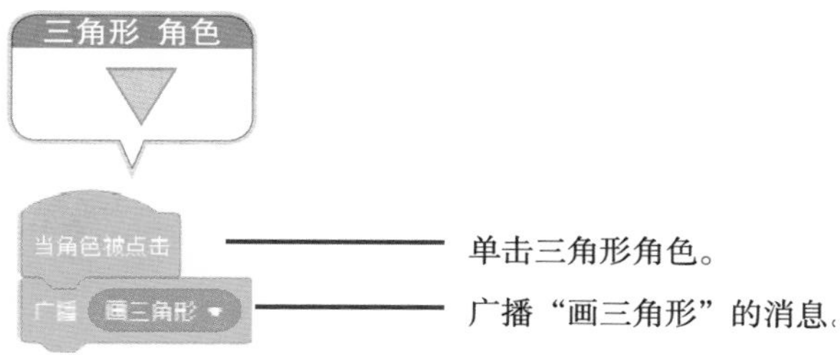

图 15.14　三角形的代码解读

（3）选中“画笔”角色，使其进入方块编辑状态，如图 15.15 所示。

（4）为画笔搭建方块，当画笔接收到画三角形的消息时，自动画出三角的形状，代码解读如图 15.16 所示，详细解读可参见 15.3.1 节。

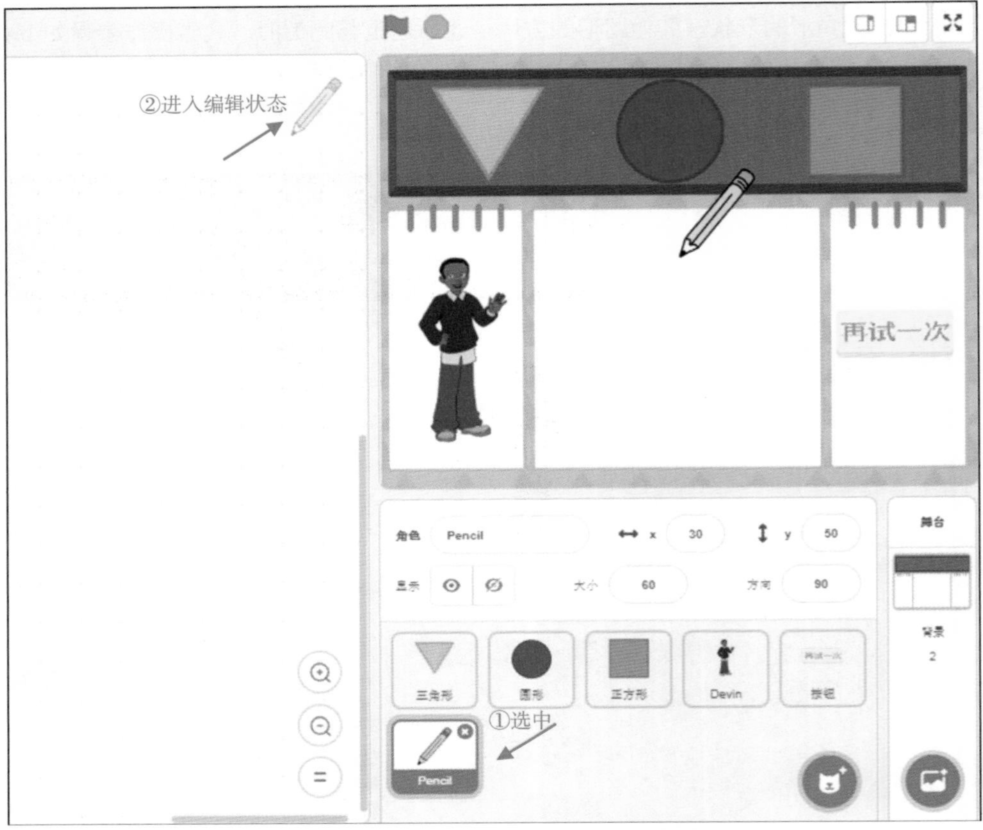

图 15.15　使画笔角色进入方块编辑状态

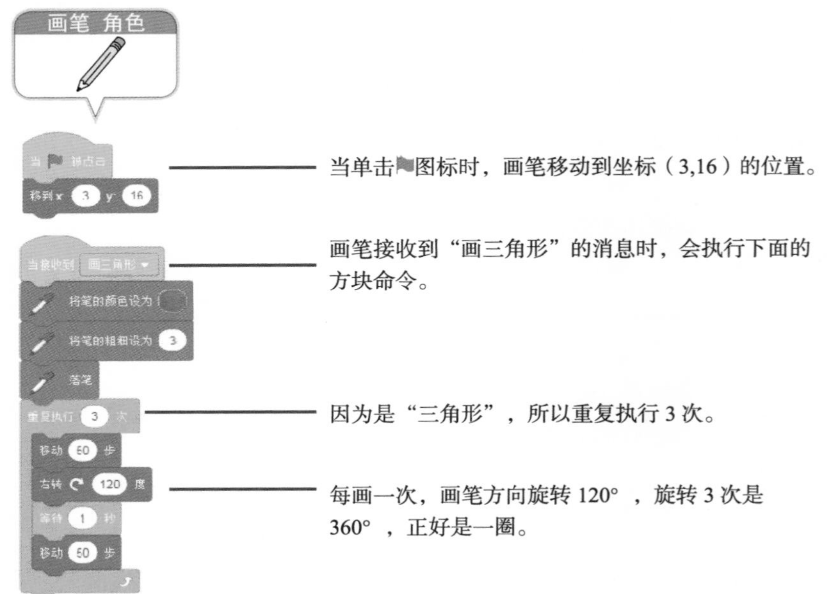

图 15.16　画笔的代码解读

（5）单击舞台上的图标，测试执行效果，如图 15.17 所示。

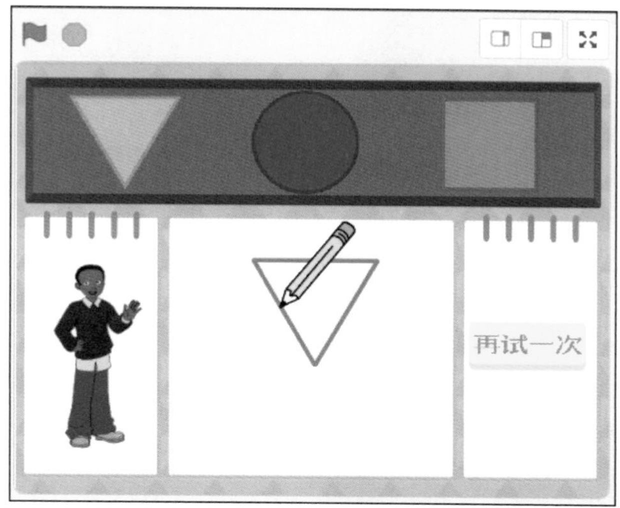

图 15.17　单击三角形图标，自动画出三角形

（6）圆形和正方形的搭建方法与三角形类似。圆形的代码解读如图 15.18 和图 15.19 所示，正方形的代码解读如图 15.20 和图 15.21 所示。

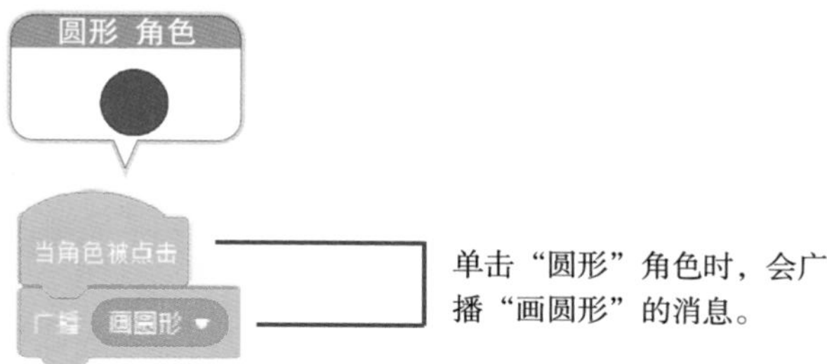

图 15.18　圆形的代码解读

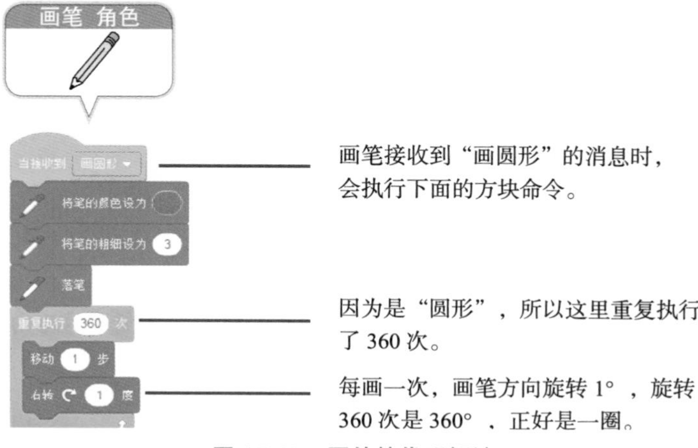

图 15.19　画笔的代码解读

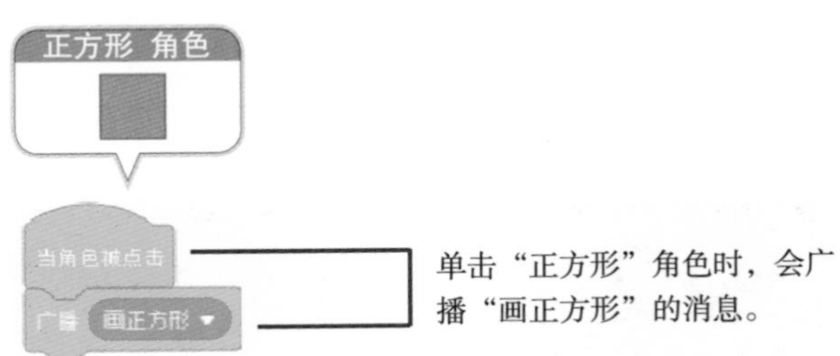

图 15.20　正方形的代码解读

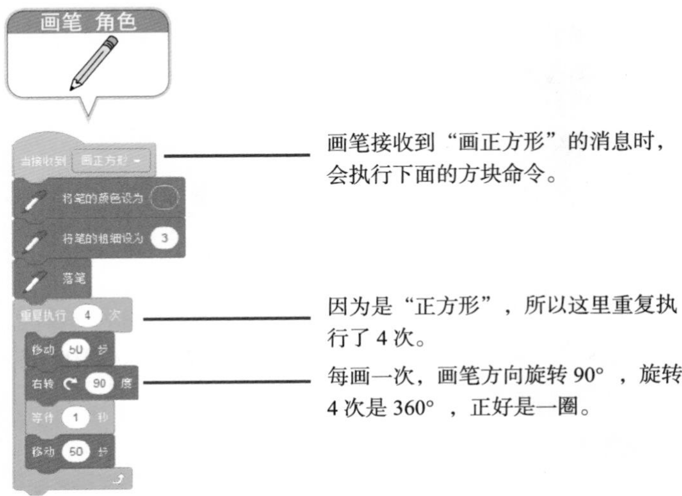

图 15.21　画笔的代码解读

（7）保存项目。选择 Scratch 软件上方菜单中的“文件”→“立即保存”命令即可。

15.2.3　主持人互动和再试一次

【本小节源代码：资源包\C15\3.sb3】

基本功能完成之后，接下来我们再添加一个小男孩说话和“再试一次”的互动功能。具体操作步骤如下：

（1）选中“再试一次”按钮，在方块区编写代码。单击此按钮时，清空画笔所画的内容。方块的解读如图 15.22 所示。

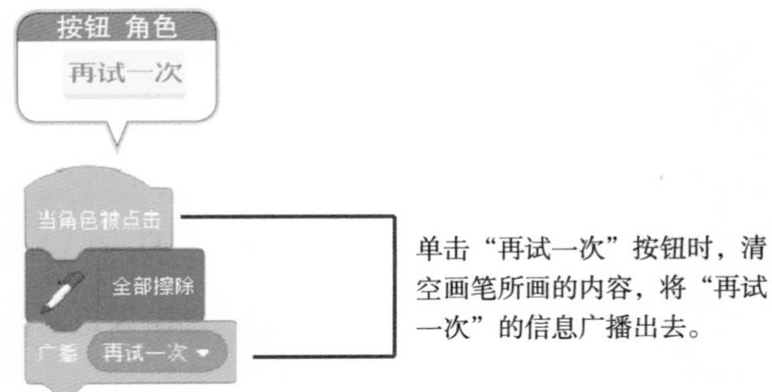

图 15.22　“再试一次”按钮的代码解读

（2）选中小男孩，为小男孩角色搭建方块。让小男孩提示用户如何进行操作，方块的解读如图 15.23 所示。

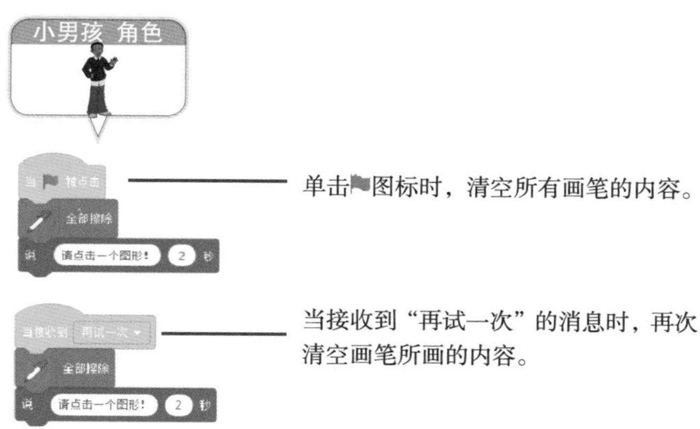

图 15.23　小男孩角色的代码解读

（3）单击舞台上的图标测试一下效果，如图 15.24 所示。

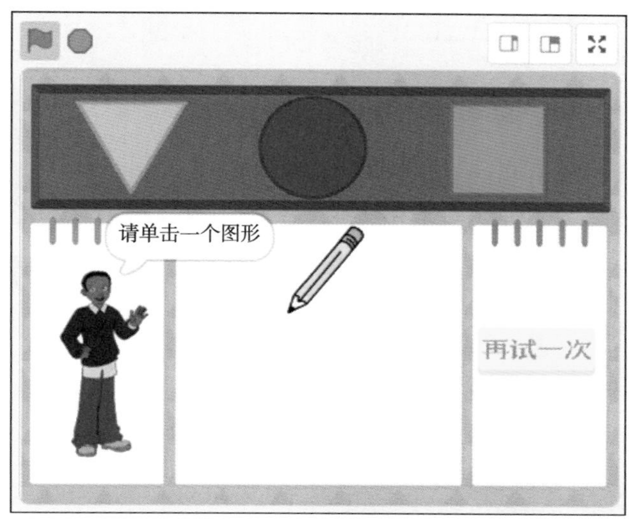

图 15.24　最后完成的舞台效果

（4）保存项目。选择 Scratch 软件上方菜单中的“文件”→“立即保存”命令，在弹出的窗口中选择存储文件的位置，为所保存的项目命名，单击“保存”按钮即可。

15.3　总结

通过本章的学习，相信同学们已经可以自如地画出三角形、圆形和正方形了。在此基础上，同学们可以思考一下，如果想让 Scratch 自动画出更多的图形，比如菱形、五边形、六边形等，那么又该怎样搭建方块呢？

15.3.1 整理方块

下面将“认识图形”的方块整理说明一下，以画三角形的画笔角色为例，如图 15.25 所示。

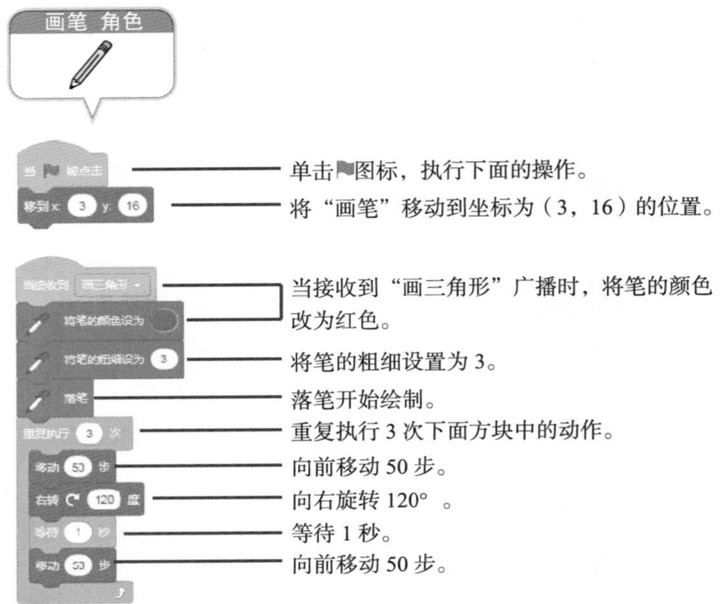

图 15.25　三角形画笔角色的方块详解

15.3.2 学方块，想一想

同学们，看一看图 15.26 中的方块是否熟悉，想一想它们都有什么作用？

学方块	想一想
 右转 ↻ 120 度	这个方块有什么作用呢？
 重复执行 360 次 移动 1 步 右转 ↻ 1 度	这个方块有什么作用呢？
 落笔	这个方块有什么作用呢？

图 15.26　学方块，想一想

15.4　挑战一下

【本小节源代码：资源包\C15\挑战.sb3】

接下来，请同学们挑战下面的例子——星星画笔，如图 15.27 所示，具体要求如下：

- ❑ 在舞台上添加不同的颜色按钮。
- ❑ 用鼠标拖曳画笔在舞台中画画，单击 clear 按钮清除绘画内容。

图 15.27　“挑战一下”示例的界面

第 16 章　美术：小小绘画板

同学们在美术课中，都会用到各种颜色的画笔吧。下面我们就使用 Scratch 软件制作一个绘画板。这个绘画板可以变换画笔的颜色，也可以调整画笔的粗细，还具有橡皮擦和清空画板的功能。

本章学习目标：

- ❑ 学习使用画笔方块组中的各种方块。
- ❑ 设计并实现制作绘画板的方块编码。

16.1　算法设计

如图 16.1 所示，本案例中我们将制作一个绘画板。绘画（也可以称为“美术”）是一门基础性的小学教学学科，对于小学生的综合素质、艺术鉴赏能力和智慧开发有着不可估量的作用。接下来思考一下如何通过 Scratch 软件完成绘画板的制作，并且设计出其编程算法。

16.1.1　分析制作绘画板的过程

首先，请观察图 16.1 所示的界面，仔细思考制作绘画板的过程。

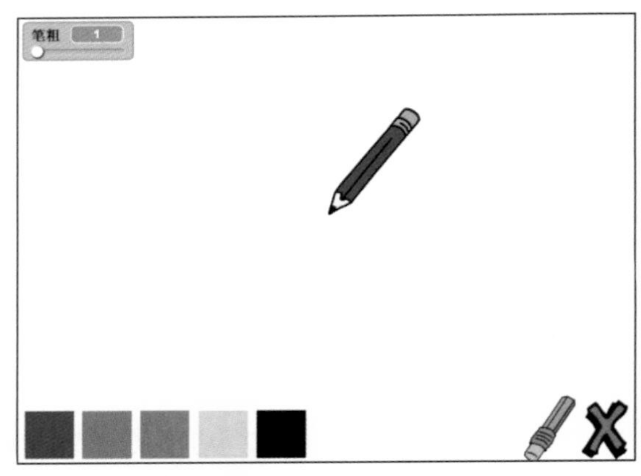

图 16.1　绘画板的舞台界面效果

通过观察可以发现，如果想制作出如图 16.1 所示的绘画板，需要添加画笔和橡皮角色，同时画笔可以动态地调整笔的粗细等。图 16.2 所示是思考分析过程。

16.1.2　设计制作绘画板的算法

根据前面的分析结果，设计制作绘画板的算法。具体算法如图 16.3～图 16.5 所示。

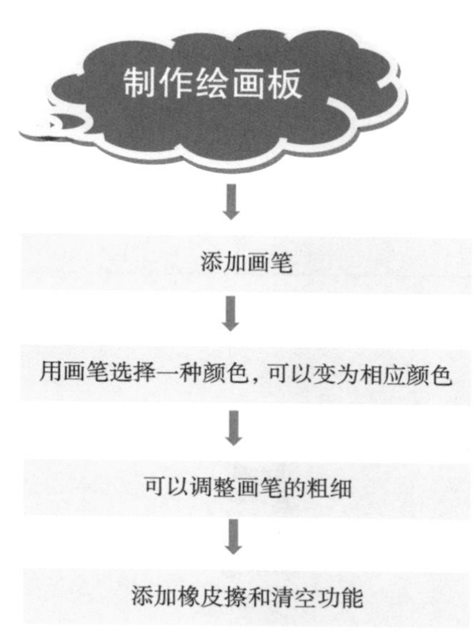

图 16.2　制作绘画板的分析过程

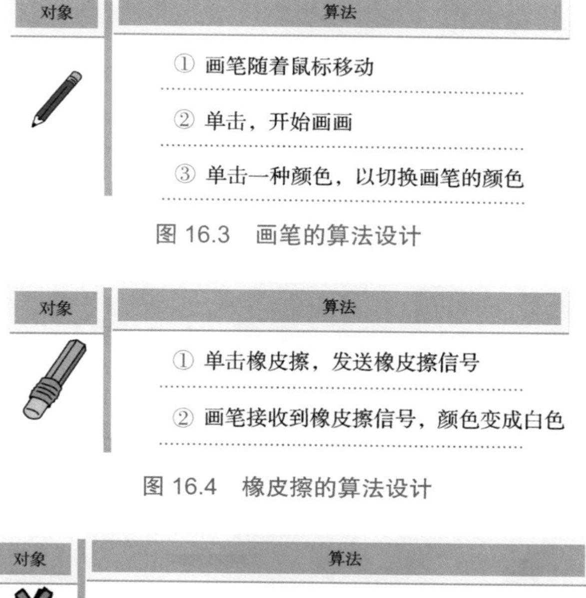

对象	算法
画笔	① 画笔随着鼠标移动
	② 单击，开始画画
	③ 单击一种颜色，以切换画笔的颜色

图 16.3　画笔的算法设计

对象	算法
橡皮擦	① 单击橡皮擦，发送橡皮擦信号
	② 画笔接收到橡皮擦信号，颜色变成白色

图 16.4　橡皮擦的算法设计

对象	算法
 X	单击清空图标，使用“画笔”方块组的清空命令

图 16.5　清空对象的算法设计

16.2　Scratch 编程详解

设计完算法，下面开始使用 Scratch 软件动手搭建方块，编程实现绘画板的舞台效果，逐步讲解具体的编程步骤。

16.2.1 制作画笔

【本小节源代码：资源包\C16\1.sb3】

首先我们来制作一支画笔，具体操作步骤如下：

（1）打开 Scratch 软件，删除舞台下方的小猫角色，如图 16.6 所示。

图 16.6 删除默认的小猫角色

（2）单击舞台下方的“选择一个角色”图标，在弹出的角色库中选择 Pencil 图片，如图 16.7 所示。

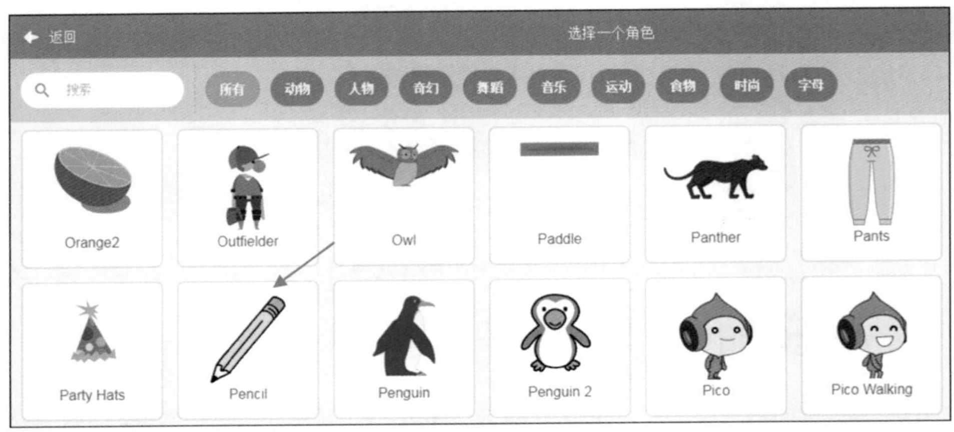

图 16.7 添加画笔

添加画笔后的界面效果如图 16.8 所示。

图 16.8　添加画笔后的界面效果

（3）调整画笔造型。选中画笔，然后单击“造型”标签，这时可以看见两个画笔，删除其中的一个，最后改变画笔的颜色，如图 16.9 所示。

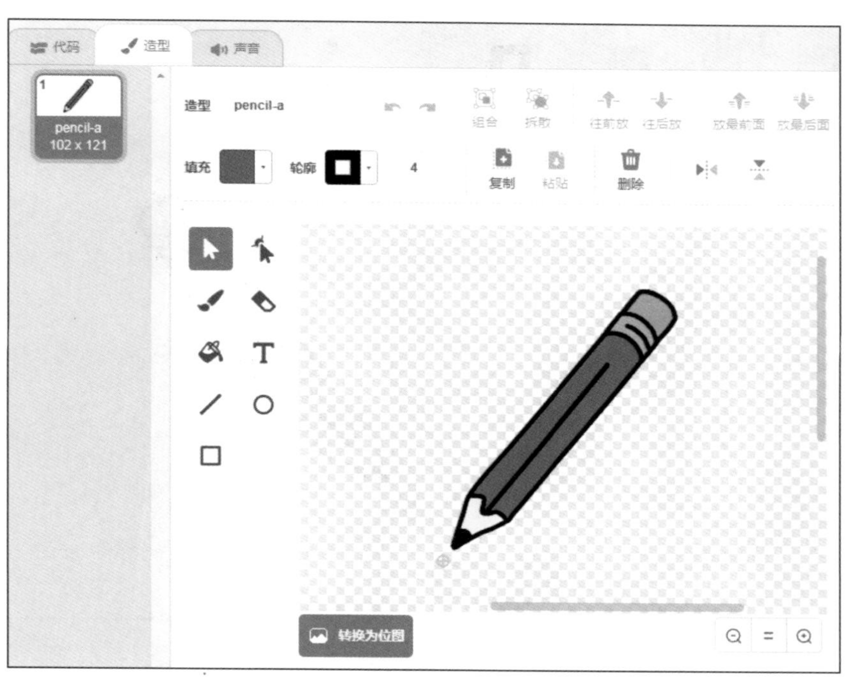

图 16.9　改变画笔造型后的界面

（4）搭建方块，让画笔跟随鼠标移动。方块的解读如图 16.10 所示。

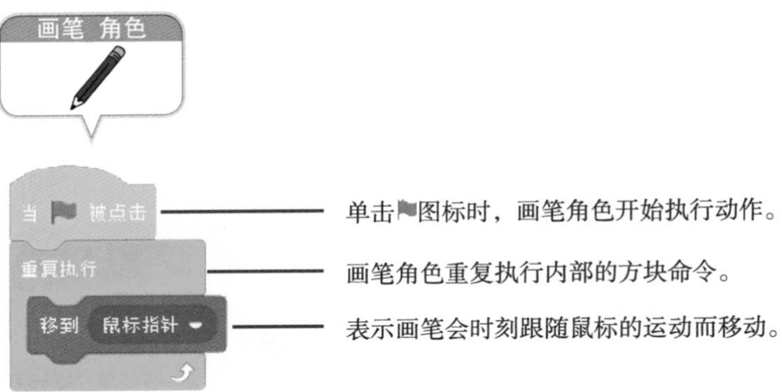

图 16.10 画笔跟随鼠标移动的方块代码解读

（5）设置画笔移动中心。从步骤（4）中可以发现，鼠标指针一直指向画笔的中部，没有指向笔尖的位置。可以在"造型"选项卡中解决这个问题。具体操作如下：选中画笔角色，然后单击"造型"标签，单击"选择"工具，将画笔的笔尖移动到中心点的位置，如图 16.11 所示。

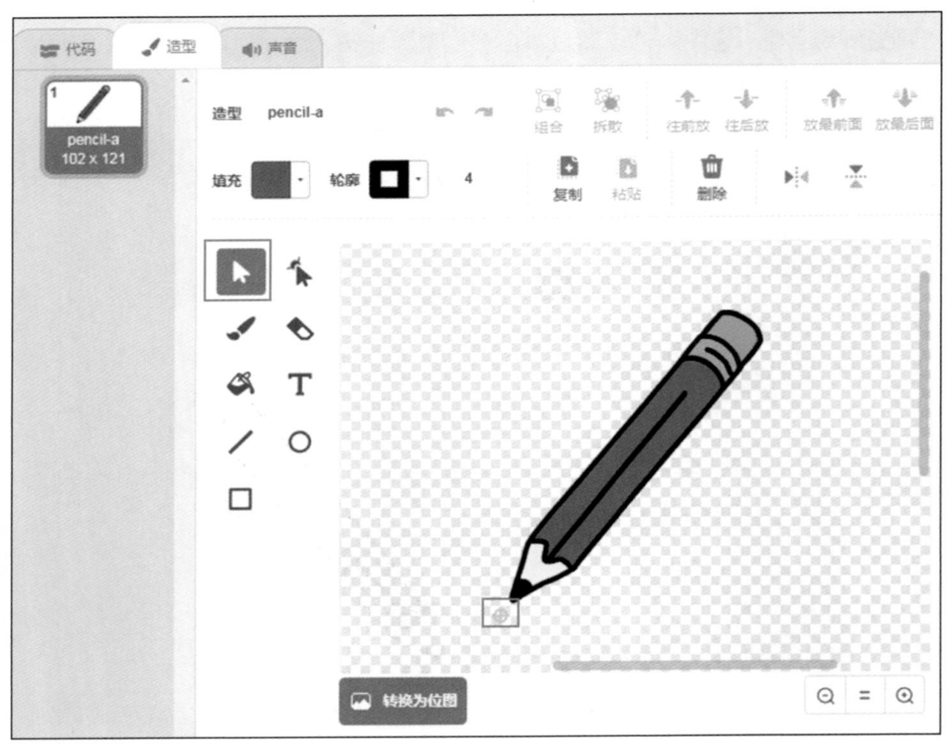

图 16.11 调整画笔移动中心

（6）搭建方块，让画笔画画。方块的解读如图 16.12 所示。

这时，单击图标，测试一下画笔的绘画效果，绘制的结果如图 16.13 所示。

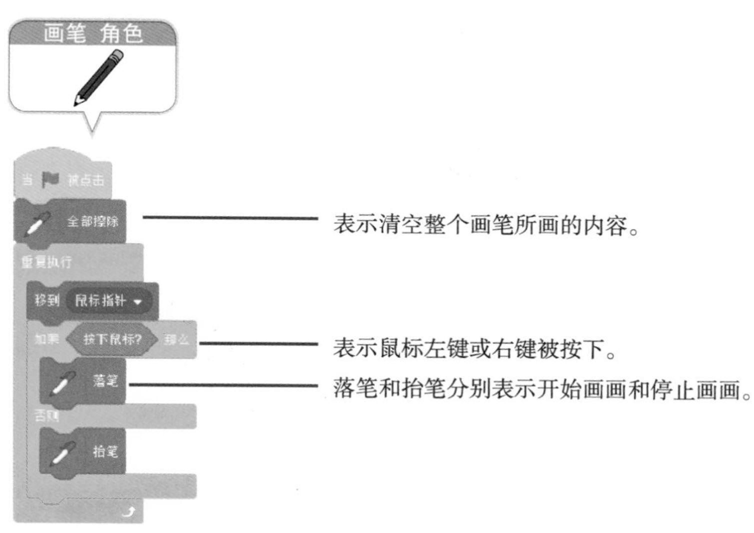

图 16.12　画笔画画的方块代码解读

（7）保存项目。选择 Scratch 软件上方菜单中的“文件”→“立即保存”命令即可，如图 16.14 所示。

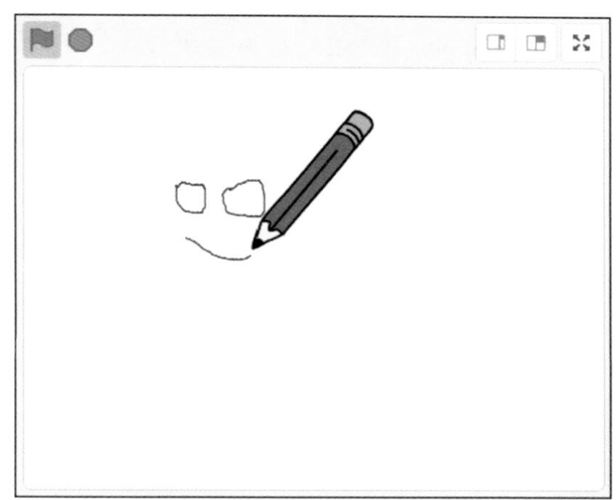

图 16.13　用画笔画画

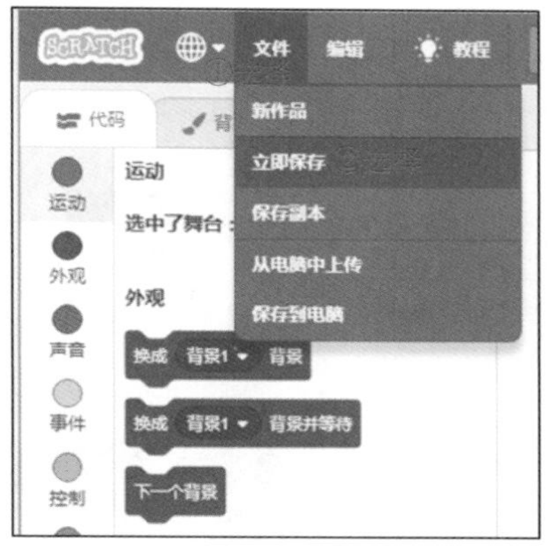

图 16.14　保存项目

16.2.2　添加更多颜色的画笔

【本小节源代码：资源包\C16\2.sb3】

使用绘画板可以绘制不同的颜色。接下来，我们再来添加一支绿色画笔，大家学会之后，就可以在此基础上添加更多的彩色画笔了。具体操作步骤如下：

（1）复制画笔。选中画笔角色，然后单击“造型”标签，复制原来的画笔，并将复制的画笔的颜色改为绿色，如图 16.15 所示。

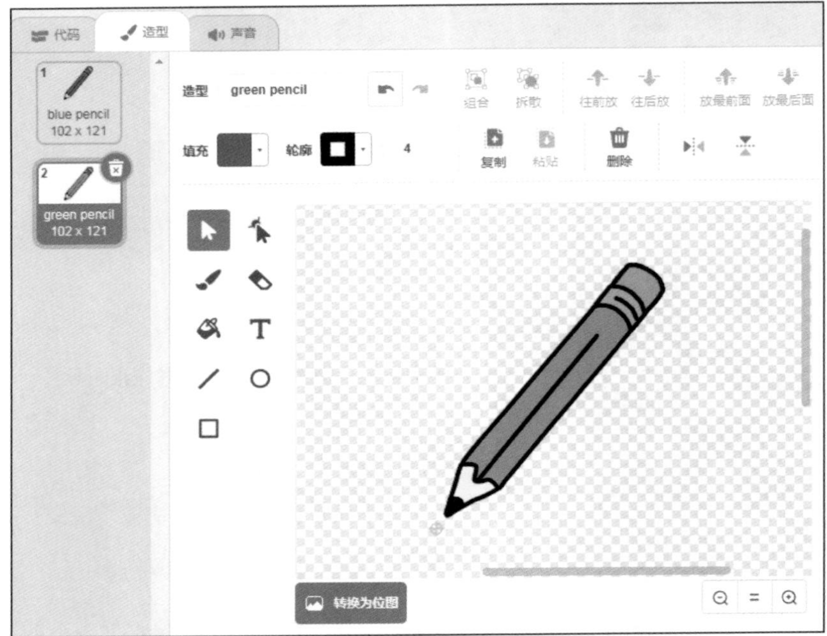

图 16.15　添加绿色画笔

说明　这里将两支画笔的名称分别改成了blue pencil和green pencil，以便后面搭建方块。

（2）为画笔搭建方块，实现根据信号选择不同颜色的画笔。方块的解读如图 16.16 所示。

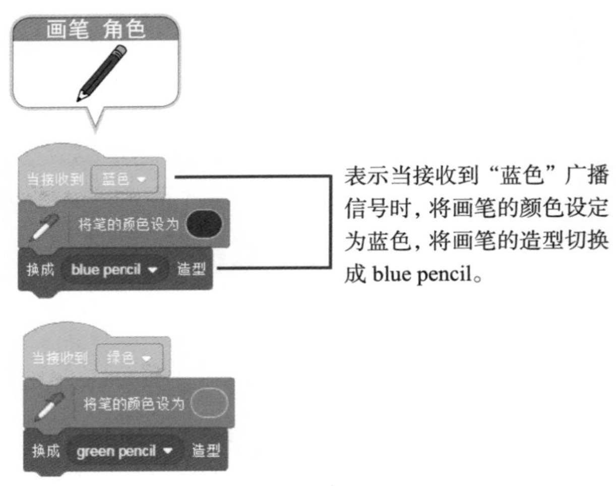

图 16.16　改变画笔颜色的方块代码解读

（3）添加调色按钮，这里以蓝色调色按钮为例，具体操作步骤如下：首先单击“绘制”图标，然后单击“矩形”工具，绘制一个正方形，再填充颜色，如图 16.17 所示。

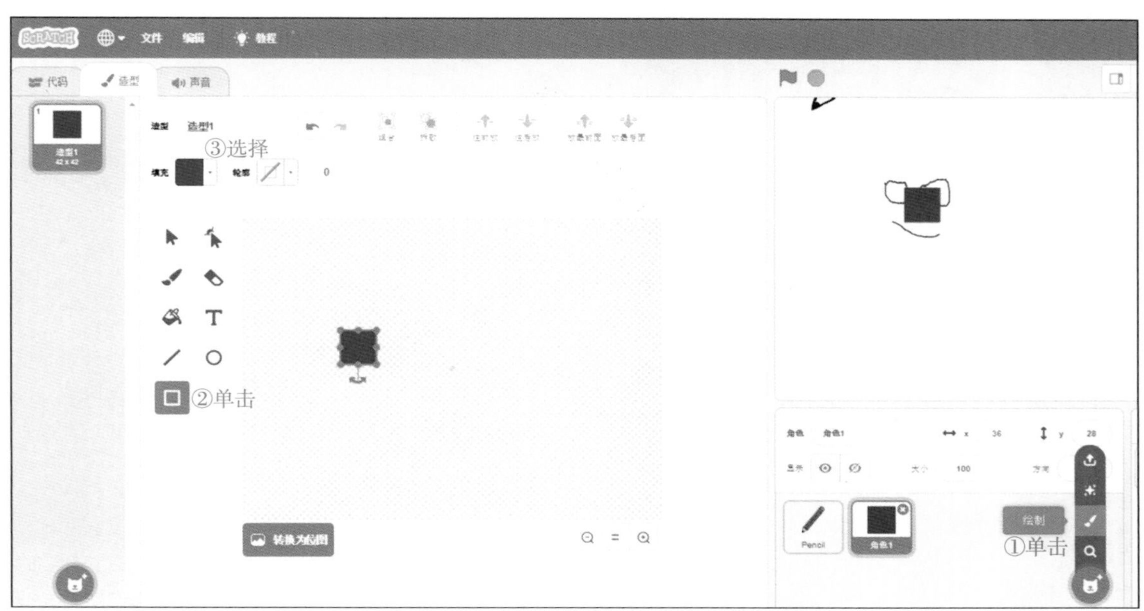

图 16.17　添加调色按钮

（4）为调色按钮搭建方块。具体代码解读如图 16.18 所示。

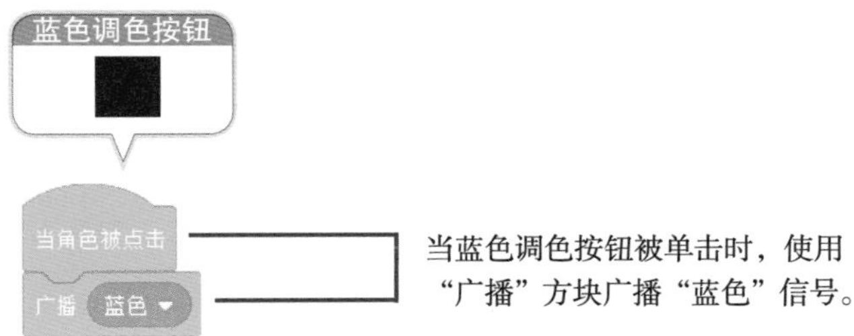

图 16.18　蓝色调色按钮的代码解读

（5）使用同样的方法，可以再创建一个绿色的调色按钮，这里不再演示创建过程。完成后的舞台界面如图 16.19 所示。

（6）保存项目。选择 Scratch 软件上方菜单中的“文件”→“立即保存”命令即可。

16.2.3　调整画笔粗细

【本小节源代码：资源包\C16\3.sb3】

接下来我们还可以给画笔添加调整粗细的功能。具体操作步骤如下：

（1）新建“笔粗”变量，通过该变量控制画笔的粗细。单击“变量”方块组，然后单击“建立一个变量”按钮，在弹出的对话框中将变量命名为“笔粗”，单击“确定”按钮即可，如图 16.20 所示。

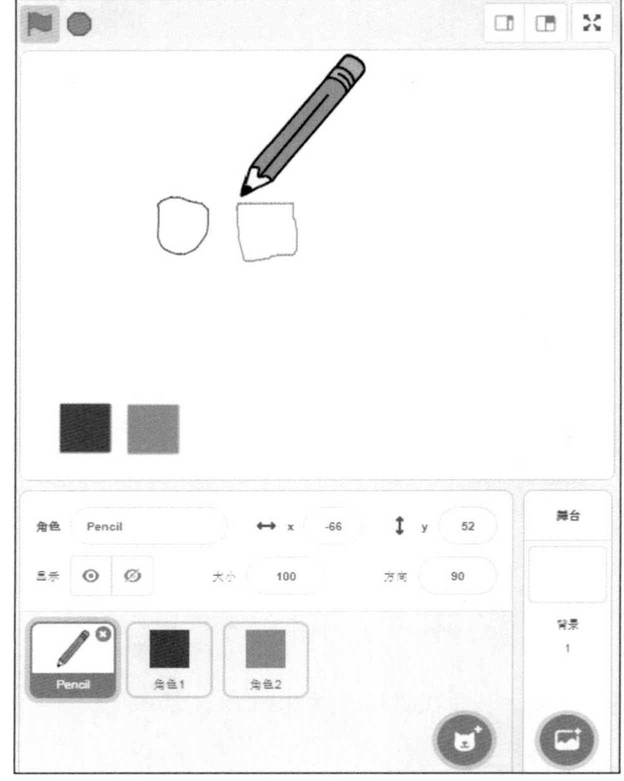

图 16.19　使用不同颜色

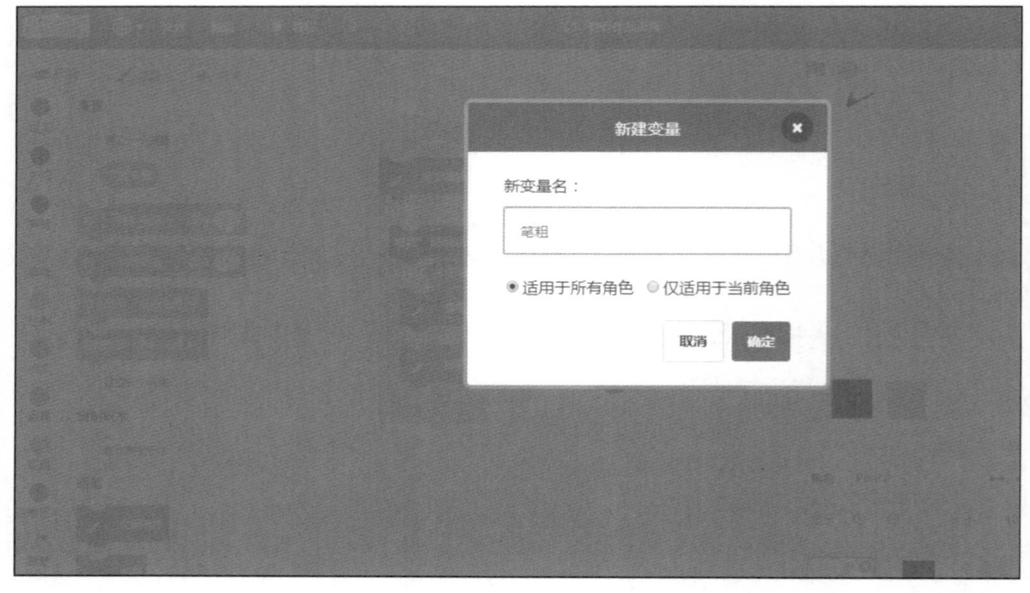

图 16.20　新建变量“笔粗”

（2）为变量“笔粗”搭建方块，添加到画笔上。选中“画笔”角色，开始搭建方块。具体代码解读如图 16.21 所示。

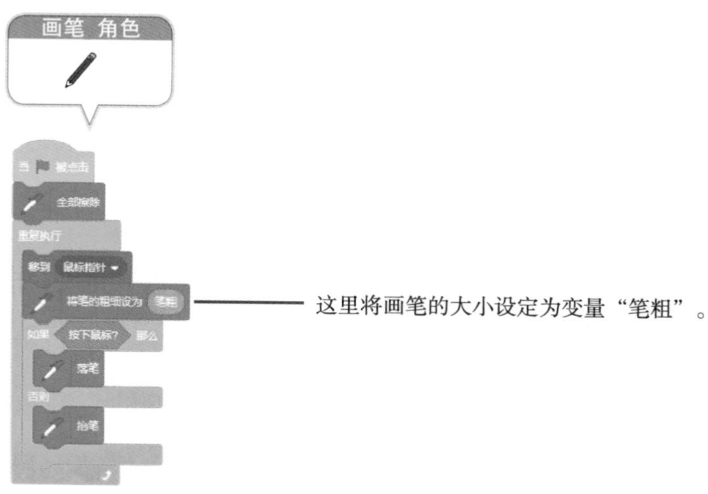

图 16.21　变量“笔粗”的代码解读

（3）修改变量“笔粗”的显示方式，改成“滑杆”显示。具体操作为右击舞台中的变量“笔粗”，在弹出的快捷菜单中选择“滑杆”命令即可，如图 16.22 所示。

这时，单击图标，通过滑杆调整变量“笔粗”的大小，看看画笔的粗细是否发生了变化，如图 16.23 所示。

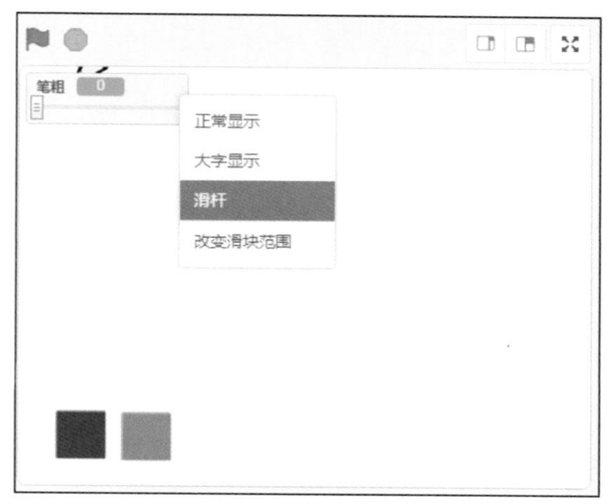

图 16.22　调整变量“笔粗”的显示方式

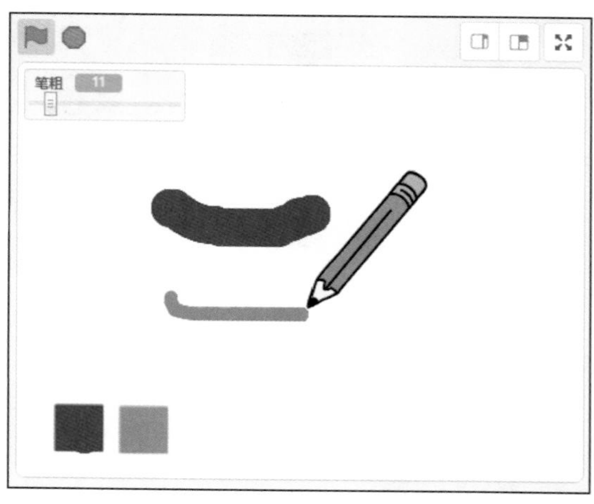

图 16.23　测试变量“笔粗”的效果

（4）保存项目。选择 Scratch 软件上方菜单中的“文件”→“立即保存”命令，在弹出的窗口中选择存储文件的位置，为所保存的项目命名，单击“保存”按钮即可。

16.2.4 添加清空画板功能

【本小节源代码：资源包\C4\4.sb3】

画画的时候经常会出错，所以一个清空画板的按钮必不可少。下面添加一个清空按钮，具体操作步骤如下：

（1）添加一个清空按钮。单击舞台下方的“选择一个角色”图标，在弹出的角色库中选择 Button5 图片，如图 16.24 所示。

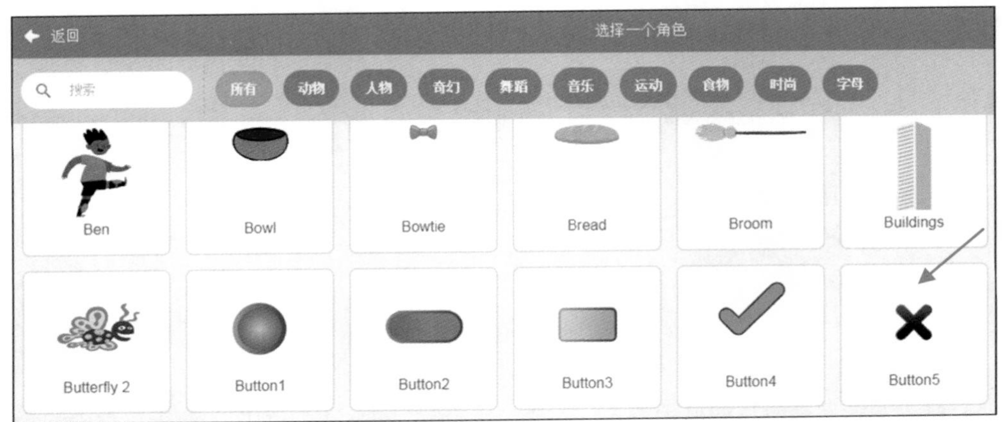

图 16.24 添加清空按钮

（2）为清空按钮搭建方块。具体代码解读如图 16.25 所示。

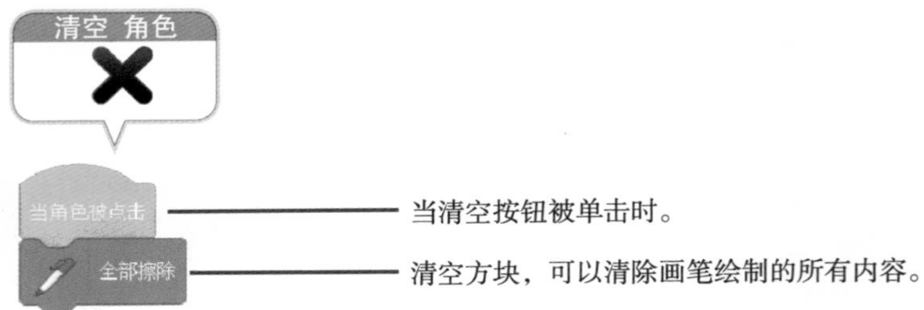

图 16.25 清空按钮的代码解读

说明 限于篇幅，关于橡皮擦的功能实现，请同学们参考源代码，位置为资源包\C16\4.sb3。

16.3 总结

同学们，相信通过本章的学习，现在对画笔方块组中的方块是不是越来越熟悉了呢？那么发挥你的想象，能不能让这个绘画板功能越来越丰富呢？比如给绘画板添加一些快捷键，如图 16.26 所示。

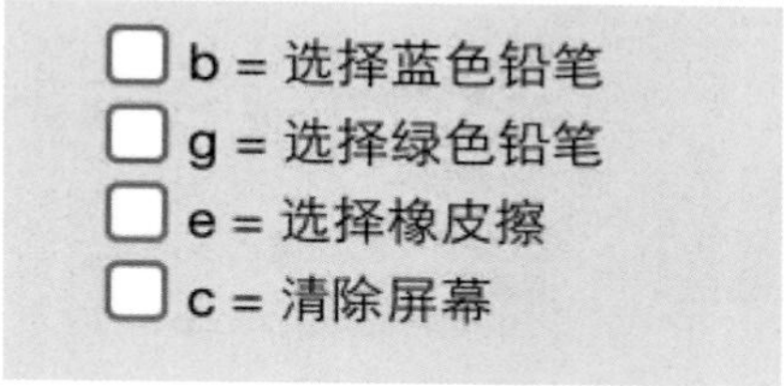

- [ ] b = 选择蓝色铅笔
- [ ] g = 选择绿色铅笔
- [ ] e = 选择橡皮擦
- [ ] c = 清除屏幕

图 16.26　绘画板中的键盘快捷键

16.3.1　整理方块

下面将“小小绘画板”的方块整理说明一下，以画笔角色为例，如图 16.27 所示。

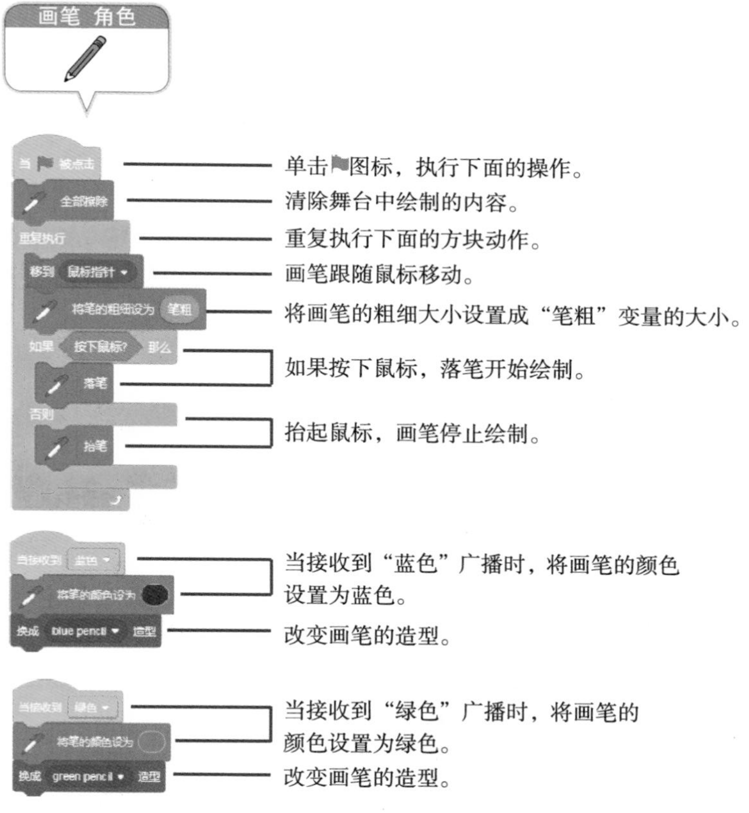

图 16.27　画笔角色的方块详解

16.3.2　学方块，想一想

同学们，看一看图 16.28 中的方块是否熟悉，想一想它们都有什么作用？

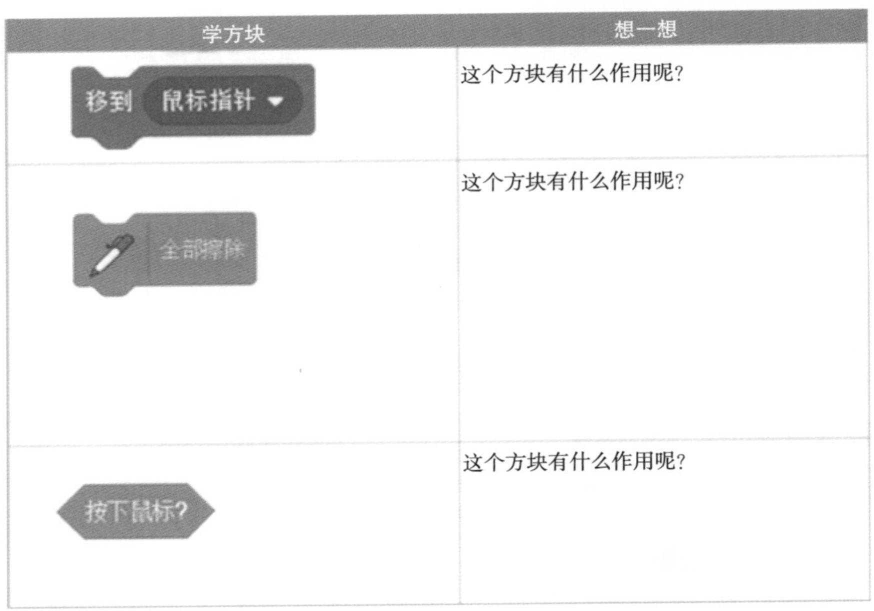

学方块	想一想
移到 鼠标指针	这个方块有什么作用呢？
全部擦除	这个方块有什么作用呢？
按下鼠标?	这个方块有什么作用呢？

图 16.28　学方块，想一想

16.4　挑战一下

【本小节源代码：资源包\C16\挑战.sb3】

接下来，请同学们挑战下面的例子——彩虹画笔，如图 16.29 所示，具体要求如下：

- ❑ 单击不同的画笔画出彩虹的颜色。
- ❑ 单击“C”按钮，清除画笔颜色。

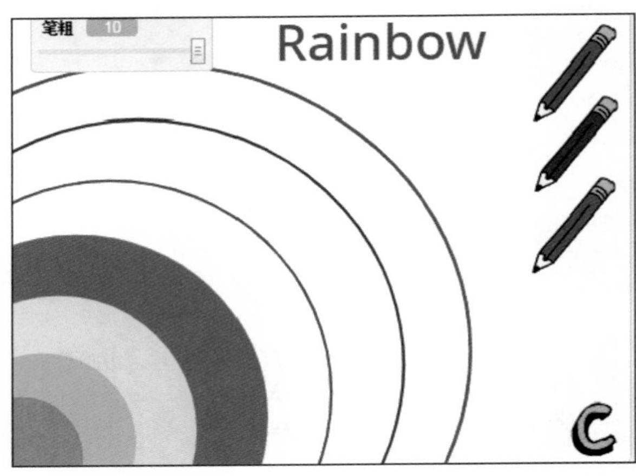

图 16.29　“挑战一下”示例的界面

第 17 章　英语：Happy Birthday

“祝你生日快乐，祝你生日快乐，祝你生日快乐，祝你生日快乐……”同学们，知道这是什么歌曲吗？对，是《生日歌》。当你过生日时，爸爸妈妈就会给你唱这首歌，但你会用英文唱吗？下面我们就使用 Scratch 软件给可爱的小象制作一首英文版的《生日歌》。

本章学习目标：

- 使用造型工具编写英文字母。
- 实现小象吹蜡烛的动画效果。
- 设计并实现小象过生日的方块编码。

17.1　算法设计

英文歌曲在小学英语教学中的作用越来越受到重视。本案例模拟在小学英语教学中应用英文歌曲的场景，探索如何在小学英语课程中用英文歌曲进行教学。接下来我们思考一下如何通过 Scratch 软件实现为小象唱生日歌，并且设计出其编程算法。舞台界面效果如图 17.1 所示。

图 17.1　舞台的界面效果

17.1.1　分析小象过生日的过程

首先，请同学们观察图 17.2 所示的小象吹蜡烛的动画过程，仔细思考小象过生日的过程是如何进行的。

图 17.2　小象吹蜡烛的过程

通过观察得知，小象有两个动作，用两幅造型图片就可以完成。同样，蜡烛的变化也用两幅造型图片就可以完成，一幅是蜡烛点燃时的造型，一幅是蜡烛熄灭后的造型。图 17.3 展示了分析过程。

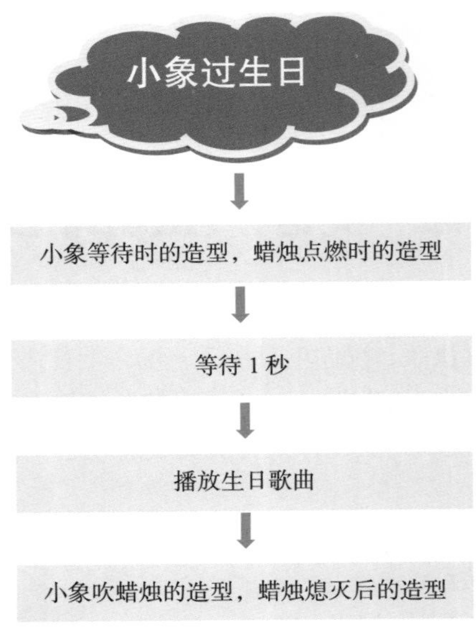

图 17.3　小象过生日的分析过程

17.1.2　设计小象过生日的算法

根据前面的分析结果，接下来我们设计小象过生日的算法。具体算法如图 17.4 和图 17.5 所示。

图 17.4　小象对象的算法设计　　图 17.5　蜡烛的算法设计

17.2　Scratch 编程详解

设计完算法，下面开始使用 Scratch 软件动手搭建方块，编程实现小象过生日的舞台效果，逐步为同学们讲解具体的编程步骤。

17.2.1　搭建舞台

【本小节源代码：资源包\C17\1.sb3】

首先，我们要搭建舞台，让舞台更加美观。添加舞台背景和所需对象，操作步骤如下：

（1）打开 Scratch 软件，删除舞台下方的小猫角色，如图 17.6 所示。

（2）单击舞台下方的“选择一个背景”图标，在弹出的窗口中，选择一张喜欢的背景素材，如图 17.7 所示。

图 17.6　删除默认的小猫角色

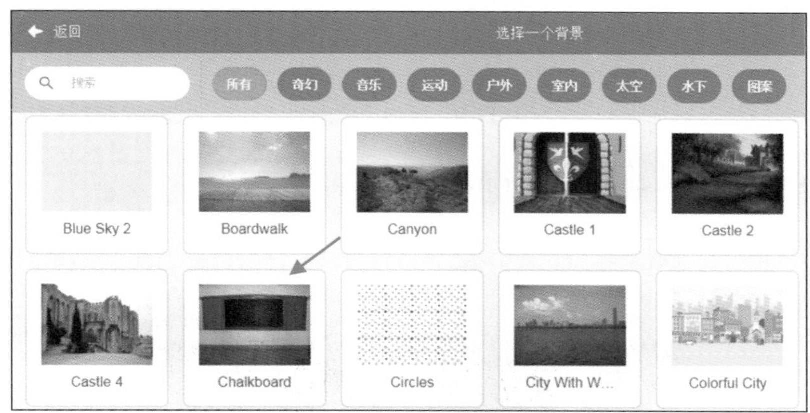

图 17.7　从背景库中选择背景图片

添加背景后的舞台界面如图 17.8 所示。

图 17.8　添加背景图片后的舞台界面

说明　同学们可以发挥创意，选择自己喜欢的舞台背景。

（3）单击舞台下方的“选择一个角色”图标，在弹出的角色库中选择小象图片 Elephant，如图 17.9 所示。

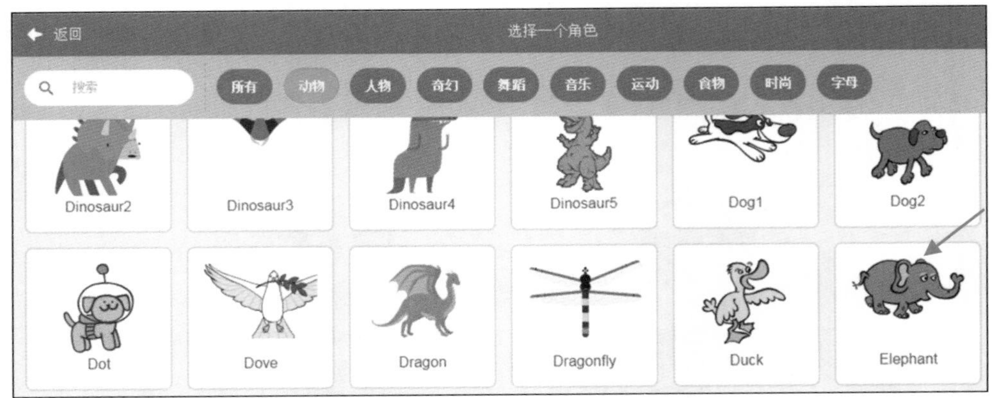

图 17.9　添加小象图片

添加小象后的界面效果如图 17.10 所示。

图 17.10　添加小象后的界面效果

说明　添加小象对象后，Scratch软件已经默认添加了小象的两个造型，单击“造型”标签，就可以发现elephant-a和elephant-b两种造型，如图17.11所示。

（4）调整小象的大小和位置。修改菜单栏上“大小”的数值，对小象进行调整，如图 17.12 所示。

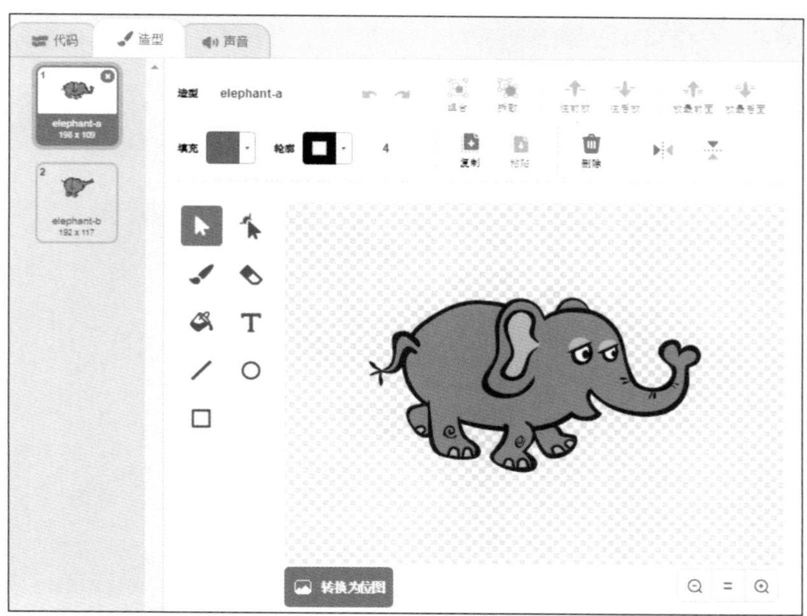

图 17.11　Scratch 软件提供的两个小象造型

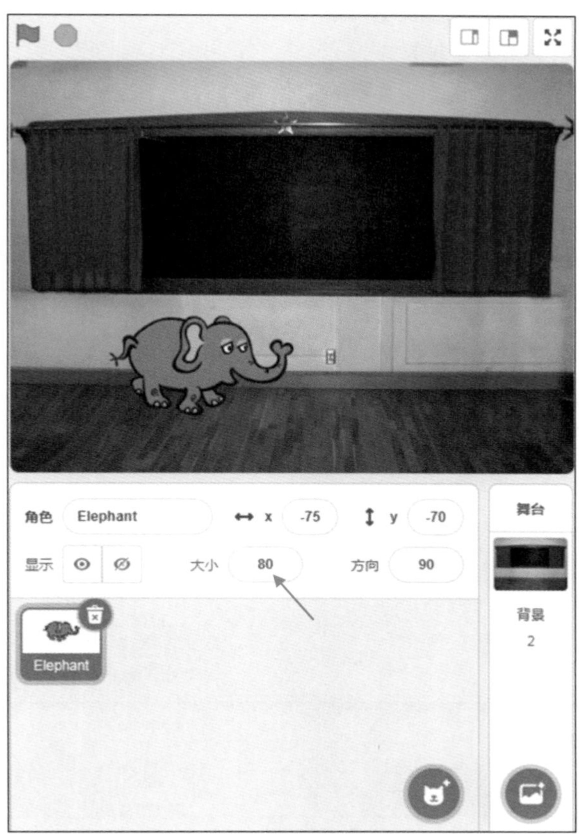

图 17.12　调整小象的大小和位置

(5) 保存项目。选择 Scratch 软件上方菜单中的“文件”→“立即保存”命令即可，如图 17.13 所示。

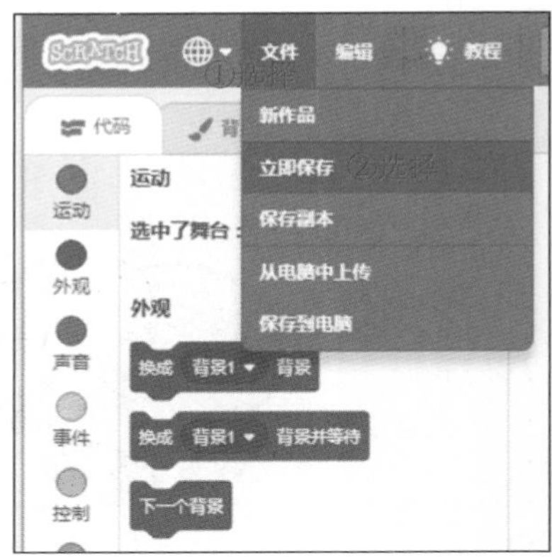

图 17.13　保存项目

17.2.2　添加蛋糕

【本小节源代码：资源包\C17\2.sb3】

【本小节素材：资源包\C17\素材】

舞台搭建完毕后，还需要添加两幅蛋糕的造型图片。接下来逐步讲解具体的操作过程。

(1) 单击舞台下方的“上传背景”图标，在弹出的窗口中找到复制到计算机中的 cake-a.png 图片，双击打开，具体操作步骤如图 17.14 所示。

图 17.14　从本地文件中上传图片

添加图片后的界面效果如图 17.15 所示。

图 17.15　添加蛋糕后的界面效果

（2）调整蛋糕的大小和位置。修改菜单栏上“大小”的数值，对蛋糕进行调整，操作步骤如图 17.16 所示。

图 17.16　调整蛋糕的大小和位置

（3）添加 cake-b.png 造型图片。首先在选中蛋糕的情况下，单击“造型”标签，再单击其中的“上传造型”图标，在打开的对话框中选中复制到计算机中的 cake-b.png 图片文件并单击“打开”按钮，如图 17.17 所示。

图 17.17　从本地文件中上传图片

添加 cake-b.png 图片后的界面效果如图 17.18 所示。

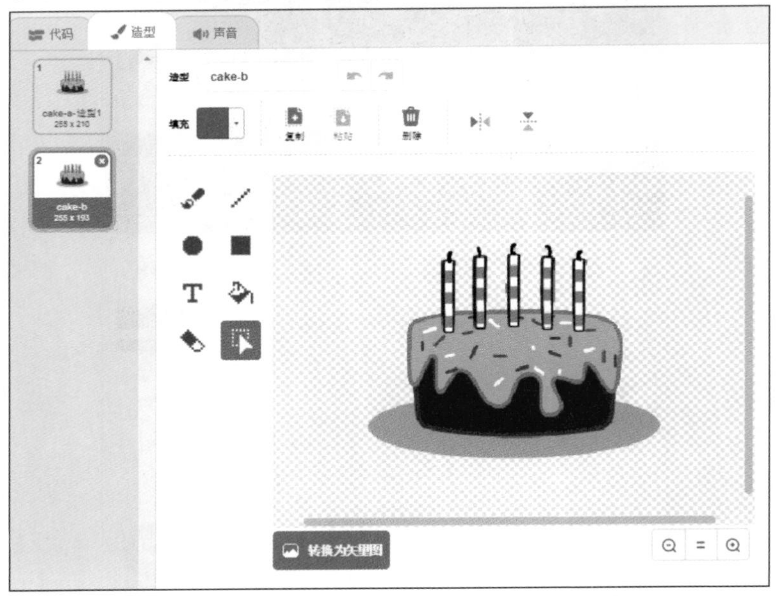

图 17.18　添加 cake-b.png 图片后的界面效果

（4）保存项目。添加 cake-b.png 图片后，选择 Scratch 软件上方菜单中的“文件”→“立即保存”命令即可，如图 17.19 所示。

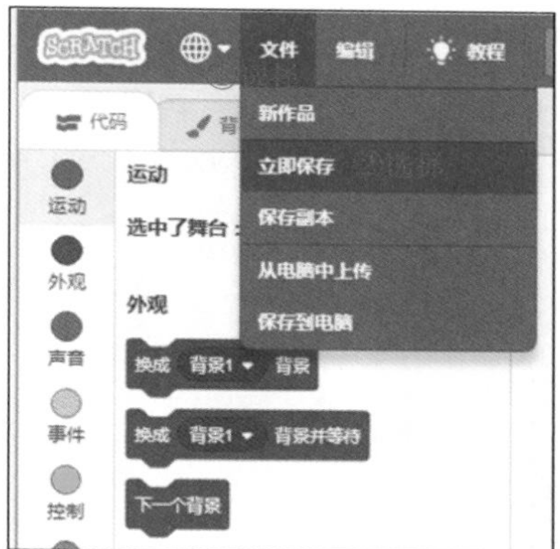

图 17.19　保存项目

17.2.3　添加音乐《生日歌》

【本小节源代码：资源包\C17\3.sb3】

【本小节素材：资源包\C17\素材\birthday.wav】

舞台搭建完毕后，我们开始添加音乐。接下来逐步讲解具体的操作过程。

（1）添加生日歌。找到本章资源包中的音频文件 birthday.wav 并复制到自己的计算机中。在舞台背景被选中的状态下，单击“声音”标签，再单击下方的“上传声音”图标，选中复制到计算机中的 birthday.wav 音频文件，然后单击“打开”按钮，如图 17.20 所示。

图 17.20　从本地文件中上传声音

添加音乐后的界面效果如图 17.21 所示。

（2）开始搭建舞台背景对象的方块。运行时，让舞台背景播放生日歌曲。具体代码解读如图 17.22 所示。

（3）保存项目。选择 Scratch 软件上方菜单中的“文件”→“立即保存”命令即可。

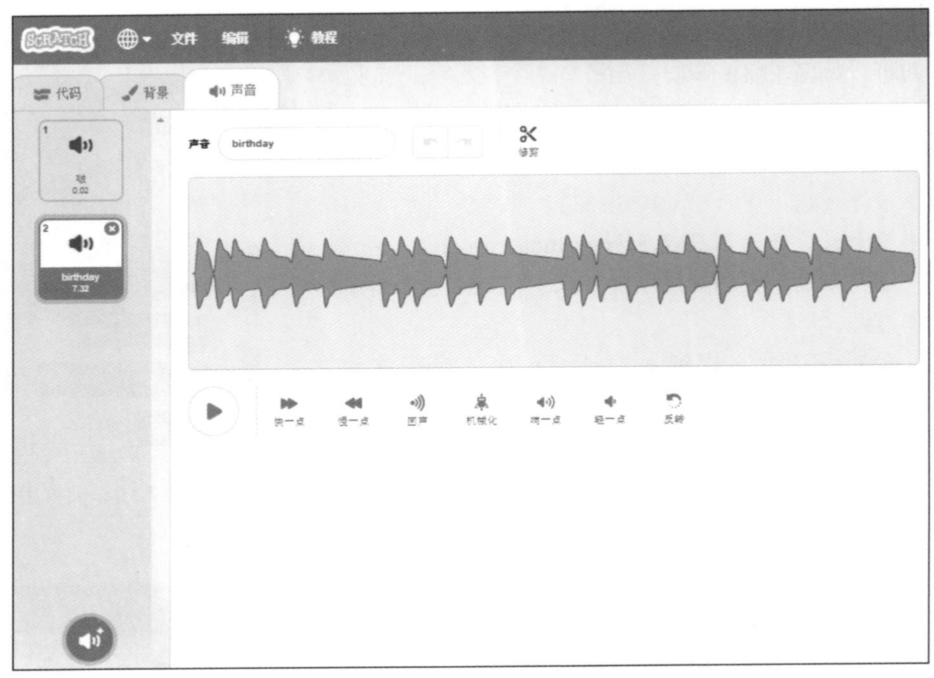

图 17.21　添加音乐后的界面效果

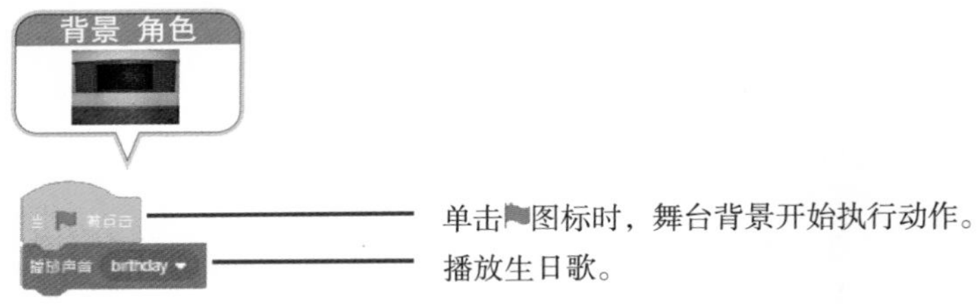

图 17.22　让“舞台背景”播放生日歌

17.2.4　搭建“小象吹蜡烛”的动画方块

【本小节源代码：资源包\C17\4.sb3】

接下来，我们将要完成搭建代码最关键的部分——将“小象”对象和“蜡烛”对象联系起来，具体代码解读可参见 17.3.1 节。

保存项目。选择 Scratch 软件上方菜单中的“文件”→“立即保存”命令即可。

17.2.5　添加英文文字动画

【本小节源代码：资源包\C17\5.sb3】

本案例主要功能的实现基本介绍完毕了。接下来，我们再来添加 Happy Birthday 文字动画。具体操作如下：

(1) 首先单击舞台区下方的“绘制”图标，然后单击“文本”工具，在右侧绘制区域输入文字 Happy Birthday，具体操作如图 17.23 所示。

图 17.23 添加 Happy Birthday 文字

（2）为动画文字搭建方块，具体代码解读如图 17.24 所示。

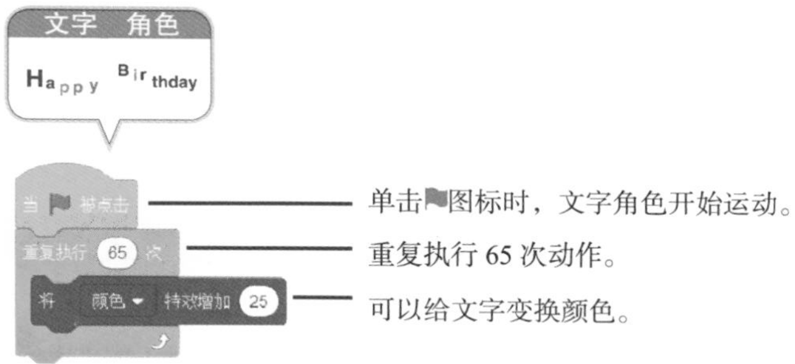

图 17.24 文字动画的代码解读

（3）保存项目。选择 Scratch 软件上方菜单中的“文件”→“立即保存”命令即可。

17.3 总结

同学们，通过本章的学习，是不是学会唱英文版的《生日歌》了呢？除了《生日歌》外，大家还可以换其他的英文歌曲。总之，继续使用 Scratch 软件，发挥你的想象力，用好玩的动画训练你的英语发音吧。

17.3.1 整理方块

下面，将“Happy Birthday”的方块整理说明一下，如图 17.25 和图 17.26 所示。

17.3.2 学方块，想一想

同学们，看一看图 17.27 中的方块是否熟悉，想一想它们都有什么作用？

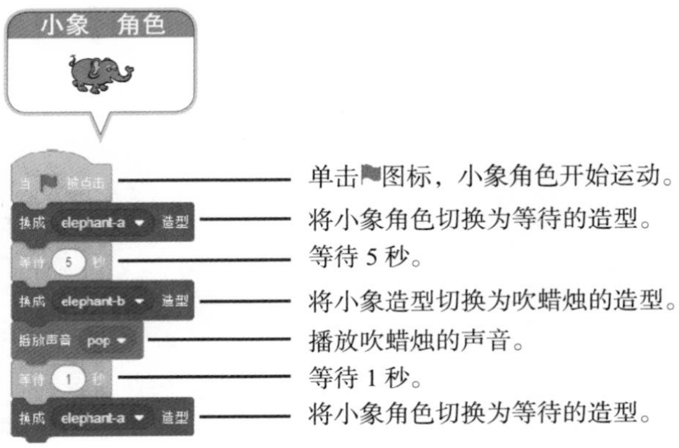

图 17.25 小象角色的代码解读

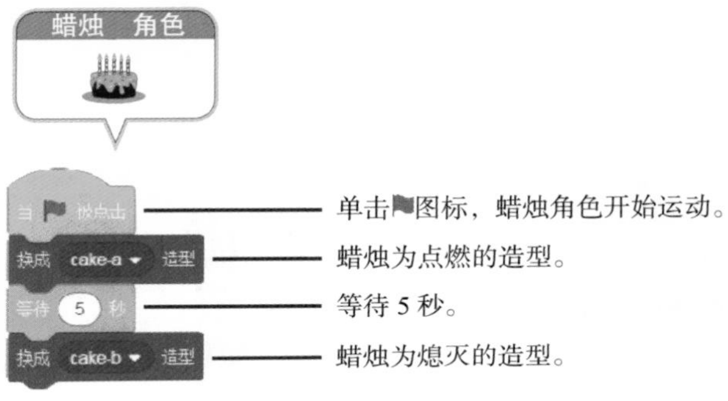

图 17.26 蜡烛角色的代码解读

学方块	想一想
将 颜色 特效增加 25	这个方块有什么作用呢？
重复执行 10 次	这个方块有什么作用呢？
换成 elephant-a 造型	这个方块有什么作用呢？

图 17.27 学方块，想一想

17.4　挑战一下

【本小节源代码：资源包\C17\挑战.sb3】

接下来，请同学们挑战下面的例子——停车，如图 17.28 所示，具体要求如下：

- ❑ 使用键盘上的方向键，控制汽车的移动。
- ❑ 当汽车碰到左侧的红线时，停车成功。

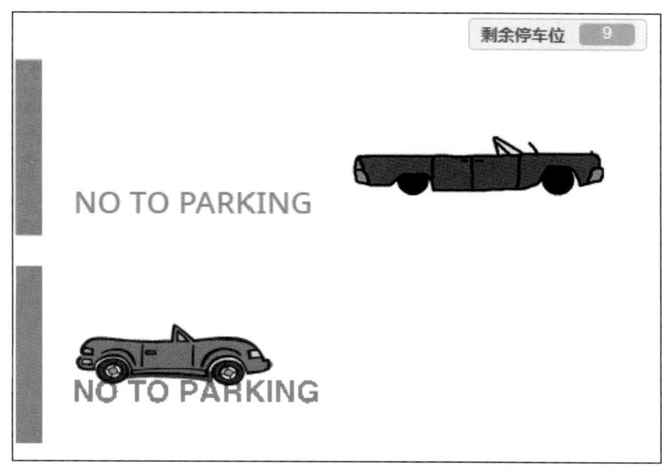

图 17.28　“挑战一下”示例的界面

第 18 章　英语：At the zoo

同学们，你们喜欢小动物吗？今天我们就去动物园看一看都有哪些可爱的小动物呢。同学们知道小动物的英文名字都是什么吗？下面我们使用 Scratch 软件来制作一个看图说英文名字的案例吧。

本章学习目标：

- 能听、说、认、读以下单词：dog、bird、horse、cat。
- 学习广播方块的使用方法。
- 设计并实现看图说单词的方块编码。

18.1　算法设计

本案例实际上是测试同学们的英语单词记忆能力，舞台效果如图 18.1 所示。谐音记忆法就是利用英语与汉语间的语音联系，通过联想进行记忆的方法。在英语词汇教学中，让学习者由当前感知的单词联想起有关的汉语词汇，从而让大脑联想到相关的影像，联想影像越活跃，脑海中形成的词汇间的联系就越牢固，记忆的效果就越好。接下来思考一下如何通过 Scratch 软件完成看图说单词的过程，并且设计出其编程算法。

图 18.1　舞台的界面效果

18.1.1　分析看图说单词的过程

首先，观察图 18.2 所示的舞台界面，仔细思考单击图片后显示单词卡片的过程是如何实现的呢？

经过观察可以发现，图 18.2 中有 4 种动物，分别是狗、鸟、马和猫。比如当单击狗的时候，舞台中会出现单词卡片 Dog，等待一会，卡片就会消失，对于其他 3 种动物也是如此。看图说单词的过程如图 18.3 所示。

说明　图18.3是简单的看图说单词的过程，实际上还可以添加更多元素，比如单击小狗时，小狗会有动作上的变化等。

图 18.2　看图说单词的舞台界面

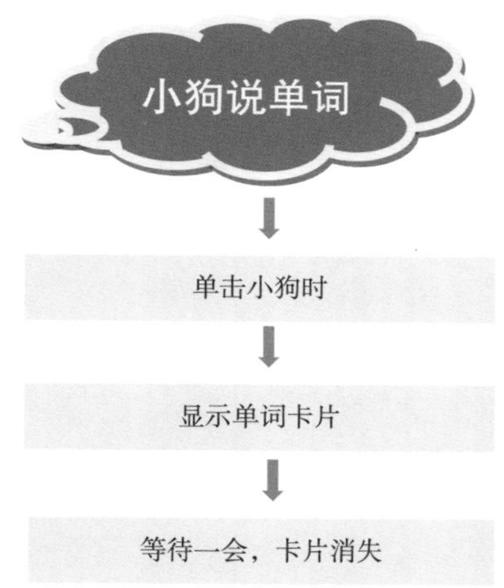

图 18.3　小狗说单词的过程

18.1.2　设计看图说单词的算法

根据前面的分析结果，接下来我们具体设计看图说单词的算法。以左侧的小狗对象和 Dog 单词卡片为例，具体算法如图 18.4 和图 18.5 所示。

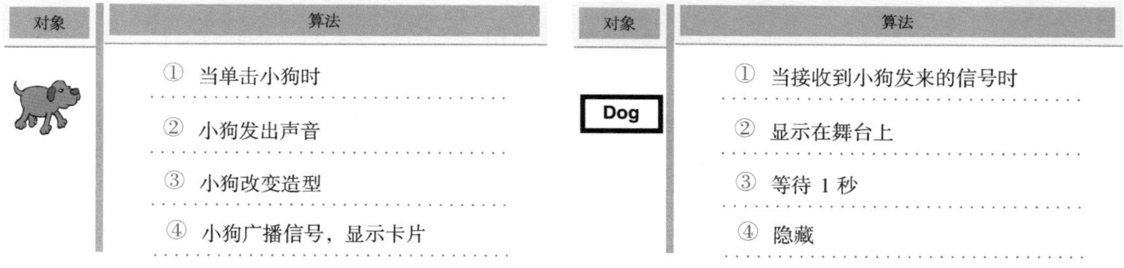

图 18.4　小狗说单词的算法设计　　　图 18.5　单词卡片的算法设计

18.2　Scratch 编程详解

设计完算法后，下面开始使用 Scratch 软件动手搭建方块，编程实现“看图说单词”的舞台效果。接下来以小狗为例，逐步讲解具体的编程步骤，其他动物的编码与此相似。

18.2.1　搭建舞台

【本小节源代码：资源包\C18\1.sb3】

首先，我们要搭建舞台，让舞台更加美观。添加舞台背景和小动物，操作步骤如下：

（1）打开 Scratch 软件，删除舞台下方的小猫角色，如图 18.6 所示。

（2）单击舞台下方的“选择一个背景”图标，在弹出的窗口中单击“户外”标签，然后选择一幅自己喜欢的图片即可。具体操作步骤如图 18.7 所示。

图 18.6　删除默认的小猫角色

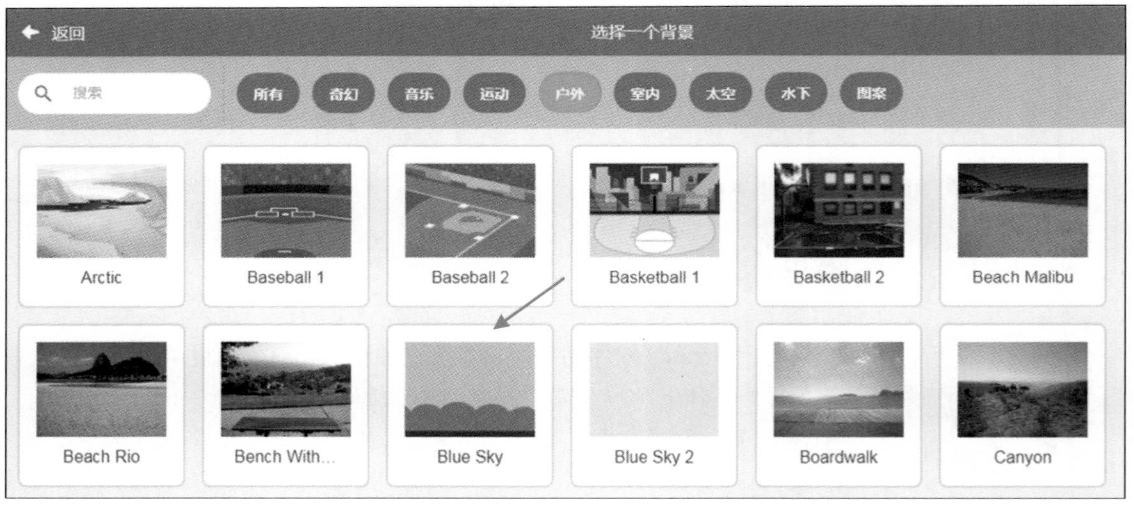

图 18.7　从背景库中选择背景图片

上传背景后的舞台界面如图 18.8 所示。

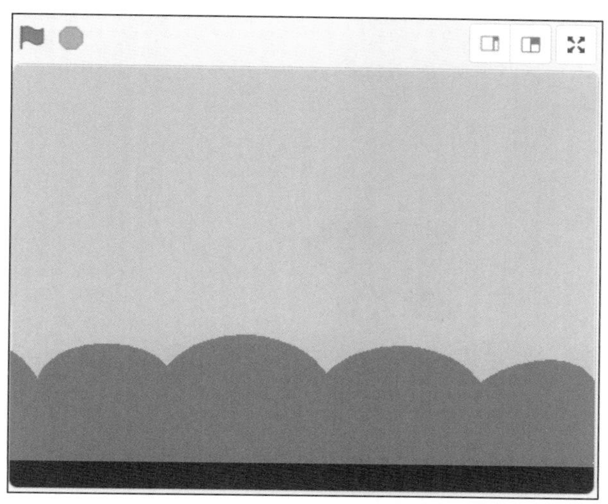

图 18.8　添加背景图片后的舞台界面

说明　同学们可以发挥创意，选择自己喜欢的舞台背景。

（3）单击舞台下方的“选择一个角色”图标，在弹出的角色库中，选择小狗图片 Dog2，如图 18.9 所示。

图 18.9　添加小狗

添加小狗后的界面效果如图 18.10 所示。

（4）调整小狗的大小和位置。修改菜单栏上“大小”的数值，对小狗进行调整。操作步骤如图 18.11 所示。

图 18.10　添加小狗后的界面效果

图 18.11　调整小狗的大小和位置

(5) 保存项目。选择 Scratch 软件上方菜单中的“文件”→“立即保存”命令即可，如图 18.12 所示。

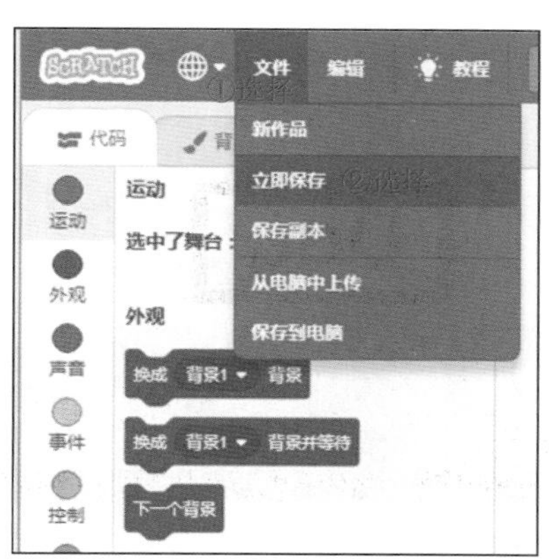

图 18.12　保存项目

18.2.2　添加单词卡片

【本小节源代码：资源包\C18\2.sb3】

【本小节素材：资源包\C18\素材\dog.png】

舞台搭建完毕后，添加一张单词卡片 Dog。具体的操作过程如下：

（1）添加单词卡片。找到本章资源包中的图片文件 dog.png 并复制到自己的计算机中。单击舞台下方的“上传角色”图标，在弹出的窗口中找到素材文件中的 dog.png 图片，单击“打开”按钮即可。具体操作步骤如图 18.13 所示。

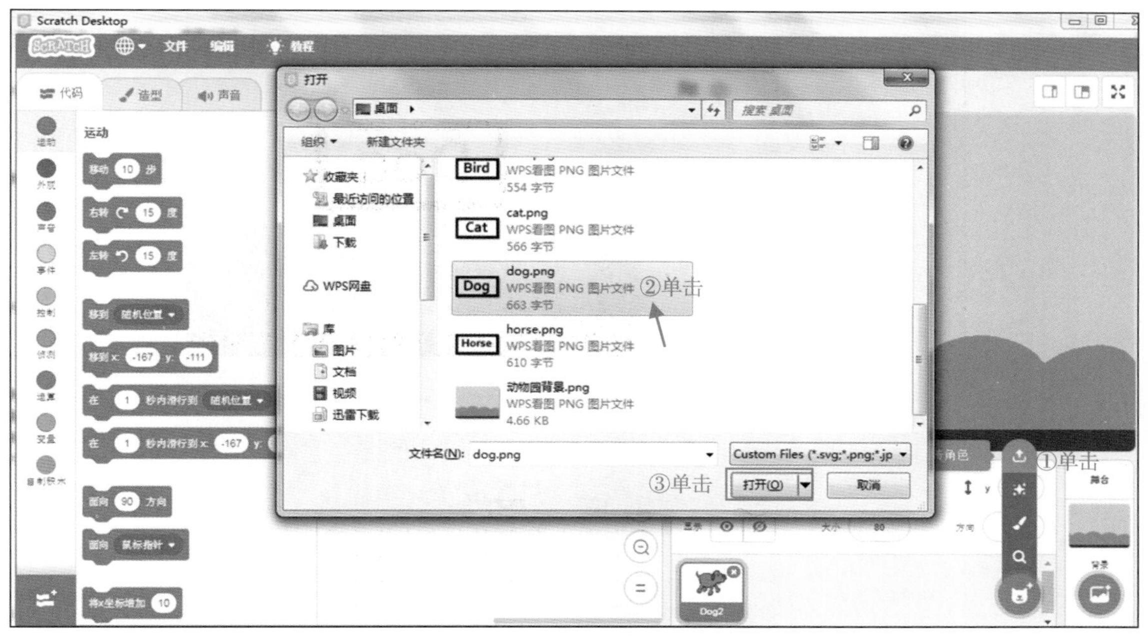

图 18.13　从本地文件中上传图片

添加单词卡片后的界面效果如图 18.14 所示。

图 18.14　添加单词卡片后的界面效果

（2）让单词卡片进入搭建方块编辑状态。选中 dog 角色，观察代码区，如果出现了 dog 角色，则说明 dog 角色进入方块编辑状态，如图 18.15 所示。

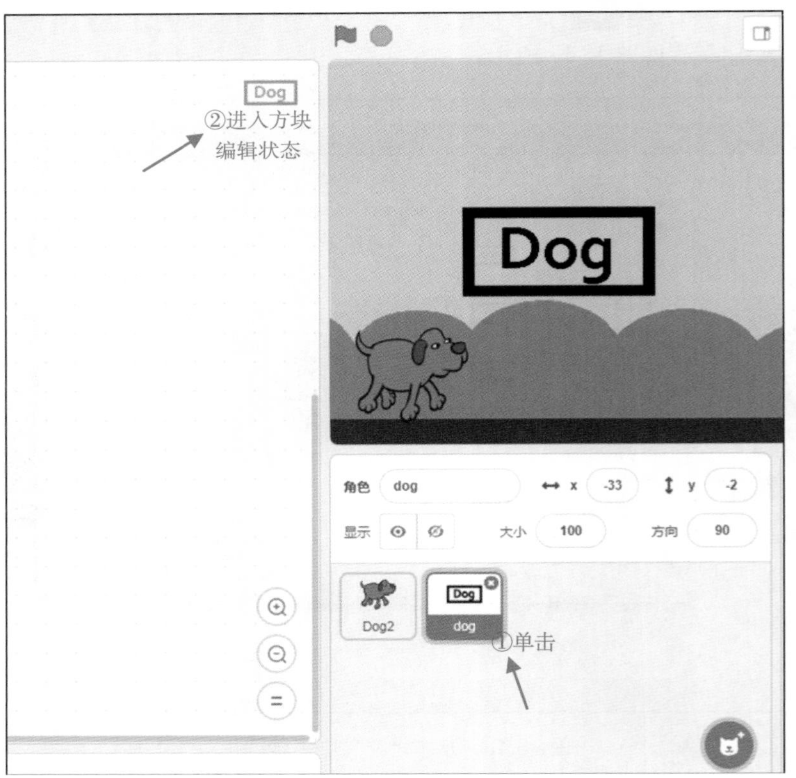

图 18.15　让 dog 角色进入可编辑状态

（3）开始搭建 dog 角色的方块。一开始运行的时候，设置 dog 角色为隐藏状态。具体代码解读如图 18.16 所示。

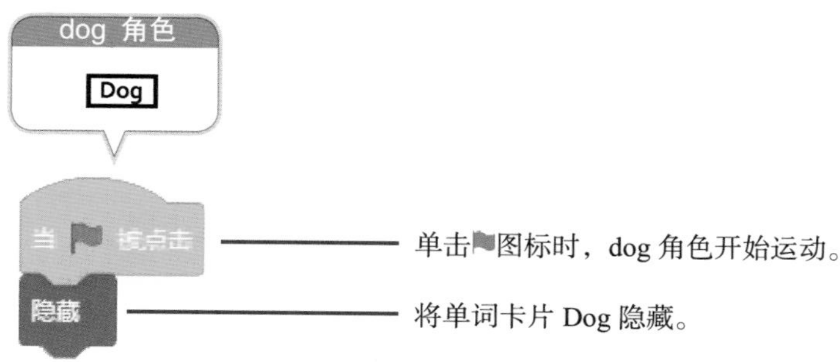

图 18.16　让 dog 角色最开始为隐藏状态

（4）保存项目。添加单词卡片后，选择 Scratch 软件上方菜单中的“文件”→“立即保存”命令即可，如图 18.17 所示。

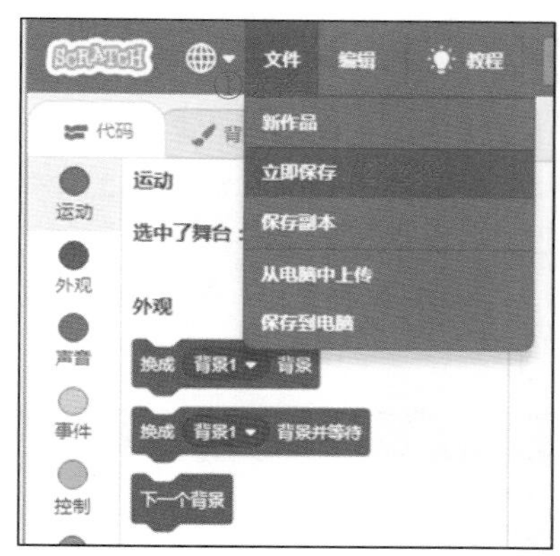

图 18.17　保存项目

18.2.3　点动物，看单词

【本小节源代码：资源包\C18\3.sb3】

接下来，我们将要完成搭建代码最关键的部分，将小狗角色和 dog 角色联系起来，通过“广播”方块就可以实现，具体代码解读如图 18.18 和图 18.19 所示。

保存项目。选择 Scratch 软件上方菜单中的“文件”→“立即保存”命令即可。

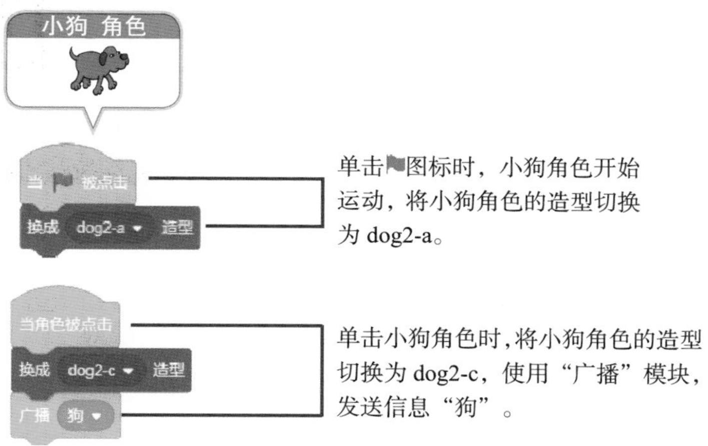

图 18.18　小狗角色的代码解读

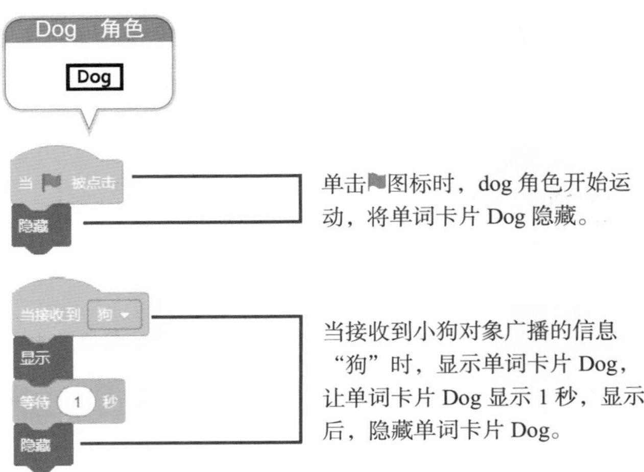

图 18.19　Dog 卡片的代码解读

18.2.4　添加音效

【本小节源代码：资源包\C18\4.sb3】

本案例主要的功能基本上介绍完毕了。如果单击“小狗”对象的时候还能发出一些声音是不是更好呢？下面就给小狗角色添加点音效吧。具体操作如下：

（1）首先选中小狗角色，单击“声音”标签，可以看到小狗角色的默认声音效果，如图 18.20 所示。

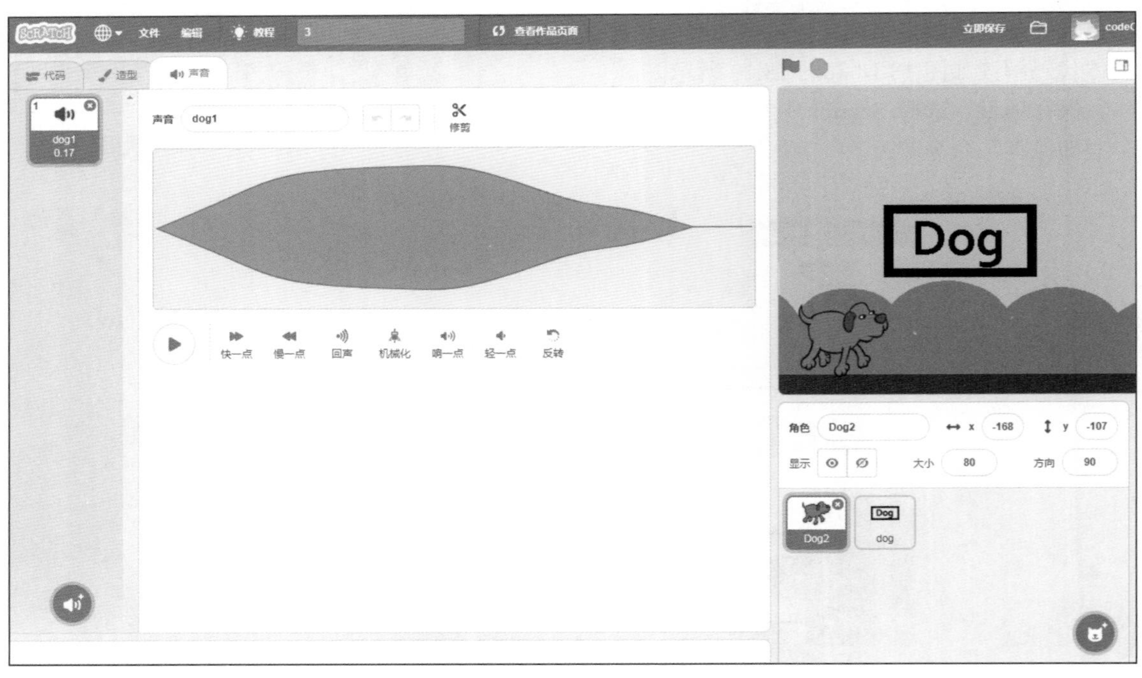

图 18.20　小狗角色的默认音效

（2）将声音添加到小狗角色的方块代码中，具体代码解读如图 18.21 所示。

（3）保存项目。添加音效后，选择 Scratch 软件上方菜单中的“文件”→“立即保存”命令即可。

18.2.5　其他动物的方块代码

其他动物代码的搭建方法与小狗角色的代码基本相似，下面列出各个动物的搭建代码，如图 18.22～图 18.24 所示。

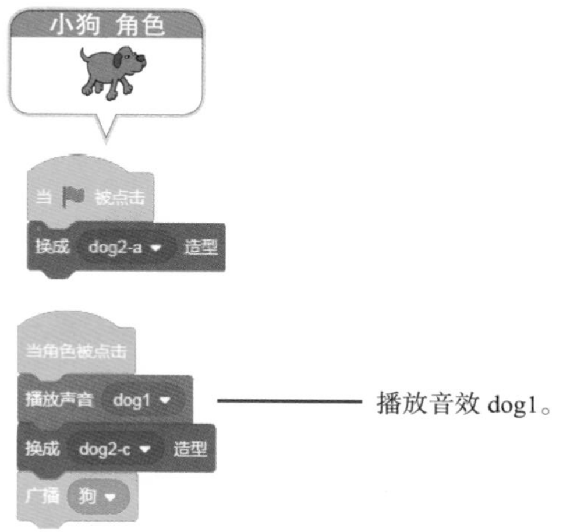

图 18.21　将声音添加到小狗角色的方块中

图 18.22　鸟角色的代码方块

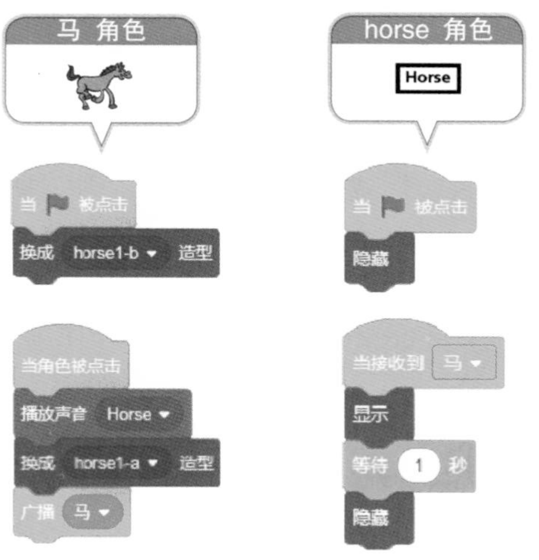

图 18.23　马角色的代码方块

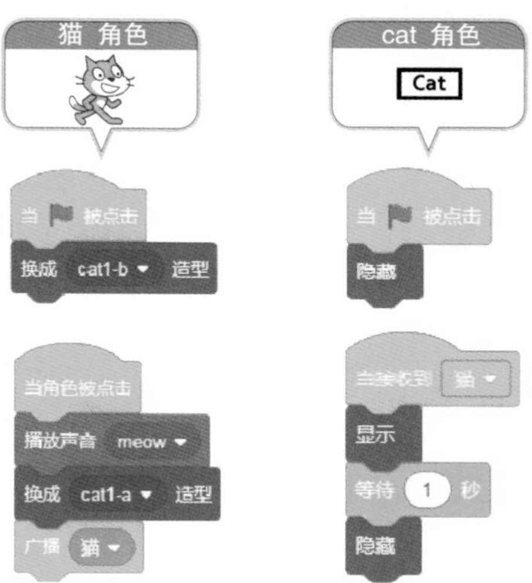

图 18.24　猫角色的代码方块

18.3　总结

同学们，通过本章的学习，是不是觉得有了用 Scratch 制作的看图说单词软件，以后背单词更有趣了呢？大家可以在本章案例的基础上，进一步发挥创造力，不断完善软件功能，比如，可以添加更多的动物单词，或者添加更多好听、好玩的音效等。怎么样？继续体验 Scratch 带来的更多乐趣吧。

18.3.1 整理方块

下面将“At the zoo”的方块整理说明一下（以小狗角色为例），如图 18.25 所示。

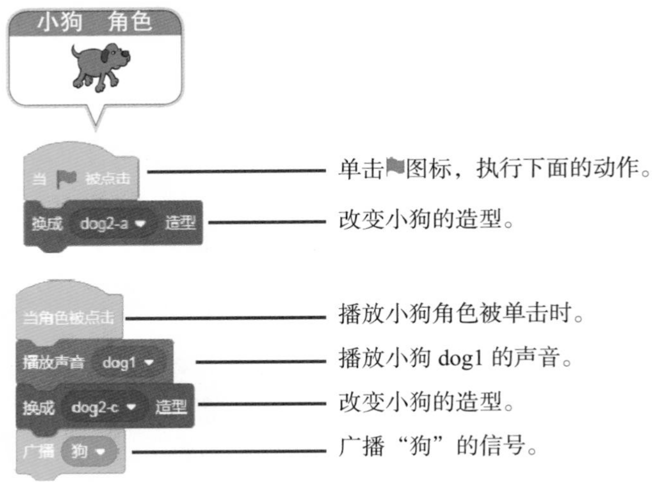

图 18.25 小狗角色的代码详解

18.3.2 学方块，想一想

同学们，看一看图 18.26 中的方块是否熟悉，想一想它们都有什么作用？

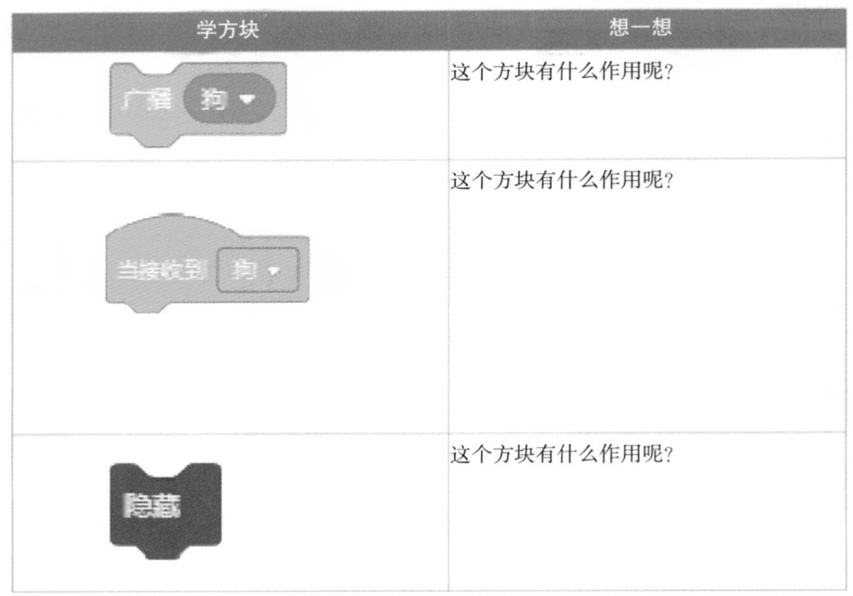

学方块	想一想
广播 狗	这个方块有什么作用呢？
当接收到 狗	这个方块有什么作用呢？
隐藏	这个方块有什么作用呢？

图 18.26 学方块，想一想

18.4　挑战一下

【本小节源代码：资源包\C18\挑战.sb3】

接下来，请同学们挑战下面的例子——英语动物单词，如图 18.27 所示，具体要求如下：

- ❑ 给舞台背景添加 English Study 文字。
- ❑ 给不同的动物添加英语问题。

图 18.27　“挑战一下”示例的界面

第 19 章　数学：九九乘法表

同学们应该都学习过九九乘法表吧，你们都是如何记忆九九乘法表的呢？本章我们将使用 Scratch 软件制作一个学习九九乘法表的游戏，通过赛车的方式来学习九九乘法表。

本章学习目标：

- 学习使用重复方块。
- 设计并实现以赛车的方式学乘法表的方块编码。

19.1　算法设计

如图 19.1 所示，本案例中我们将通过一个趣味游戏来学习九九乘法表。九九乘法表是小学数学学习中的必备基础知识，接下来思考一下，如何通过 Scratch 软件完成以赛车方式学乘法表，并且设计出其编程算法。

图 19.1　舞台的界面效果

19.1.1　分析比赛学乘法的过程

首先，观察图 19.2 所示的界面，仔细思考以赛车方式学乘法表的过程是如何进行的呢？

通过观察可以发现，紫色赛车运行的速度明显比绿色赛车要快。绿色赛车需要回答问题才能向前移动。图 19.3 所示是分析过程。

图 19.2　以赛车方式学乘法表的过程

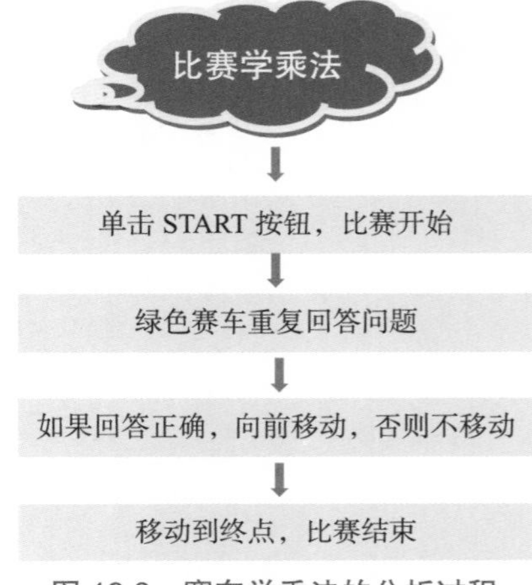

图 19.3　赛车学乘法的分析过程

19.1.2　设计比赛学乘法的算法

根据前面的分析结果，接下来设计比赛学乘法的算法。具体算法设计如图 19.4 和图 19.5 所示。

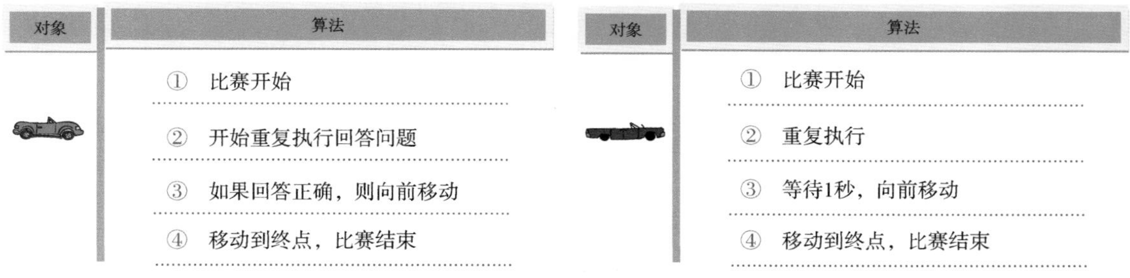

图 19.4　绿色赛车的算法设计　　图 19.5　紫色赛车的算法设计

19.2　Scratch 编程详解

设计完算法，下面开始使用 Scratch 软件动手搭建方块，编程实现比赛学乘法的舞台效果。

19.2.1　搭建舞台

【本小节源代码：资源包\C19\1.sb3】

【本小节素材：资源包\C19\素材\bg.png】

在搭建方块之前，我们先添加舞台的背景和角色。这些图片都存储在本章资源包的素材文件夹中，找到后复制到自己的计算机中即可。具体操作步骤如下：

（1）打开 Scratch 软件，找到舞台下方的小猫角色，单击右上角的 图标，将舞台中默认的小猫角色删除，如图 19.6 所示。

图 19.6　删除默认的小猫角色

（2）单击舞台下方的“上传背景”图标，在弹出的窗口中找到复制到计算机中的 bg.png 图片文件，单击打开，具体操作步骤如图 19.7 所示。

图 19.7　从本地文件中上传背景

添加背景图片后的舞台界面如图 19.8 所示。

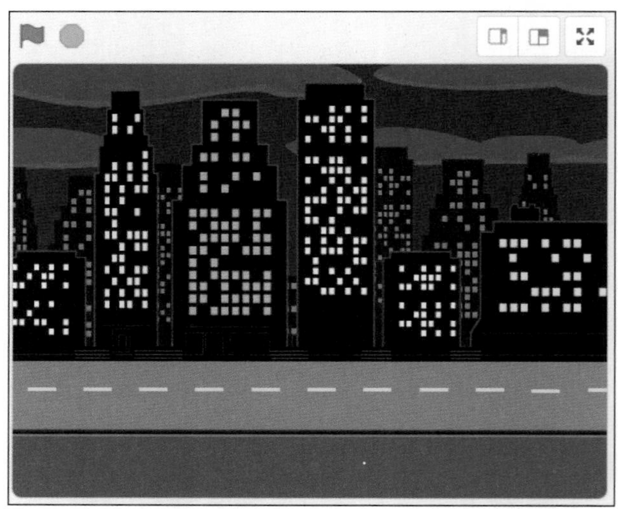

图 19.8　添加背景图片后的舞台界面

(3) 单击舞台下方的“选择一个角色”图标，在弹出的角色库中单击赛车图片 Convertible，如图 19.9 所示。

图 19.9　添加紫色赛车

添加紫色赛车后的界面效果如图 19.10 所示。

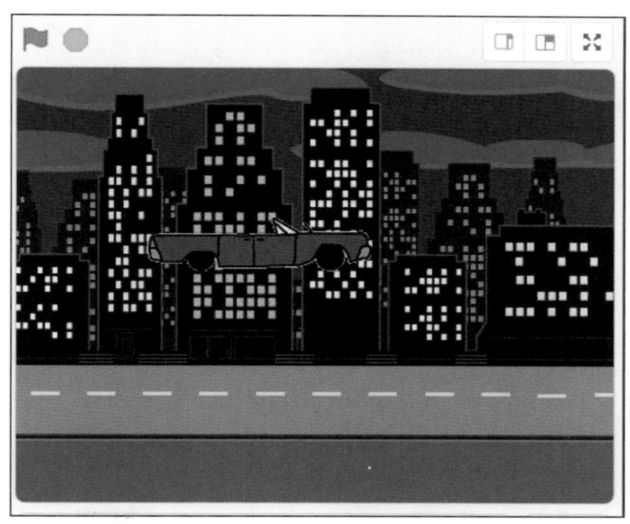

图 19.10　添加紫色赛车后的界面效果

(4) 调整赛车的大小和位置。修改菜单栏上“大小”的数值，对赛车进行调整。操作步骤如图 19.11 所示。

(5) 再添加一辆赛车。操作步骤与步骤 (3) 和步骤 (4) 基本相同，如图 19.12 所示。

(6) 保存项目。选择 Scratch 软件上方菜单中的“文件”→“立即保存”命令即可，如图 19.13 所示。

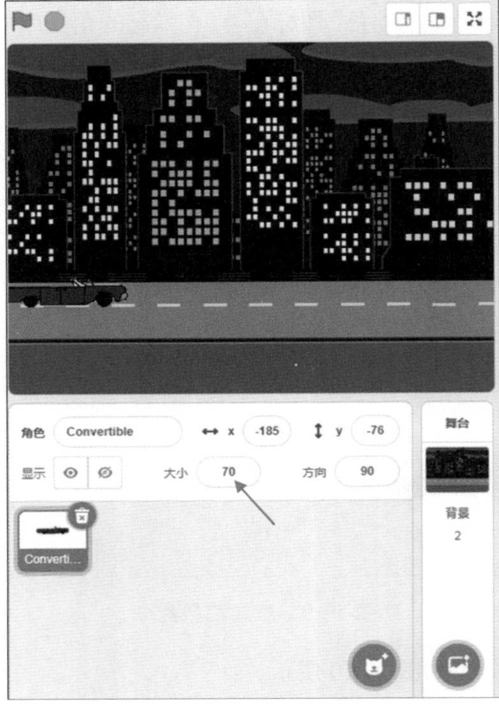

图 19.11　调整赛车的大小和位置

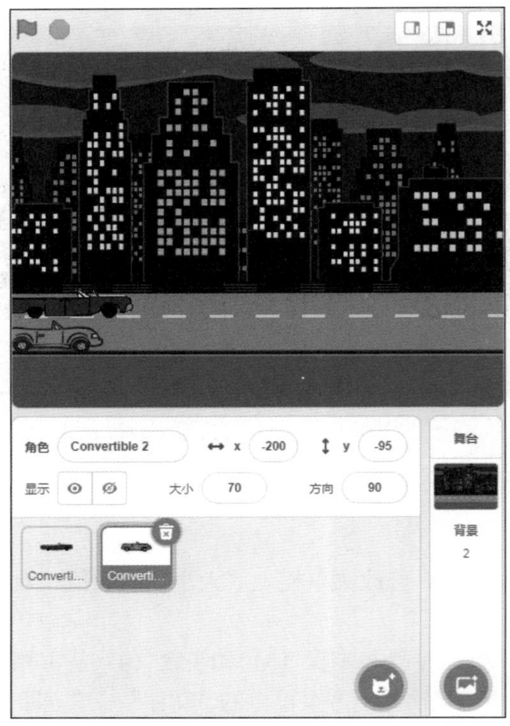

图 19.12　添加赛车后的界面效果

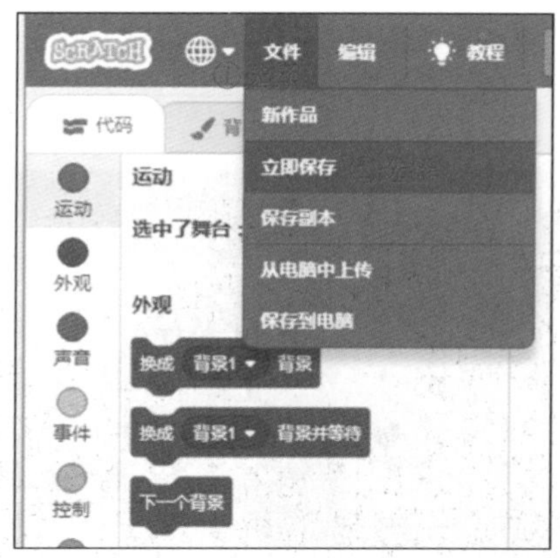

图 19.13　保存项目

19.2.2　为 START 按钮搭建方块

【本小节源代码：资源包\C19\2.sb3】

【本小节素材：资源包\C19\素材\start.png】

（1）找到本章资源包中的图片文件 start.png 并复制到自己的计算机中。单击舞台下方的“上传角色”图标，在弹出的窗口中选中复制到计算机中的 start.png 图片文件然后单击“打开”按钮，具体操作步骤如图 19.14 所示。

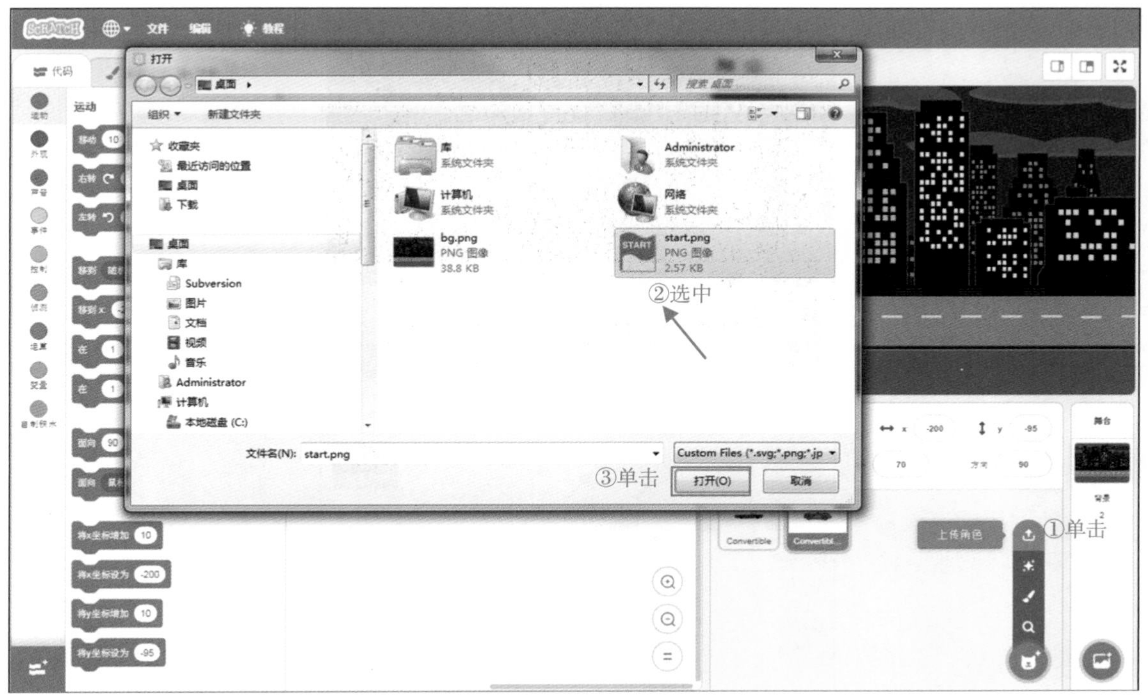

图 19.14　从本地文件中上传 start.png

上传图片后的舞台界面如图 19.15 所示。

图 19.15　添加 start.png 后的舞台界面

（2）调整 START 按钮的大小和位置。修改菜单栏上“大小”的数值，对 START 按钮进行调整，如图 19.16 所示。

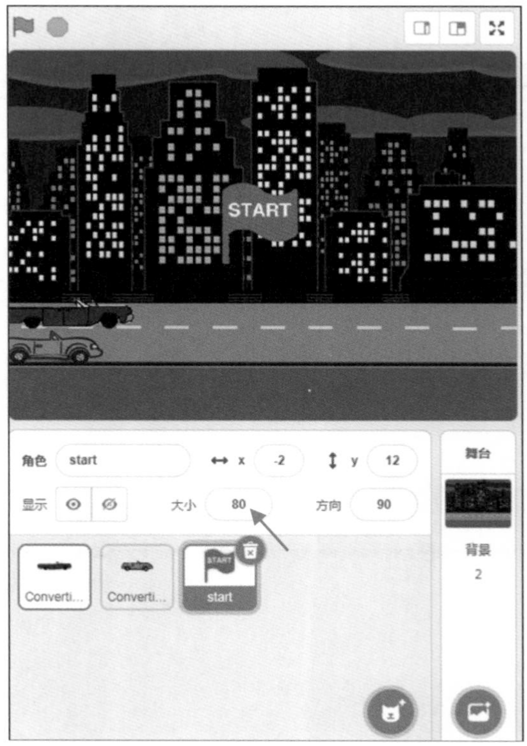

图 19.16　调整 START 按钮的大小和位置

（3）开始搭建 START 角色的方块。运行该角色时比赛开始。具体代码解读如图 19.17 所示。

图 19.17　START 角色的代码解读

（4）保存项目。选择 Scratch 软件上方菜单中的“文件”→“立即保存”命令即可。

19.2.3　为紫色赛车搭建方块

【本小节源代码：资源包\C19\3.sb3】

（1）让紫色赛车角色进入搭建方块编辑状态。单击选中紫色赛车，观察代码区，如果出现了紫色赛车对象，则说明紫色赛车对象进入方块编辑状态。具体操作如图 19.18 所示。

图 19.18　让紫色赛车对象进入方块编辑状态

（2）根据前面设计的算法为紫色赛车搭建方块。具体代码解读如图 19.19 所示。

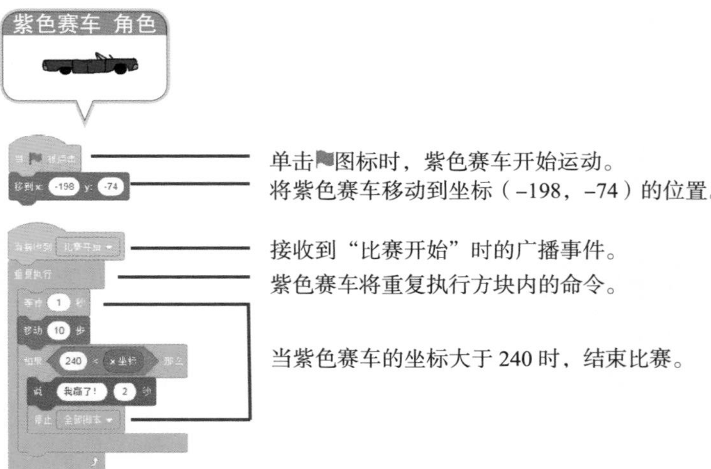

图 19.19　紫色赛车的代码解读

19.2.4　为绿色赛车搭建方块

【本小节源代码：资源包\C19\4.sb3】

（1）让绿色赛车对象进入搭建方块编辑状态。单击选中绿色赛车，观察代码区，如果出现了绿色赛车对象，则说明绿色赛车对象进入方块编辑状态。具体操作如图 19.20 所示。

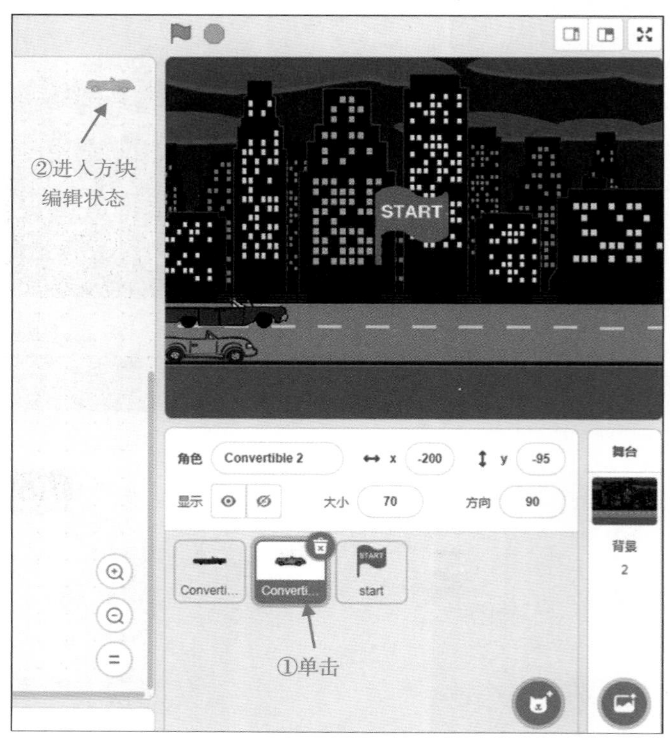

图 19.20　让绿色赛车对象进入可以编辑方块状态

（2）新建两个变量 a 和 b。用 a 和 b 分别代表乘法运算中的第一个数和第二个数。具体操作如下：单击“变量”方块组，再单击“建立一个变量”按钮，在弹出的对话框中将变量命名为 a，单击“确定”按钮即可，如图 19.21 所示。

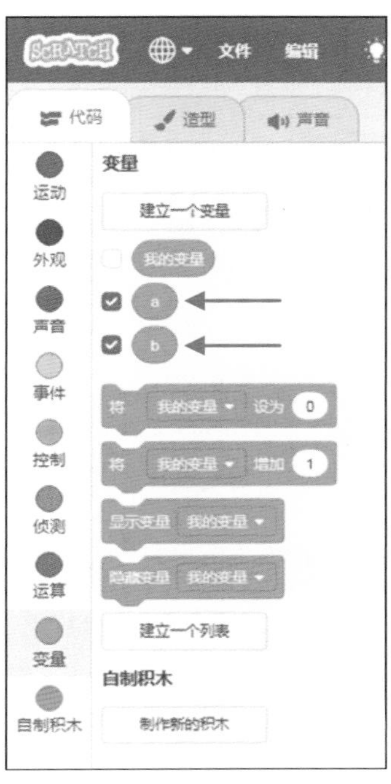

图 19.21　变量 a 的创建过程

说明　变量b的创建过程与变量a相同。

（3）根据前面设计的算法为绿色赛车搭建方块，具体代码解读可参见 19.3.1 节。

19.3　总结

同学们，按照本章介绍的方式，九九乘法表学起来是不是非常有趣呢？你的绿色赛车赢过紫色赛车了吗？根据你自己的乘法表计算速度，你可以调整绿色赛车和紫色赛车的移动距离，可以提高或者降低比赛的难度。除了乘法运算外，你还可以试一试除法运算哦！

19.3.1　整理方块

下面，将“九九乘法表”的方块整理说明一下（以绿色赛车为例），如图 19.22 所示。

19.3.2　学方块，想一想

同学们，看一看图 19.23 中的方块是否熟悉，想一想它们都有什么作用？

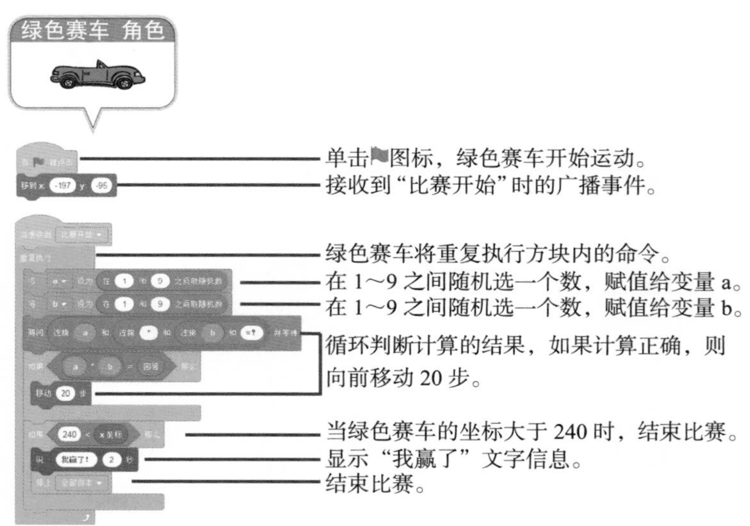

图 19.22　绿色赛车的代码详解

学方块	想一想
在 1 和 10 之间取随机数	这个方块有什么作用呢？
重复执行	这个方块有什么作用呢？
连接 apple 和 banana	这个方块有什么作用呢？

图 19.23　学方块，想一想

19.4　挑战一下

【本小节源代码：资源包\C19\挑战.sb3】

接下来，请同学们挑战下面的例子——四则运算，如图 19.24 所示，具体要求如下：

- ❑ 通过学生角色，自动输出运算结果。
- ❑ 为学生角色添加事件方块。

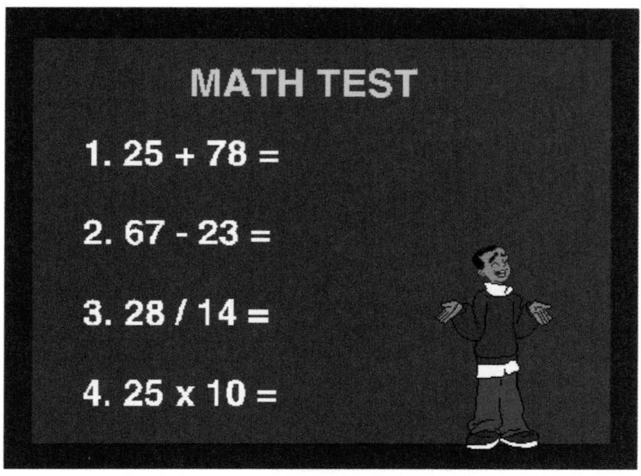

图 19.24　“挑战一下”示例的界面

第 20 章　数学：认识时间

“溜溜圆，光闪闪，两根针，会动弹。一根长，一根短，滴答滴答转圈圈”。同学们，猜一猜这是什么？对，这就是钟表。通过钟表，我们就能知道此时此刻的具体时间了。那么能不能用 Scratch 制作一个钟表？一起来看一下吧。

本章学习目标：

- ❑ 使用重复方块和数学计算，模拟制作一个钟表。
- ❑ 根据角色对象（时针、分针、秒针等）设计舞台造型。
- ❑ 活用侦测方块，显示当前时间。

说明	有的同学可能还没学过如何用钟表看时间，不要着急，一般我们可以在小学数学二年级的课本中学习相关的知识。

20.1　算法设计

如图 20.1 所示，在使用 Scratch 编程之前，首先仔细观察生活中实际的钟表，看一看指针都是如何旋转的，然后慢慢理解并分析指针们具体的运动过程。接下来以钟表时针的运动过程为例，从顺序执行和重复执行两个角度带领大家思考和设计时针运动的编程算法。

20.1.1　时针的顺序执行运动过程

如图 20.2 所示，我们先将钟表的分针和秒针移除，把注意力集中在钟表的时针运动上。这样就可以仔细观察和思考时针的运动过程。分析分针和秒针的运动过程也采用同样的方法。这就是将一个大问题逐个分解为小问题的过程。

图 20.1　生活中的各式钟表

图 20.2　角的测量

仔细观察思考后，在本子上写下你的思考结果。如图 20.3 所示的界面是我们的分析结果，同学们试一试，想想方框内的内容应该是什么呢？

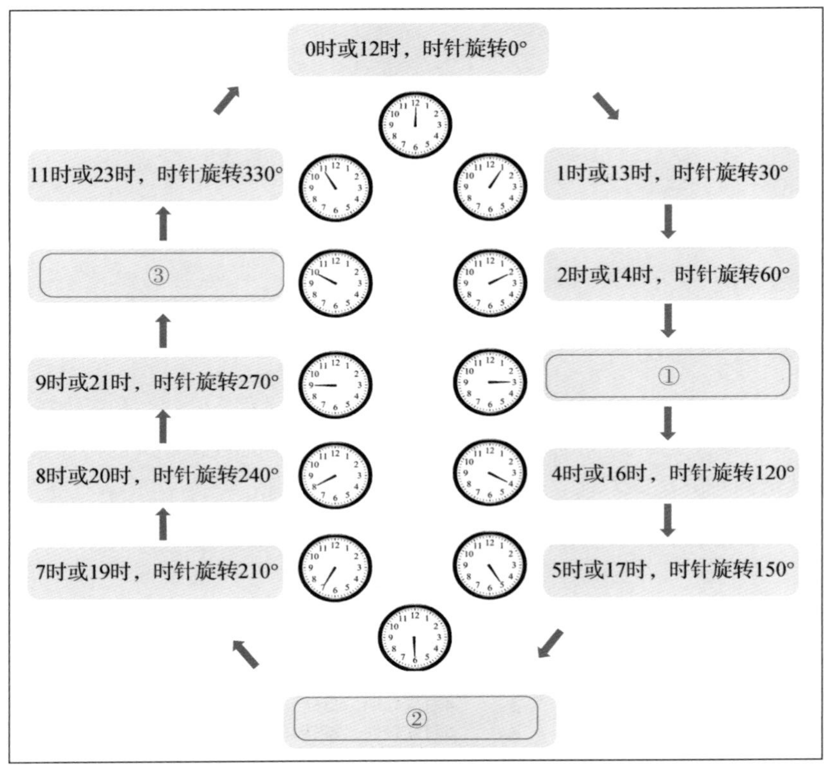

图 20.3　时针顺序执行的分析过程

答案：

①是 3 时或 15 时，时针旋转 90°。

②是 6 时或 18 时，时针旋转 180°。

③是 20 时或 22 时，时针旋转 300°。

20.1.2　时针的重复执行运动过程

时针按照顺序执行的运动方法旋转钟表一圈，需要移动 12 次，每次移动的角度是 30°。那么分针或秒针呢？1 小时等于 60 分，1 分等于 60 秒，可想而知，分针和秒针分别需要移动 60 次，每次移动的角度是 6°。

移动 12 次，还能勉强接受，移动 60 次就太低效了（想想自己在本上思考的过程）。有没有什么数学规律，可以让这些操作重复执行呢？

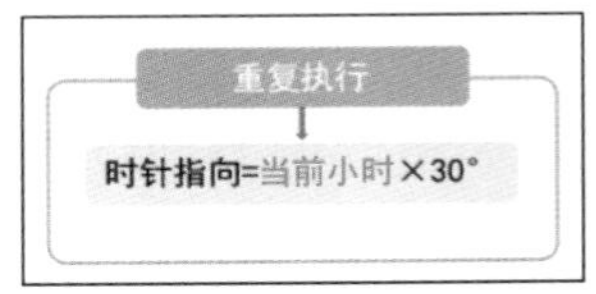

图 20.4　时针的重复执行算法分析

计算机的优点，就是可以重复执行命令算法。根据时针每小时转动 30° 的数学规律，重复执行的算法如图 20.4 所示，仅需要重复 1 步命令就能完成。

思考一下，分针和秒针的重复执行算法是什么呢？如图 20.5 所示。

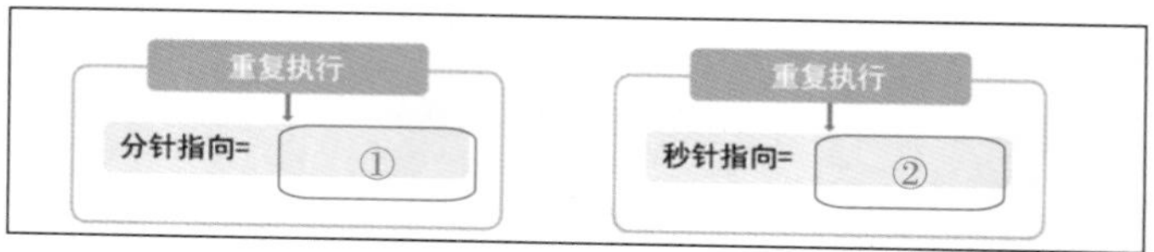

图 20.5　分针和秒针的重复执行算法

答案：

①是当前分钟数×6°。

②是当前秒数×6°。

20.1.3　两种算法的对比

我们从顺序执行和重复执行两个角度分析了算法设计的过程。显然，重复执行可以显著减少执行的步骤，执行效率就会提高。希望同学们可以充分利用计算机的重复执行特性解决问题。图 20.6 和图 20.7 所示就是两种算法的对比，重复执行的优点一目了然。

对象	"顺序执行"的算法过程	
 时针	1	0时或12时，旋转0°
	2	1时或13时，旋转30°
	3	2时或14时，旋转60°
	4	3时或15时，旋转90°
	5	4时或16时，旋转120°
	6	5时或17时，旋转150°
	7	6时或18时，旋转180°
	8	7时或19时，旋转210°
	9	8时或20时，旋转240°
	10	9时或21时，旋转270°
	11	10时或22时，旋转300°
	12	11时或23时，旋转330°

图 20.6　时针的顺序执行算法

对象	"重复执行"的算法过程	
 时针		重复执行
	1	时针指向=当前小时×30°

图 20.7　时针的重复执行算法

20.2　Scratch 编程详解

设计完算法，下面开始使用 Scratch 软件编程实现指针重复执行的过程。下面以秒针为例，讲解具体的编程步骤。

20.2.1　添加角色

【本小节源代码：资源包\C20\1.sb3】

【本小节素材：资源包\C20\素材】

首先，在舞台上添加一些角色，也就是将表盘、时针、分针和秒针的图片添加到舞台中。这些图片都存储在本书资源包的“素材”文件夹中，找到后复制到自己的计算机中即可。接下来的具体操作步骤如下：

（1）打开 Scratch 软件，找到舞台下方的小猫角色，单击右上角的⊗图标，将舞台中默认的小猫角色删除，如图 20.8 所示。

（2）单击舞台下方的“上传角色”图标，在弹出的窗口中选中素材文件中的“表盘.png”图片，单击“打开”按钮即可。具体操作步骤如图 20.9 所示。

（3）参照步骤（2），依次将“时针.png”“分针.png”“秒针.png”添加到舞台中，如图 20.10 所示（此时不需要调整各个指针的位置，后边编写代码时将自动定位）。

图 20.8　删除默认的小猫角色

图 20.9　本地上传钟表角色

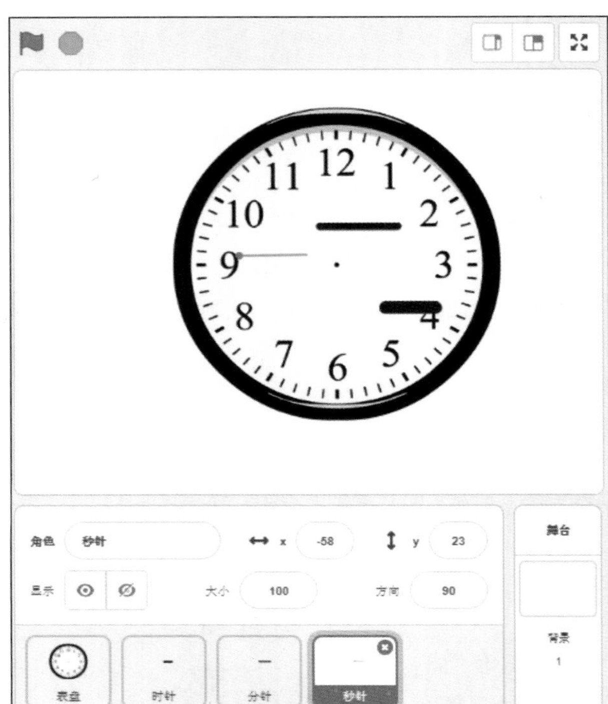

图 20.10　添加时针、分针和秒针

> **说明**　请同学们依次按照时针、分针、秒针的顺序上传角色图片，尽量不要颠倒顺序，否则到后面的编程环节中会影响舞台界面效果。

（4）保存项目。选择 Scratch 软件上方菜单中的“文件”→“立即保存”命令即可，如图 20.11 所示。

图 20.11　保存项目

20.2.2　搭建方块，让秒针旋转

【本小节源代码：资源包\C20\2.sb3】

引入角色图片之后，下面以秒针为例开始编程（搭方块），让秒针转动起来。具体操作步骤如下：

（1）首先定位表盘的位置，让表盘在舞台的最中央，也就是（0，0）的位置。单击“代码”标签，为表盘角色搭建方块，具体方块解读如图 20.12 所示。

（2）与定位表盘的方法一样，定位秒针的位置，然后使用“重复执行”方块和“面向 90° 方向”方块为秒针角色搭建方块，具体方块解读如图 20.13 所示。

（3）秒针的方块搭建完毕后，单击▶图标，运行效果如图 20.14 所示。

> **说明**　为了使秒针界面更加直观，我们将分针和时针暂时移出表盘。

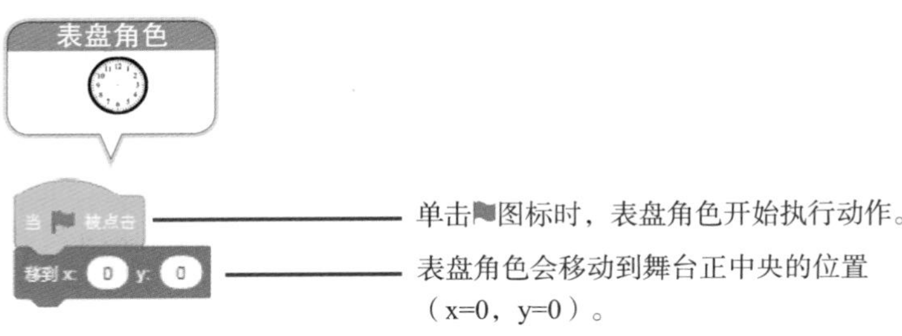

图 20.12　表盘角色的方块解读

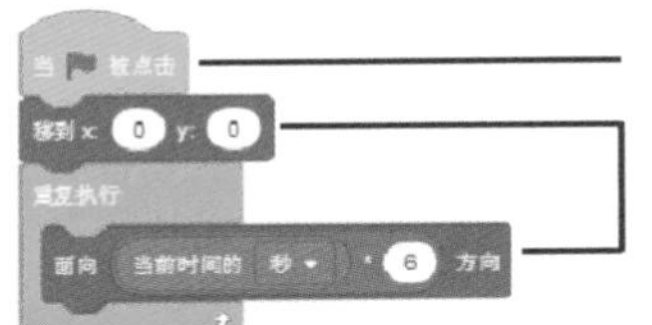

单击图标时，秒针开始运动。

秒针会移动到坐标 x=0，y=0 处，即舞台的正中央。

持续不断地执行内部的方块，让秒针转动。

图 20.13　秒针角色的方块解读

20.2.3　添加变量

【本小节源代码：资源包\C20\3.sb3】

除了模拟时钟外，我们还希望添加一个数字时钟，这样就可以让时钟显示的时间更加准确。这里还是以秒针的编程为例（时针和分针的操作也一样），具体操作步骤如下：

（1）添加一个“秒”变量。单击“变量”方块组，再单击“建立一个变量”按钮，在弹出的对话框中输入“秒”，单击“确定”按钮即可。界面如图 20.15 所示。

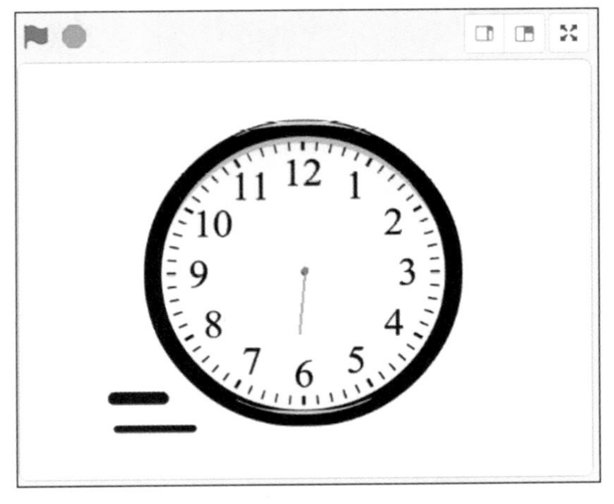

图 20.14　秒针的执行效果

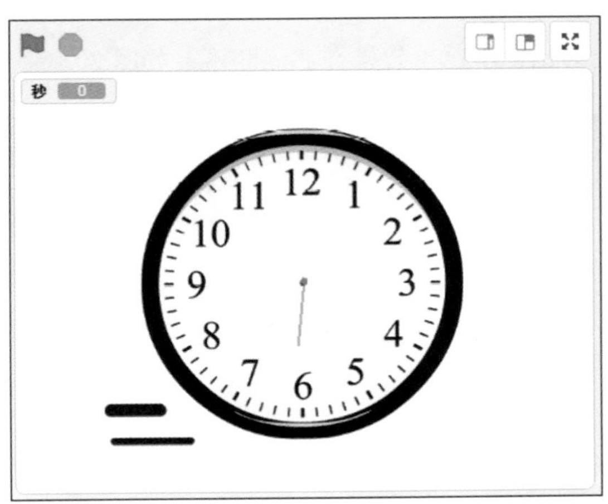

图 20.15　新建变量“秒”

（2）继续搭建秒针的方块。将变量“秒”添加到“重复执行”方块内，让秒针角色的时间值与变量“秒”的时间值保持一致。方块解读如图 20.16 所示。

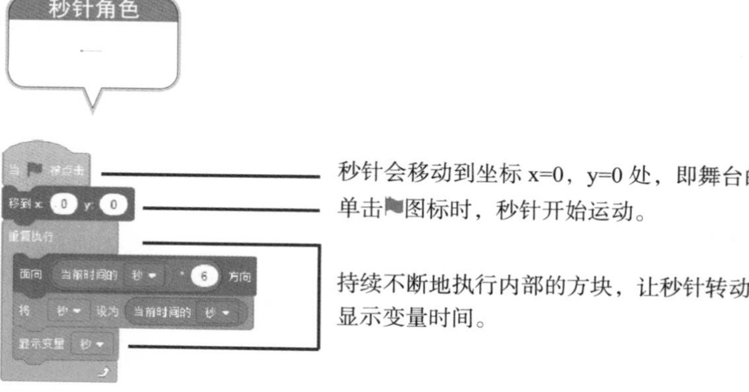

图 20.16　秒针的方块解读

（3）单击图标，观察变量“秒”的数值与秒针的数字方向是否一致。运行效果如图 20.17 所示。

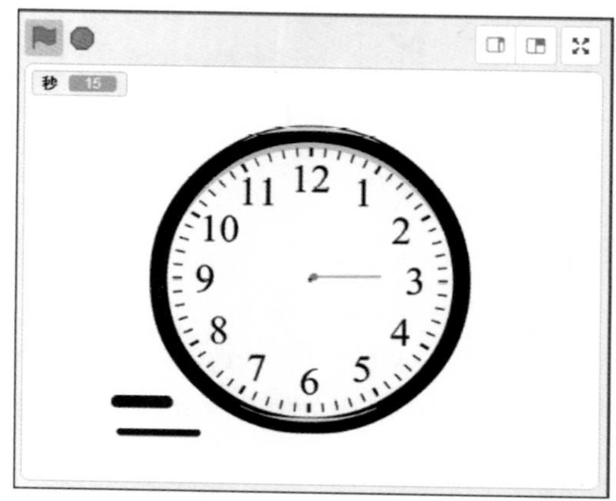

图 20.17　变量“秒”的页面效果

20.2.4　添加滴答声音

【本小节源代码：资源包\C20\4.sb3】

真实的钟表在指针转动时一般会有一些提示音。如果到了整点时，可能还会有特殊的报时声音。接下来再给秒针添加一个“滴答滴答”的声音吧。具体操作步骤如下：

（1）添加一个 Pop 效果音。单击“声音”标签，再单击“选择一个声音”图标，在弹出的对话框中单击效果音 Pop 即可，如图 20.18 所示。

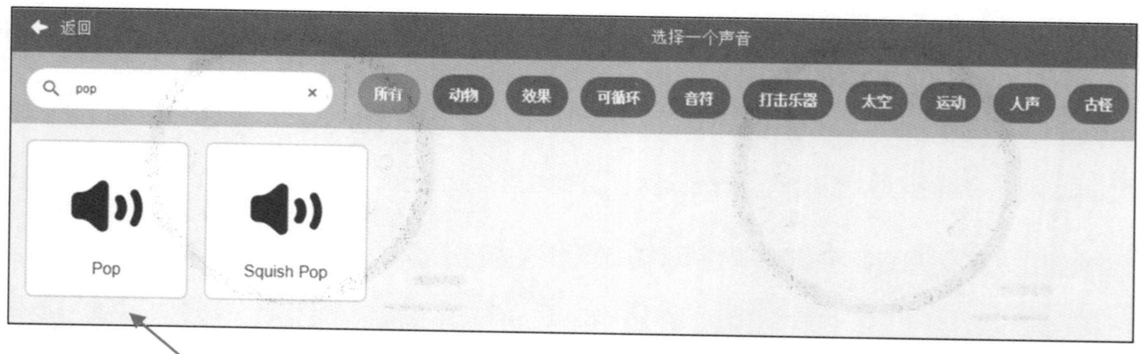

图 20.18　添加效果音 Pop

（2）继续完善秒针的方块。单击“代码”标签找到“声音”方块组的“播放声音 Pop”方块，将其添加到“重复执行”方块内，让秒针移动一次就播放一次特效声音 Pop。具体方块解读如图 20.19 所示。

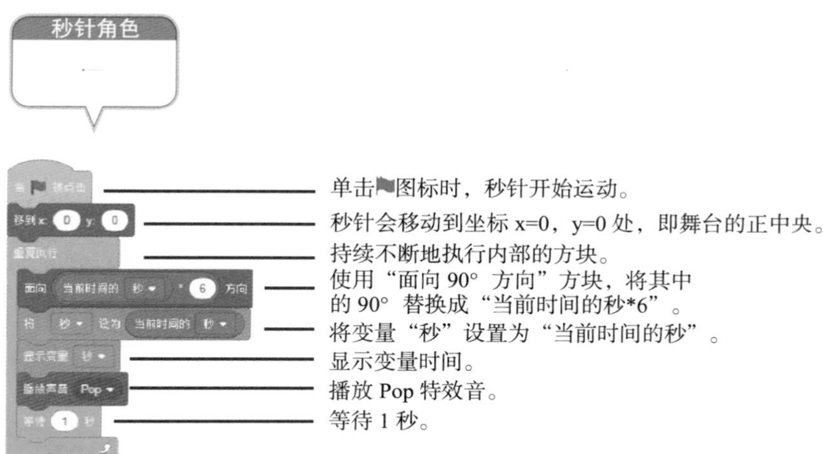

图 20.19　效果音 Pop 的方块解读

说明　希望同学们大胆发挥创意，可以添加更多有意思的声音。

20.2.5　分针和时针的编程方块

【本小节源代码：资源包\C20\5.sb3】

在 20.2.4 节中，我们以秒针为例，带领同学们一步一步完成了搭建秒针方块的过程；分针和时针的搭建过程与秒针搭建基本是相似的。希望同学们自己动手试一试，看看能不能让分针和时针也旋转起来。具体的方块解读请参考图 20.20 和图 20.21。

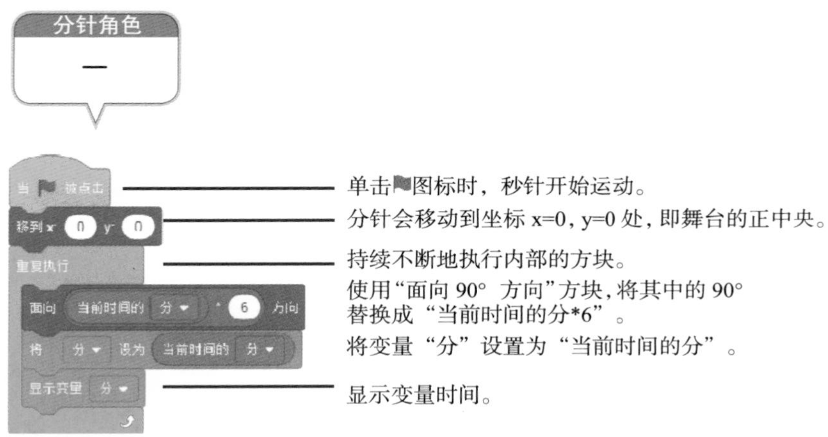

图 20.20　分针角色的方块解读

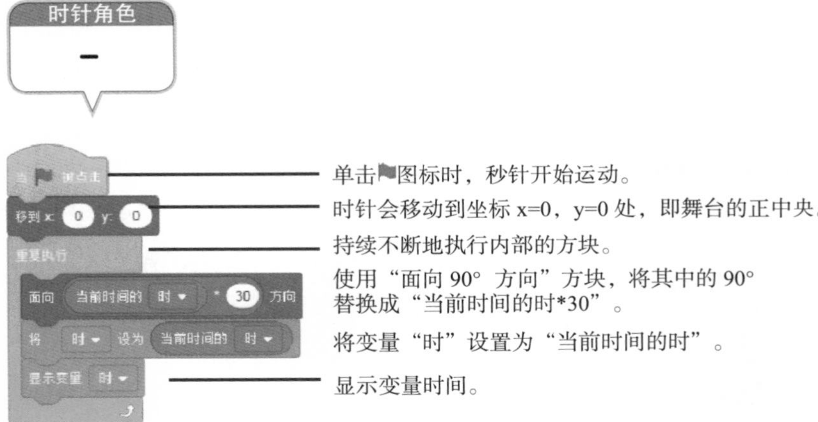

图 20.21　时针角色的方块解读

最终，经过上面一系列的编码过程，Scratch 版本的钟表终于搭建完成了。运行效果如图 20.22 所示。

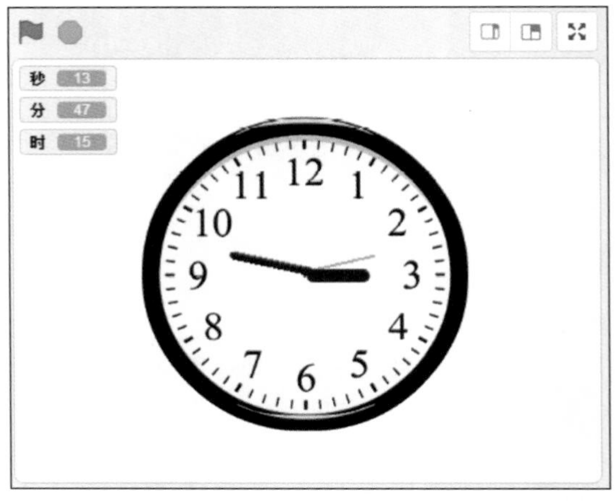

图 20.22　钟表最终的舞台效果

20.3　总结

经过以上操作，我们使用 Scratch 制作了一个钟表。通过本章的学习，相信同学们可以使用 Scratch 制作各种各样有趣的钟表了。希望同学们参考如图 20.23 所示的各种钟表形状，大胆发挥你的创意，制作属于你自己的独一无二的钟表！

图 20.23　各种各样的钟表

20.3.1　整理方块

下面将“认识时间”的方块整理说明一下（以秒针对象为例），如图 20.24 所示。

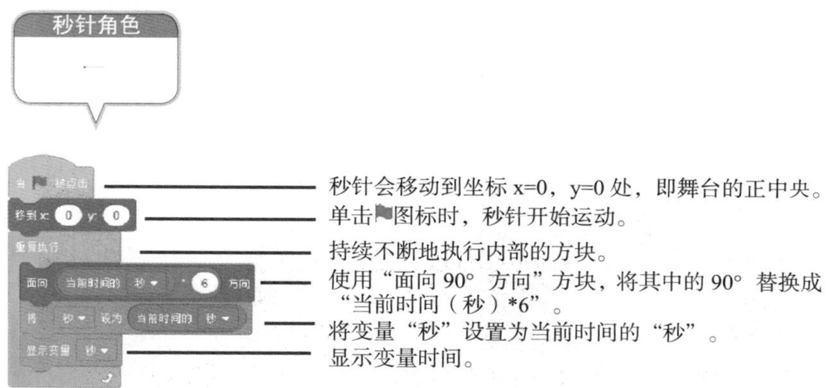

图 20.24　秒针角色的代码详解

20.3.2　学方块，想一想

同学们，看一看图 20.25 中的方块是否熟悉，想一想它们都有什么作用呢？

学方块	想一想
面向 当前时间的 时 * 30 方向	这个方块有什么作用呢？
重复执行	这个方块有什么作用呢？
将 时 设为 当前时间的 时	这个方块有什么作用呢？

图 20.25　学方块，想一想

20.4　挑战一下

【本小节源代码：资源包\C20\挑战.sb3】

接下来，请同学们挑战下面的例子——世界各地时间，如图 20.26 所示，具体要求如下：

- ❑ 添加背景和角色。
- ❑ 通过变量，输出世界各地的时间。

图 20.26 “挑战一下”示例的界面